普通高等教育"十二五"规划教材

工业设计概论

（第2版）

主编　寇树芳　吴　宇　侯晓鹏

参编　张　博

U0342146

北　京

冶金工业出版社

2018

内 容 提 要

本书为高等院校工业设计专业的理论基础课必修教材。通过学习，学生可全面了解设计与工业设计的内涵，世界各国工业设计发展历程及现状和工业设计方法，理解工业设计和其他学科之间的关系，认识工业设计的基本学科框架，进而更快速有效地进入工业设计学科领域，具备开拓创新的能力。全书共分8章，分别介绍了设计与工业设计、世界各国工业设计发展、工业设计与文化、工业设计与市场、工业设计方法论、产品设计、工业设计技术和交互设计等内容。

本书也可作为其他设计类专业必修课或选修课教材，或供相关专业研究生、专业设计人员和有志于从事设计行业的人员参考。

图书在版编目（CIP）数据

工业设计概论/寇树芳等主编 . —2 版 . —北京：冶金工业
出版社，2015.4（2018.8 重印）
普通高等教育"十二五"规划教材
ISBN 978-7-5024-6892-7

Ⅰ . ① 工… Ⅱ . ① 寇… Ⅲ . ① 工业设计—高等学校—
教材 Ⅳ . ① TB47

中国版本图书馆 CIP 数据核字（2015）第 074172 号

出 版 人 谭学余
地　　址　北京市东城区嵩祝院北巷 39 号　邮编　100009　电话　（010）64027926
网　　址　www.cnmip.com.cn　电子信箱　yjcbs@cnmip.com.cn
责任编辑　宋　良　美术编辑　吕欣童　版式设计　孙跃红
责任校对　郑　娟　责任印制　李玉山
ISBN 978-7-5024-6892-7
冶金工业出版社出版发行；各地新华书店经销；北京虎彩文化传播有限公司印刷
2010 年 9 月第 1 版；2015 年 4 月第 2 版，2018 年 8 月第 2 次印刷
787mm×1092mm　1/16；14.5 印张；345 千字；215 页
30.00 元
冶金工业出版社　投稿电话　（010）64027932　投稿信箱　tougao@cnmip.com.cn
冶金工业出版社营销中心　电话　（010）64044283　传真　（010）64027893
冶金书店　地址　北京市东四西大街 46 号（100010）　电话　（010）65289081（兼传真）
冶金工业出版社天猫旗舰店　yjgycbs.tmall.com

（本书如有印装质量问题，本社营销中心负责退换）

序

设计是生活，是综合性的事情，它需要各种知识，所以它不是一个纵向的专业，而是一个横向学科，它的学习方法不是知识的积累性，而是思考性和方法性的，因此工业设计是一种整合知识的方法，是怎样去观察生活，从生活当中去理解事物。设计的关键是了解认识生活，发现生活当中的问题，它是典型的人文学科，它需要技术知识、营销知识、管理知识、造型知识来解决人们生活当中的问题。设计不是视觉和感觉的问题，它是体验和感悟，在生活中每时每刻都需要"设计"帮助你解决生活当中发生的问题。设计就是老老实实地观察生活、认识生活，从生活当中去挖掘问题，发现潜在的创意。因此，设计需要真正的能力型和素质型人才。

设计的天职是引导人们的生活往健康的方向发展。从中国当代实际出发，探索适合自己的生存方式，选择自己的可持续发展道路，不断创造新的民族传统，这是设计的首要任务。

工业设计的本质是重组知识结构、产业链，以整合资源，创新产业机制，满足人类社会健康、合理、可持续生存发展的需求。工业设计是产业价值链中最具增值潜力的环节之一，是展现一个国家现代文明程度、创新能力和综合国力的重要标志；而中国的工业设计至今仍处在起步阶段，尚未在经济领域建构起一条完整的"产业链"。在未来的经济发展中，设计驱动型的创新机制必将成为主流。

工业设计的对象可以是"物"，如产品、广告、包装、环境设计、市场战略、产品计划、交通工具系统等；也可以是"事"，如工作、学习、饮食、娱乐、休息、交流等生活方式的概念创造、策划、开发。所以，工业设计是一切人为事物、事务等的观念、方法和评价思路。"设计"就是设计人为的事物，是一门人为事物的科学。工业设计的目的是为人类创造更合理、更健康的生存方式。人们的生活行为、过程是对设计具有真正作用的直接外因，这种外因决定了设计的产生和演变。研究设计的最根本思维方法是要通过研究设计"目标"的外因，从而认识限制实现人的目标需求的"目标系统"，建立起设计的定位和评价系统，然后才能正确地选择、整合"内因"——原理、材料、结构、技术、工艺和节点细部，并把它转化为产品或"服务系统"。

　　我国的设计教育在近两年呈现出"大跃进"的态势。国内设计艺术专业的院校由 20 世纪 80 年代的二十来所激增到近千所，每年毕业的学生由原来的几百人到几十万人。今天的设计教育，实际上是在编织 21 世纪设计人才的摇篮。人的创造力、思维方法和潜力是最重要的生产力，教育的首要功能就是培养这个生产力，而技巧、技术只是设计要处理的诸多矛盾中的一个方面。设计恰恰是要规范性地选择、要求，限定转化为技术、技巧的应用领域，乃至对材料、技术、工艺提出研究开发方向。因此设计教育中，技术、技巧性的知识只是工具和实现产品目的的"仆人"；相反，培养发现问题、归纳判断问题以及组织解决问题的设计能力则是引导技术进步方向的关键。

　　本书从工业设计学科整体发展的趋势，吸收了最近几年出版和发表的最新理论研究成果，在沿袭已有教材的框架体系下，又综合了最新学科发展成果，实现了设计学科内容的与时俱进。愿此书能为众多初涉设计行业的朋友们提供理论指导和方法指引，以激励更多的同行共同推动中国工业设计的长足进步与发展。

第 2 版前言

近年来，我国工业设计领域发展很快，得到了各级政府和企业的高度重视并加大了投入。目前，我国具规模的工业设计服务专业公司超过 2000 家，900 多所高等院校设立了工业设计和相关设计专业，多地制定了促进发展的相关政策。工业设计已从改革开放初期的产品主体设计，逐步向融合技术、品牌、商业、生态、人文、智能、信息、交互、新工艺新装备、产业链整合等一体化的高端综合服务转变。

经过这些年的发展实践，工业设计领域内基本达成了如下共识：

（1）工业设计不是一个行业类别，而是行业的一种催化剂。

工业设计就像催化剂，可以促进商品和行业快速地朝着更有价值的方向发展。它催化过的商品和行业，将会更科学、更实用。

工业设计是以人为本，关联着商品和行业的学科。它的研究和方法都是为了让商品更加合理、更加适合人的生活和工作。它不能做到高精尖的技术攻关，也不是发明一个商品，但是可以让结果更加地容易被理性控制。

（2）工业设计不是外观设计，而是一个以最终降低成本、获取最大利润空间为目标的学科。

综观整个工业设计史，也正是说明这个问题。能够大批量的，不断给大众消费者生活和工作带来利益的产品，没有被时代淘汰的设计原则，没有被消费者淘汰的产品设计，组成了现代的工业设计的核心。从工艺美术运动到现代主义运动，从只有贵族才能享有的工艺品到普通人也能够使用的商品，工业设计能做到的就是降低成本，进而降低价格，给消费者带来平等使用的权利。乔布斯把苹果电脑定位在消费产品，而不是专家级产品，足以说明这个问题。降低成本、平等使用是工业设计的使命。

（3）工业设计是一个产品和美学结合的文化。

通过产品让普通人都有感受美的权利，这是工业设计的责任。

基于上述理念与多年来的教学科研实践，我们对原教材进行了修订，目的是根据本专业最新发展现状，从总的学科发展趋势的角度对专业初学者进行专业培养，以便为随后的整个专业课程体系的学习打下坚实的基础。在修订过程中，除了对原书内容做了补充订正以外，主要修改内容为：删除了原书第 1 章中的"设计美学"一节；更新了原书第 2 章中的"中国设计"小节；对第 5 章做了较大幅度的修订，增加了"TRIZ 创新方法"一节，删除了"系统论设计方法"一节；删除了原书"环境设计"和"设计管理"两章；增加了"3D 打印"的内容；将"交互设计"单列为一章。

本书由内蒙古科技大学寇树芳、吴宇、侯晓鹏主编，张博参编。其中寇树芳编写第 1 章、第 3 章和第 6 章，吴宇编写第 7 章和第 8 章，侯晓鹏编写第 4 章和第 5 章，张博编写第 2 章。

由于编者水平和学识有限，书中难免有缺点和不足之处，诚请读者指正。

编　者
2015 年 2 月

第1版前言

设计的历史同人类的历史一样古老，人类为了生存与发展，不断地进行着对自然的改造和对科学技术的探索。数千年来，人类创造了光辉灿烂的文化，从古代到现代，由低级到高级，由简单到复杂，人类在认识世界、改造世界的过程中，无论是物质财富的创造，还是精神财富的创造，都离不开设计。自工业革命以来，工业设计以全新的内涵登上历史舞台，并不断地扩展。工业设计在艺术与技术的一体化过程中，从根本上改变了人类的生产方式和生活方式。

工业设计作为一门集科学、技术、艺术、文化、哲学、市场等领域于一身的综合学科，作为知识交叉联系的完整体系，它要求以科学的思考、艺术的陶冶和哲学的思辨为基础进行研究。如今，工业设计的发展在国际范围内已成熟，工业设计水平是一个国家科学技术、人文环境、文化发展水平的标志，并伴随着国家发展的步伐，以开拓创新的思维方式深入地影响着未来社会的形态。因此，我们应适应这种现状，为提高我国工业设计的水平，普及设计意识，不断发展新的理论和方法，全面提升我国工业设计水平和能力而努力。

基于上述原因，以及目前已存在的很多教材由于时间较早，在一些具体内容上已不适合目前最新学科发展的状况，我们策划编写了该教材，目的是根据本专业相关理论框架，从总的学科系统的角度对专业初学者进行专业培养，以便为随后的整个专业课程体系的学习建立一个直接的、感性的基础，便于学生在学习的过程中，掌握学科知识和提升学科素养。本教材总的内容体系突破以往的知识系统和结构体例，以学生兴趣点和学习自主性为切入点和基本线索，以专业能力素养为价值取向，以前辈的研究成果为知识背景，大量吸收了专业研究的新理论和新成果，力求做到内容新和结构新。

《工业设计概论》是工业设计专业基础理论课教材，本教材共十章，内容分别为：设计与工业设计，世界各国工业设计发展，工业设计与文化，工业设计与市场，工业设计方法论，产品设计，环境设计，设计管理，工业设计技术，信息时代的工业设计等。本教材由韩冬楠、寇树芳主编，参加编写的有张建超、王瑞浩、吴宇、李志春、侯晓鹏、张博、杨思凝、张佳会、边坤等。

由于编者水平和学识有限，书中不足之处，恳请读者指正。

编　者
2010 年 5 月

目 录

1 设计与工业设计

纵观漫漫历史长河，人类从蛮荒走向文明，从原始走到现代，经历了风云跌宕的历史潮流，波澜壮阔的社会变革，日新月异的科技进步，腥风血雨的战争动乱。坎坎坷坷几千年，人类始终怀着对美好生活的向往和坚定信念。回顾人类生产工具和生产力的变革轨迹，人类经历了石器、陶器、青铜器、铁器、蒸汽机、电气革命、信息时代，这些都代表着当时人类的最大创造力和开拓精神。人类正是在这种持续不断的伟大创造力的驱动下，才能够在宇宙空间中创造了引以为豪的地球文明。地球文明的见证者和体现者正是人类所创造出来的众多或古老或前卫或大或小的事物，如长城、金字塔、泰姬陵、水立方、鸟巢、WALKMAN、VESPA、iPhone、计算机、互联网、阿波罗计划、MP3、太阳能汽车等，这些都是人类出于某种实际需要的考虑，而对具体问题和解决方案的设计结果。人类一直都在用设计的思维改造世界，"设计"广泛存在于我们的生活当中。

1.1 设计的内涵

1.1.1 设计的概念

世界的历史就是设计的历史，人类自诞生以来，为了生存总有新的需求和不断增长的欲望，设计就是用来实现这些需求和欲望的必然途径。

设计，这一概念几乎囊括人类生活的各个方面，涵盖了人类有史以来一切文明创造活动，它所蕴含着的构思和创造性行为过程，也成为现代设计概念的内涵和灵魂。

起初的设计内涵局限于单纯的艺术性创意和创造性实践，德国包豪斯学院把设计的内涵添加新的内容，即设计在实现过程中应当充分考虑实用性和经济性。"设计"以艺术、科学和经济三要素构成的形式，完成其从构思到行为再到实现价值的创造性过程：

（1）构思过程——创造事物（或产品）的意识，以及由这种意识发展、延伸的构思和想法。

（2）行为过程——使上述构思和想法成为现实，并得以最终形成客观实体（或产品）的可行性判断和形成过程。

（3）实现过程——以最佳目的性、实用性和经济价值为目标贯穿于整个设计活动，并使完成的事物（或产品）实现其所应有的综合价值。

上述三要素的完美结合便构成了具有现代意义的"设计"的基本含义，即设计是综合社会、经济、技术、心理、生理、文化、艺术等各种因素，为实现特定目的而进行系统考虑的创造性过程。在这里把设计的内涵扩大，将设计看作是一种针对目标的求解活动，是以创造性的方法解决人类面临的各种问题。

现今，设计的概念已经渗透到社会生活的各个领域，如机械设计、室内设计、服装设计、建筑设计、家具设计、电路设计、广告设计、包装设计、程序设计、工艺设计、产品设计……

设计体现了人们为适应周围环境到改善周围环境，从满足基本需要到精神层次的更高需求，以及寻求更优化生活方式的迫切需要。

1.1.2　设计的产生与发展

设计是人类为了实现某种特定的目的而进行的一项创造性活动，包含于一切人造物品的形成过程之中，并且设计在萌芽阶段已经具备了"生产的目的性"和"将实用和美观结合起来，赋予产品物质和精神功能的双重作用"的特征。

设计的观念最早建立在形体和效用之间的思考上。设计是伴随着劳动产生的，最初的设计几乎就是伴随着祖先们用自制的石器敲击的那一刻形成的。

人类最早的设计工作是在受到威胁的情况下，为保护生命安全而开始的。一旦最基本的需求得到了满足，其他的需求就会不断出现。另外，原有的需求也会以一种比先前的方式更先进的形式来得到满足。随着温饱的解决和危险的消失，人类发现自己是有感情的，使生活更为舒适的欲望就会油然而生，他们的需求需要一种感情上的内涵。这样，人类设计的职能便由保障生存发展到了使生活更为舒适和有意义，如图1-1所示盛用器的形态演变即说明此点。随着社会生产力的发展，人类便由设计的萌芽阶段走向了越来越高级的手工艺设计阶段和工业设计阶段。

图1-1　盛用器的形态演变

人类设计活动的历史大体可以划分为六个时期：

（1）设计的萌芽期：人类创造意识的萌生、事物的起源、早期生活方式的形成等，这是一个漫长的历史过程。

（2）设计的手工业时期（即手工业设计时期）：从冶炼技术出现到工业革命之前。

（3）设计的工业前期：也可以说是工业设计的萌芽时期，指从英国的工业革命时期开始到20世纪初这一段时间。

（4）现代主义设计时期：是工业设计的成长时期，从包豪斯的诞生到20世纪50年代。这一时期是设计的现代主义时期，此时工业技术成熟，并广泛应用到人们生活的各个领域。

（5）后现代主义设计时期：20世纪50年代之后，由于人们审美趣味的变化，对现代主义设计统一、单调的设计形式日益不满，于是在设计界，首先是建筑设计上出现了注重设计形式、装饰以及人们精神需要的设计，这就是人们所说的后现代主义设计时期。

（6）设计的计算机时代：设计的计算机时代并非与现代主义等并列的时期概念，而是在设计发展史上设计工具的一种变革，进而影响到设计观念、设计物的变革。

现代意义上的设计发端于英国工业革命产生以后的伦敦水晶宫世界博览会。现代设计是工业革命造就的工业化大批量生产技术条件下的必然产物，其形成与发展基于社会物质日益丰裕、消费水平不断提高、科学技术积极推动、大众传媒广泛推广的情况下，通过各类商业活动、文化发展、知识传播对社会生活和大众的影响，实现发展与变革。

现代设计具备如下一般含义：

现代设计指的是把一种计划、设想、规划、问题解决的办法，通过恰当的方式传达出来的活动过程。其核心内容包括三个方面，即计划、构思的形成；把计划、构想、设想、解决问题的方式利用恰当的方式传达出来；计划通过传达之后的具体应用。

现代设计是现代经济和现代市场活动的组成部分，因此，不同国家、不同经济发展时期的不同市场活动，会产生不同的设计形态和类型。从当代社会总体情况来看，现代设计一般包括以下五个大的形态：

（1）环境设计，包括城市规划、建筑设计、室内设计和景观设计。

（2）产品设计，或者称为工业设计。

（3）视觉传达设计，包括广告设计、包装设计、书籍装帧设计以及品牌设计。

（4）服装设计，包括时装设计与成衣设计、染织品设计等。

（5）数字媒体，包括虚拟现实、游戏、动画等。

1.1.3 设计的本质

设计是人类创造活动的基本范畴，涉及人类一切有目的的活动领域，是针对一定目标所采用的一切有形和无形的方法的过程和达到目标产生的结果，反映着人的自觉意志和经验技能，与思维、决策、创造等过程有不可分割的关系。

"设计"的本质内涵概括为如下几个基本层面：

（1）设计是有目的、有预见的行为，是人类特有的造物行为，不同于动物的看似绝妙的本能。

（2）设计是自觉的、合乎规律的活动，设计的发展过程是人类智力不断发展，审美意识由萌芽到发达的过程。

（3）设计对实践有指向性和指导性。人类在有目的地改造客观世界的复杂过程中总是在许多"设计—实践—再设计—再实践"的反复和循环中达到最终目标的。因此，在设计的全过程中，包含着若干由实践参与的环节。

（4）设计是生产力。生产力是人类征服自然、改造自然的能力，从这个意义来说，设计是生产力的组成要素之一，而且是最积极、最活跃的要素。

1.2 设计与科学、艺术

艺术——用形象思维的语言来描绘世界，更多是感性的。

科学——用逻辑思维的语言来描绘世界，更多是理性的。

设计——需要科学技术的支持，用艺术的手段，传达理念、精神，表现情感世界。

　　艺术家在自己的艺术王国里，千百次地找寻艺术与科学的结合点；科学家也在自己的科学世界里，千百次地找寻科学与艺术的切入点。从艺术与科学各自的发展历史看，它们都是源于一个出发点，不论中间有着怎样的殊途，最后又不约而同地走向一个终点——创造，而设计也是一种创造。设计要求科学技术支持人们对事物（或者物体、产品等）功能（物质性）的最大需要；要求艺术支持人们对事物（或者物体、产品等）美学（精神性）的最大追求，而且这种要求还在经常不断地发生变化。于是，人类的需求，成为设计的原动力；设计，也就成为艺术与科学的载体(图 1-2)。

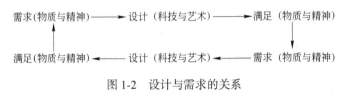

图 1-2　设计与需求的关系

　　这是一个循环往复的过程，永无止境，而且每一次循环往复，又都向更高阶段迈进一步。人类的精神追求，总是要求物质给予相应的支持和体现。而科学又总是以自身的进步，不断地响应着这种挑战，不断地支持和体现美的艺术。

　　设计作为文化系统的一个子系统，其范畴可以涵盖精神的艺术和物化的艺术两个领域，从这个角度考察作为生物人的物质需要、作为社会人的精神需要的设计目的的实现，应当是和谐、合理、统一的升华，这个升华必然是艺术和科学对立统一的完美结合。

　　现代设计，要求科学技术支持人们对产品功能的最大需要；要求通过艺术手段表达人们对产品审美的最大追求。例如现代建筑中合理的结构技术、优越的材料性能为大跨度、超高层的设计提供保障；舒适的室内声、光、热物理环境最大限度地满足着人们的生理需求；而造型、色彩、质感、光影则满足了不同层次人们的丰富情感。设计以人为本、为人服务，满足人类的物质需求和精神需求，成为设计的原动力，这时的设计，以艺术和科学为载体，表现和传达理念、精神以及情感世界。

　　当今知识经济时代，信息社会的大环境，进一步促进了艺术与科学的结合，更为艺术与科学的结合提供了广阔的新天地，在这片广阔的新天地中艺术与科学有一个共同的载体——现代设计。一切艺术都离不开科学技术的创新，通过应用新技术使传统的艺术形式更加绚丽多彩。科学技术的创造使审美领域得以扩大，而将其产品视为审美对象，如工业社会的火车、汽车、飞机、钢桥、摩天大楼等。科技进步也直接促进艺术的改良，特别是推动艺术创作工具、质料、手段和理论的发展。此外，更重要的是，科学技术的发展也创造了新的艺术形式，比如摄影、录像、电影、电视艺术等。科学也离不开艺术，艺术思维有时能够帮助科学家突破教条的限制，从而激发想象力，开拓新思路，提出新的科学理论。它还可以通过调动艺术手段证明和推销自己的新技术，借助艺术品位增加新技术的附加值。这样的紧密结合促使设计思维、空间和表现手段等更加引人入胜。

　　新媒体艺术的出现，是艺术与科学紧密结合打造现代设计最突出的一幕，设计者在娴熟运用传统艺术表现手段的同时，又在科学技术的引导下、在信息技术的支撑下，通过图像、声音、虚拟环境等各种表现手段，创作出声、光、电和信息等一系列的新型媒介，并在美术创作、新闻出版、计算机网络、装潢、广告、工业设计、影视动画等相关领域创造了人们从未体验过的互动艺术。在新媒体艺术里，已经很难分清楚什么是科学技术，什么是文化艺术，但都能感受到现代设计带给人们的震撼。

1.2.1 设计与科学

设计，要求科学技术支持人们对事物功能的最大需要；要求艺术支持人们对事物美学的最大追求。19世纪中叶，西方各国相继完成了产业革命，实现了手工业向机器大工业的过渡，并带来了设计和制造的分工，以及标准化、一体化产品的出现。先进的生产力与生产方式是推动社会不断前进的最终力量。

如果说工业革命后对设计产生最大影响的技术因素是机械化，那么在20世纪早期，电气化，特别是家用电器的发展则显然改变了传统的形式和家庭生活环境，大大促进了设计的发展。

如无线电广播始于20世纪20年代，当时收音机的部件——接收器、调谐器和扬声器是分离的，常常需要用户自行组装。随着无线电广播的普及和技术的进步，这一状况很快得到了改变。到了20世纪30年代，许多国家的厂家开始将收音机作为一件家具来设计，以适于居家的环境。这就使得原来分离的部件统一于一个完整的机壳之中，并附有简单的音量、声调和调谐旋钮，进而演化成了典型的台式电子管收音机，并对后来的电视机设计产生了影响。

在工业发展过程中，几乎每个国家都是先认识到技术设计的重要性，然后才逐步深入认识到工业设计的重要性。一个国家或地区的工业越是从初级向高级发展，就越会感到工业设计的重要。在全世界范围内，从工业革命开始，经过一个多世纪，到1930年左右才在德国确立工业设计专业的地位。第二次世界大战后的50年代，世界经济处于全球化发展时期，工业设计才在工业发达国家首先得到普遍重视。随着科学技术的进步，社会经济的发展，人们的物质生活在得到满足后，需求就自然会向质的充实及多样化发展。工业设计正是为适应这一需要而迅速发展起来的。从某种意义上说，工业设计在一定程度上反映了一个国家的繁荣和物质文明水平，也反映着一个国家的文化艺术成就及工业技术水平。

1.2.2 设计与艺术

假如我们对设计史稍作观察，便会发现设计与艺术有着久远而深厚的渊源联系。人类最原始的设计，其萌芽应该始于石器时代原始先民对石器工具的加工与制作。大约到旧石器时代晚期，在石器工具由粗变细，从无规则到有规则的演变过程中，人们逐渐发现一些形式要素，诸如对称、光洁、几何构形及对事物同一性的理解等，这些要素在人类意识中的渐渐明晰，以及在造物中的自觉应用，标志着人类审美意识的觉醒。从此，审美因素作为人类造物的一种伴生物，与实用功能性融为一体，使造物具有艺术质的特征。

在早期的人类造物活动中，审美因素与实用性因素是融为一体的。我们所谓的"艺术"还混杂在劳动、狩猎、游戏、性爱与巫术之中，未曾分化出来。换言之，那时的"艺术"还处于一种含混状态，是一种综合性的东西。

艺术与其他意识形态的区别在于它的审美价值，这是它的最主要、最基本的特征。艺术家通过艺术创作来表现和传达自己的审美感受和审美理想，欣赏者通过艺术欣赏来获得美感，并满足自己的审美需要。人们在生活中对设计的选择也同样是在表达自己的审美感受和审美理想，设计和艺术一样都是在表达大众的理想和渴望。

当今的设计越来越成为与物质打交道的科学领域和与精神打交道的文学艺术领域的中间地带，艺术与设计不再泾渭分明，设计的标准化和规则化被打破。在设计艺术中，设计艺术的创造主要是由"赋形"来展示的。因设计对象的复杂性和后续生产条件的多种制约，设计艺术的"赋形"不同于纯艺术的那种出自艺术家个体情感和艺术表现的"自由赋形"，而是与功能、结构、材料乃至于生产技术相适应的"构形"，其造型是限制中的"非自由赋形"。

从现代艺术的发展进程分析，进入 20 世纪 60 年代之后，艺术发生了向后现代主义阶段的转变，即"个人"衰落而"大众"兴起，精英艺术（高雅艺术）向大众艺术（通俗艺术）的演变。这时的后现代主义"以艺术的大众性反对艺术的精英性，以粗俗、生活化反对精雅的艺术趣味"；主张艺术各门类、艺术与生活之间界限的消失；主张艺术品不仅作用于视觉，而且应该作用于听觉、触觉、甚至嗅觉。大众艺术逐渐打破了人们对传统艺术高不可攀的敬畏感，后现代艺术所倡导的大众艺术使得当代艺术与当代设计有了共同的目标。艺术通过对设计的介入，完成了大众化的使命。设计是最贴近日常生活，是与大众生活息息相关的艺术形式。艺术得以通过设计的媒介进行最广泛的传播进而与大众进行直接的交流。设计对艺术的吸收融合满足了后消费时代消费者对非物质的需要，即对产品"艺术性"和"精神性"的需要，消费艺术成为流行的商业文化热点。

在当今信息社会，设计的概念随着时代的变化而变化，同步反映着时代的经济、人文、审美的不同的价值观。在非物质社会中，设计正在向艺术靠拢，像艺术一样随着不确定的情感，制造一种不确定的和时时变化的东西，设计与艺术的融合与拓展适应了大众对设计产品的艺术性和精神性的需要，也相应地提升了设计的内涵。

1.3　工　业　设　计

伴随着蒸汽机的发明，人类步入工业社会，社会生产力和生产方式发生了巨大变化，原有的社会体制、生活方式、手工艺传统受到了严重的冲击。以工业化大批量生产，现代科学技术条件为基础的工业设计，从标志性的 1851 年水晶宫工业博览会开始萌芽，经过 150 多年的发展，工业设计已发展成一门不论是在经济领域还是社会文化领域都有广泛影响力的综合学科，而且正在为整个社会进步发挥着重大作用。

工业设计是伴随着工业化的发展而出现的，"工业设计（Industrial Design）"一词最早出现于 1919 年，当时一个名叫西奈尔（Joseph Sinel，1889～1975 年）的设计师开设了自己的事务所，并在自己的信封上印上了这个词。当今社会经济的高速发展，工业设计本身所具有的社会效益、经济效益、文化效益越来越受到关注。工业设计是在设计大门类中分化出来的一门新兴的交叉、综合学科，集科学与艺术，技术与美学，经济与文化等多学科知识于一体的完整体系。随着世界工业体系的突飞猛进，社会、经济、科技的不断进步，工业设计的内涵也在逐步更新、充实。

1.3.1　工业设计的定义

20 世纪 60 年代国际工业设计协会联合会（ICSID）对工业设计做出了这样的阐述：工业设计作为一种创造行为，其目的在于决定产品的正式品质。所谓正式品质，除了外形表面的特点，最重要的是决定产品结构与功能的关系，以获得一种便于生产者与消费者都感到满意的产品。

美国工业设计师协会（IDSA）给出了如下定义：工业设计是在保护公众的安全和利益、尊重现实环境和遵守职业道德的前提下进行的一项专业服务工作，以便优化产品的功能、价值、外观以及系统，而使用户和制造商共同受益。

工业设计是一种综合而有建设性的设计活动，也就是要设计出合乎人类切身利益的物品对象，能让人以合理的价格购买，安全、舒适而有效地使用，并且有很好的环境适应性和社会适应性。其服务宗旨是满足使用者的要求，给工作或生活带来便利，不破坏环境或者对保护环境有益。

到 20 世纪 80 年代，国际工业设计协会联合会（ICSID）在巴黎年会上重新把工业设计定义为："就批量生产的产品而言，凭借训练、技术知识、经验及视觉感受，而赋予产品的材料、结构、形态、色彩、表面加工及装饰以新的品质和特征，叫做工业设计，同时也包括必要时对包装、宣传、展示、市场开发等方面的问题解决内容。"

在这个定义中，对工业设计的目的和任务有明确的说明。

目的：工业设计是一个创造性的活动，它的目的是建立对象、过程、服务和它们所组成的系统在生命周期中的多方面品质。

任务：

（1）提高对全球物质和环境的保护意识。

（2）给整个人类社会、个人和集体都带来利益和自由。

（3）赋予产品、服务和系统以美的形式，以便表达语义，并使美学与适当的复杂度相一致。

（4）支持文化的多样性。

工业设计不同于单纯的工程技术设计，它从科学技术的角度解决产品的功能实现、结构、工艺、材料等问题，同时兼顾到美学与人文的外观、使用体验、视觉感受等方面的问题，需要对人体科学、社会科学、设计方法论等做出研究。在进行工业设计时，还要考虑到设计对象对人类生活的存在价值，设计对象与社会环境的关系，以及生产的可能性和经济的合理性，使用的安全性和舒适性等问题。

何人可教授在一次会议上发言说："工业设计是我国一个新兴的、综合性的应用学科，包括工业产品设计、视觉传达设计、环境艺术设计以及随着现代信息技术的发展而产生的新媒体设计、人机交互界面设计等崭新的学科方向，并与艺术学、建筑学、管理科学、机械工程、材料科学等学科有密切联系。"

1.3.2　工业设计的形成与发展

世界工业设计发展的框架从纵向上大体可分为三个时期：

（1）孕育时期（1850～1920 年），以伦敦国际博览会为触发点。

（2）发展时期（1920～1960 年），以德意志制造联盟和包豪斯设计学院成立为起点。

（3）繁荣时期（1960 年至今），以微电子工业设计为界限。

世界工业设计发展的框架从横向上来分，即就国家和地域区别来看工业设计发展重心的变迁：从欧洲（英国、法国、比利时、德国和北欧诸国）到美洲（美国），再到亚洲

（日本），之后又回到欧洲（意大利）。

20 世纪以前，设计的探索是以艺术与生活的再统一为追求目标。与此同时，工业的发展和技术的进步，对社会形态、生活结构、思想意识等有巨大冲击作用。由此引发出一个问题：那就是艺术和技术之间的关系，以及两者要为社会提供什么样的便利。设计的思考方式也随着时间的推演而呈现出千变万化的态势。

现代设计的出现是由当时的设计界所面临的主要问题而引发的，即：

（1）如何解决众多的工业产品、现代建筑、城市规划、传达媒介的设计问题。

（2）针对以往设计运动只能为少数社会权贵服务的问题。

1919 年，德国建筑学家格罗佩斯（Walter Gropius，1883~1969 年）在德国魏玛创建了包豪斯，是世界上第一所完全为发展设计教育而建立的学院，奠定了现代设计教育的结构基础，这个基础课结构，把对平面和立体结构的研究、材料的研究、色彩的研究三方面独立起来，是视觉教育第一次比较牢固地建立在科学的基础之上，而不仅仅是基于艺术家的个人的、非科学化的、不可靠的感觉基础上。从长远的思想影响来看，包豪斯奠定了现代主义设计的观念基础，建立了现代主义设计的欧洲设计体系原则，把以观念为中心的、以解决问题为中心的设计体系比较完整地建立起来，战后被称为欧洲设计体系。

二战后设计走向多元，工业设计必须以多样化的战略来应付全新的世界格局，并向产品注入新的、强烈的文化因素。另外，工业生产中的自动化程度大大增加了生产的灵活性，能够做到小批量多样化。这些因素都促进了设计多元化的繁荣，如先后出现的 POP 风格、意大利反设计运动、无名性设计、高技术风格、新现代主义、解构主义、后现代主义等。从总体上看，它们是对现代主义的某些部分进行了夸大、突出、补充和变化，但实际上以现代主义基本原则为基础的设计流派仍是工业设计的主流，这种繁荣一直持续到今天。

1.3.3 工业设计研究的内容

工业设计是历史发展的产物，它的内容和作用同时也随着历史的变迁不断充实和更新，具体表现在以下几个方面：

（1）工业设计已渗透到文化事业、环境保护等领域。

（2）工业设计越来越被众多企业当作一项重要资源来开发。

（3）工业设计对于科学技术转换为现实生产力起到巨大的促进作用。

在当代，工业设计的工作范围覆盖了市场分析研究、产品设计、企业及品牌识别设计、企业策略顾问、机械工程设计、人机工程学研究、模型与样机制作、包装设计、展示设计及人机交互界面、交互设计等内容。从狭义的角度来衡量工业设计，可以把它限定在产品设计的类别上。

产品设计是伴随社会工业化进程，人类有目的地以产品为主要研究对象的创造性过程，是追求功能与使用价值以满足社会生活需要的重要活动，是人与环境、社会的媒介（详述请见第6章）。

1.3.4 工业设计的价值

工业设计是一种专门化的服务，其目的是创造与发展产品或系统的概念和规格，以使其功能、价值和外观达到最优化，同时满足用户的要求。我们说科学技术是生产力，就在于它能推动社会经济的发展。而在人类历史上，工业设计是高新技术与日常生活的桥梁，是企业与消费者联系的纽带。同时，工业设计还推动市场竞争，连接技术和市场，创造好的商品和媒介，拉开商品的差别，创造高附加值，创造新市场，促进市场的细分，降低成本。在全球化经济日益激烈的竞争中，工业设计正在成为企业经营的重要资源。工业设计能够成为企业重要的资源，促进社会经济的发展，主要表现在它不仅满足了人们不断增长的物质需求，也满足了人们的精神需求。

1.3.4.1 工业设计有利于推动社会发展

进入20世纪以后，科学技术获得了飞速发展，生产工艺得到了很大改善，但先进的科技以什么方式服务于人，需要工业设计师去规划设计。正是工业设计把科技转化成实用、安全、美观的新产品，缓解了人们对工业技术的恐惧，才使得人们在使用产品的过程中可以轻松愉快地享受现代科技文明的成果。

工业设计已成为发展经济、提高生活质量、促进社会和谐的有效手段。只有技术，没有工业设计，那是初期的发展中国家。我国在改革开放初期，重视引进科技，实现了经济的快速增长，但也存在诸多问题。目前，大力发展工业设计是解决我国经济建设中存在的不和谐问题的一项重要技术政策，普及工业设计思想，有助于促进和谐社会建设。

工业设计能够利用自身的专业手段，将传统的生活习惯融于高科技产品的开发中，提供满足用户精神和物质双重需求的全新的产品。工业设计能对人们的未来生活进行设想、规划和创造，使人们的生活更加美好。这种设想和规划是发展的，甚至是超前的，从这个意义上讲，工业设计是一种推动社会发展的动力。发达国家的成功经验告诉我们，工业设计是发展经济、促进工业社会协调发展的战略工具。

1.3.4.2 工业设计有利于企业

事实证明，工业设计不但能运用高新技术与艺术手段推动产业结构调整和生产机制改革，而且能以较少的投资，为企业产品带来新的形象和较高的经济附加值。

工业设计对当前企业生产的影响不仅体现在结果上，而且对生产过程的改造与升级也有一定的作用。工业设计在企业的生产链中属于先期生产行为，并贯穿于整体或局部的工艺流程中，最终成果则体现在产品的客观表象和某些实用功能方面，形成具有一定文化内涵和造型新颖、富于时代特色的产品。这种高品位的现代工业产品，不仅能给商品市场带来清新的艺术气息，从而刺激消费、加速物流，而且能直接引导企业生产的方向。工业设计既然是生产行为，那么肯定从属于社会需求。所以，工业设计除了能指引生产方向以外，还能使企业根据设计要求和市场需求去更新设备和技术。因为只有与工业设计的理念及行为相匹配的生产设备和技术，才能生产出"同材"、"同质"但不同造型并具有审美意识和实用功能的产品。由此可见，工业设计对产业结构调整和生产机制改革具有一定的推动作用。同时，工业设计涉入企业生产或商品市场以后，企业产品和市场商品就会展示出较高的文化艺术品位和多向的实用功能。这些充满时代特征的商品不仅能体现必要劳动价值，而且还能增加不可估量的艺术经济价值，能使消费者从单向的生存需求向综合性的意识与生存二维需求转变。

1.3.4.3 工业设计有利于商品市场

商品市场的有机运行是靠商品流通的盈利来维系的。如何加快市场商品流通，取得较大的利润，是商品市场生存和发展的根本所在。工业设计不仅能以理性知识渗入企业生产，而且能以艺术的形象展示和文学的意蕴内涵赋予产品新的形象与功能，所以，它在刺激市场消费、加快商品流通、减少库存积压等方面，比任何科技手段和经营方式都具有明显的优势。鉴于此，对工业设计进行认真的价值分析，并把它运用于商品市场中，对推动商品经济发展很有必要。近几年来，随着物质生活的改善和人的素质的提高，社会赋予商品使用价值以新的内涵。例如，最近出现的"顾客价值论"认为，顾客是根据自身需求来购买商品的，而自身需求是由商品的经济性、功能性和消费心理所形成的，其中消费心理起着决定作用。顾客不仅注重商品的功能与质量，同时对商品的艺术形式和文化品位也有较高的要求，尤其是目前国际经济一体化，使商品的基本功能逐渐消解了市场的竞争力，而高品位的精神意识在商品中的融贯，更凸显了商品国际语境化与地域文化的相融性。因而，工业设计正是基于国际和国内商品市场需求品位的提升，才以特有的知识和技能，为基本属于实用功能形状的产品和商品，赋予美的形式和文化意蕴，使消费者能从商品的表象获得心灵的愉悦与审美体验，从而在工业设计理念和行为的引导下，尽情享受现代物质文明。以上说明，当代工业设计与产品、商品的融合，既体现了物质、文化与艺术的统一，又以具体形象展示了产品文明与商品文明的时代特征。

1.3.4.4　工业设计有利于经济建设持续健康发展

加快发展工业设计不仅能给工商业带来极大的经济利益，而且还能对人类社会及宏观经济的健康发展产生深远影响和积极的推动作用。在未来社会里，人类的生活方式、生存行为和生存环境和谐共存，将是人类社会持续健康发展的主题。但目前现代化的大生产和狂热的消费，致使人类社会面临着资源匮乏、生态失衡等严重问题，尤其是物质大量生产引发的生态环境恶化问题日渐突出。长此以往，这些问题必将危及人类生存与发展。所以，如何实现文明生产、恢复生态平衡和废弃物再循环，已成为当前极为重要的问题。而工业设计正在运用特有的复合性知识和技术手段，为缓解和解决上述问题作出贡献。工业设计不仅具有提升区域经济发展质量的功能，更重要的是它能承担全球资源的存在、利用和开发的文化反思责任，使现代物质文明的内涵与外延更加深化和具体化。

2 世界各国工业设计发展

从历史发展来看，基于不同的社会标准、经济和市场、人的需求、技术条件、生产条件，工业设计在世界各国的发展背景和基础是截然不同的，最终导致世界各国在工业设计领域发展和影响方面的巨大差别。

2.1 英国设计

高品质、实用、保守，这就是英国人愿意传递且世界乐于接受的创新形象。

英国人有其特有的价值标准，他们一般来说都比较务实，既然务实，他们便很重视经验，做事喜欢依据过去的经验，这就产生了英国人性格中保守的一面。因为保守，他们倾向于改良而不主张推翻，尊重传统而不喜欢新奇，喜欢固有的生活方式而不乐于改变生活习惯或接受未知的新事物。保守主义的思想对英国现代设计发展来说无疑起到了重要的影响作用，而我们也经常将英国现代设计之路的缓慢前行归结为保守主义的不良结果。事实上，进步和保守互为表里，进步带动历史，而保守则抑制其速度，把两种看来矛盾的倾向结合起来，才能导致合理的变革，这才是英国面对新兴事物的真正态度。英国现代设计的发展也正是在这样一种尊重和重视传统的前提下进行的。

2.1.1 英国设计发展

英国的社会结构和贵族传统的统治地位决定了设计的推广是以一种"自上而下"的方式进行的。英国设计的推广一直都是由少数先进的个体来进行的，处于上层阶级的他们具有强烈的社会责任感，在看到社会现实的不足时就积极地采取措施，其中英国政府和设计协会对工业设计给予了强有力的支持。布莱尔为推动英国的设计，发起"新世纪英国杰出产品"活动，给英国设计带来了巨大的鼓舞。

英国是工业革命的发源地，而工业革命是工业设计产生和发展的最重要且唯一的前提条件，这也是为什么人们会把英国称为世界工业设计的发祥地。被众多历史学家公认为现代设计起点的"水晶宫"工业博览会，就是英国政府为展示其100年来所取得的成就而举办的，如图2-1所示。这是一次彰显工业技术文明的盛会，同时也暴露了当时手工业向工业化过渡时期的设计危机，它引发了人们对设计问题的思考。在19世纪80年代，形成了振兴手工艺、探索艺术与设计结合的设计革命——工艺美术运动，这次运动被认为是最重要的设计源泉之一。在此运动中，参与其中的主要人物有：约翰·拉斯金，威廉·莫里斯，克里斯托弗·德来塞，麦金托什，查尔斯·阿什比，阿瑟·马克穆多和沃尔特·克兰，他们的理论和实践对20世纪的设计产生了决定性的影响。

1915年，受德国的德意志制造联盟的影响，英国成立了"设计与工业协会"（Design and Industries Association，简称DIA），立志推动英国制造业的设计发展，但实际影响是有限的，这要归咎于当时英国的设计界依然停留在艺术家如何参与机械化产品设计的问题上，而对工业设计的根本方式一直含糊不清。这也从侧面反映出英国设计惯有的保守特征。

图 2-1　1851 年世界博览会场馆——水晶宫

　　1942 年，英国贸易部专设了设计特别小组（Design Panel）进行设计的研究与应用。1944 年，英国政府通过英国贸易部，在原有的"设计与工业协会"的基础上成立了第一个正式的官方工业设计组织"工业设计协会"（Council of Industrial Design），极力提倡英国是多民族的国家，设计应反映多元化，各民族可以自己的文化内涵来表达各自的个性；对于设计教育，更是鼓励学生学习创新思维、创新意识。

　　二战后，这个政府机构组织各种设计展览、设计会议，旨在组织产品设计活动，使制造商和公众都意识到设计在提高产品质量标准中的必要性和可能性，这是英国设计史上的里程碑。1949 年"工业设计协会"创刊了世界上最重要的设计杂志《设计》，对促进英国的设计水平起到了积极作用。众多汽车公司 Aston Martin，Bently，Jaguar，MG，Mini

Cooper，Lotus，Land Rover 等率先建立了英国设计的形象。

20世纪60年代，英国流行文化兴起，并且成为设计、广告、艺术、音乐、摄影、时装、实用艺术和室内设计的关键影响因素。80年代，英国的机构意识到设计培训将是一个长期的重要因素，因而开始在设计培训领域进行持续的投资。90年代，一种激进的新设计现象——反讽、壮观、流行和颓废文化出现。

在经历了各种设计风格与设计思潮的洗礼之后，尤其是20世纪60年代之后对于产品设计中人性化因素的关注，英国工业设计已经逐步走向成熟，既不会出现"顽固不化"的坚守传统模式，也不会发生激进甚至极端的设计改革，英国工业设计师似乎在以一种更为理性，甚至务实的态度来面对设计。功能的实现始终是产品设计的准则，而设计中材料的理解和巧妙运用、产品语意的研究、绿色设计和生态设计的重要意义都成为英国工业设计师主要考虑的问题。

在新时期英国设计师创造的"奇迹"不胜枚举，综观这些设计师和他们的代表作品，我们可以发现它们自始至终体现了从莫里斯时代开始就始终追求的英国设计的诚实、正直、精良的优良传统。准确地实现产品的功能，正确的姿态让英国工业设计师能够以更为开放的思想研究、分析和利用新的材料、加工工艺，利用任何可行的手段达到功能与形态的完美结合。

虽然在英国设计业中，产品设计是相对较小的一个门类，但是它却最具有国际性的活力。一个肯定的原因就是，国际上无论是设计界还是企业界都高度关注英国的产品设计，尤其对于那些亚洲和美洲的各个组织更是将英国看作连接欧洲文化的纽带和桥梁。当代英国设计似乎并不注重让人炫目的外观，却十分强调一些只能意会的"人文追求"。独特的英国设计文化，日益魅力四射，其理念源自一个基本的观点：设计不是单纯的装饰艺术，而是与其存在的文化进行创造性的对话。

多数英国企业认为通过设计可加强产品的创造性和革新性，提高服务质量，改善产品质量，增加利润和销售额。半数以上的英国企业家认为服务质量和顾客服务领导着创新成果的实施方向。产品质量、市场、新产品、新服务的开发也是通过创新带来的有利方面，创新带来竞争优势，创新提高生产效率，降低成本，创新使生产者开发出新产品。

1996年"创意产业"的提出为英国设计师提供了提高和展现自己的良好平台，而事实上英国政府很早就正式将设计作为促进经济发展的有力途径。2007年3月，英国文化休育与传媒部发布了《文化与创意2007》（Culture & Creativity in 2007）报告，以案例的形式总结了这10年来创意产业的发展成果：创意产业在整个国民经济增加值中的比例超过了7%，并以每年5%的速度在增长，产值达560亿英镑，解决了180多万人的就业问题。

新世纪的英国设计正焕发出独特的魅力，设计行业正在通过自身创新的特点为英国在创造利润的同时，也创造了一个新英国的形象。而英国设计正是出于对设计发现问题、解决问题这一本质的认识，以及从莫里斯时代就一直坚持的实用、精确、和谐等设计准则，并且在这些原则的指导下爆发无穷的创造力，从而逐渐赢得了其他国家的尊重。同时，也正是理性的，在我们看来甚至有些保守和迟钝的态度下，才能够冷静地分析到底什么是真正的需要，什么是设计中应该重视的问题，是纯粹的商业化和利益的追求，还是在设计中体现一种人与物、人与环境之间的共同与平衡。

当代的英国设计，表现出一种广阔的视野，超越了普通的审美追求，这应该归功于环保理念的融入。在设计中提倡环保理念，让很多设计师具有了一种责任感——在设计中非常认真地思考如何变废为宝，进行"再设计"，并且相当注意降低能源与材料的消耗，同时抓住新材料、新工艺和新工具带来的创意机会。同时，随着科技的发展，产品在功能、技术上都很接近，所不同的只有设计。优秀的设计意味着良好的商业发展，创新则会带来美好的生活，两者息息相关，对人类社会和文化起着非常重要的作用。

2.1.2　皇家艺术学院

英国皇家艺术学院是世界上唯一一所在校生全部为研究生的艺术设计大学，专攻教学和科研。学院开设有美术、应用艺术、设计、传播学和人文等学科，均可授予文学硕士、哲学硕士和博士学位。该校拥有 850 余名硕士和博士学生，有一百多名专家与他们交流探讨，包括学者、一流的艺术设计师，以及专家、顾问和著名的访问学者。

皇家艺术学院不仅是创意的源泉，而且是全球艺术家和设计师最为集中的社会团体之一，吸引了来自世界各地的众多颇具才华的学生。

许多从皇家艺术学院毕业的学生已经对我们的日常生活产生了显著的影响，我们所穿的服装、参观的展览、驾驶的汽车以及购买的日用品，都有他们的设计作品。在巨大的成功中，皇家艺术学院起到了中流砥柱的作用。它时刻都在证明着其在艺术、设计和传播学中的先锋地位。毕业学生中，家喻户晓的名字有詹姆斯·戴森（James Dyson）、雷德利·斯科特（Ridley Scott）、戴维·阿德迦耶（David Adjaye）、桑德拉·罗德斯（Zandra Rhodes）、菲利普·崔西（Philip Treacy）、翠西·爱美（Tracey Emin）、托马斯·赫斯维克（Thomas Heatherwick）以及大卫·霍克尼（David Hockney）。还有其他数千人的名字可能不为人所知，但他们已塑造了当今的生活方式，如福特 Ford Ka 和美洲豹 Jaguar XK8（图 2-2），均由皇家艺术学院的毕业生设计。灾难救援避难所的革命性混凝土帆布房，NHS（英国国家健康管理署）医院病床以及 Dyson 吸尘器，也都是该学院毕业生的作品。正因英才辈出，即使竞争极其激烈，该学院始终源源不断地吸引着来自世界各地最为出色的艺术设计学生。

图 2-2　美洲豹 Jaguar XK8（左）和福特 Ford Ka（右）

2.2　法国设计

雄伟壮观的巴黎凯旋门，位于巴黎市中心塞纳河南岸的世界上第一座钢铁结构的高塔

——埃菲尔铁塔，位于巴黎市中心塞纳河右畔的卢浮宫、最著名的中世纪哥特式大教堂——巴黎圣母院，象征着革命和激情的，于公元 1369 至 1382 年建立的军事堡垒——巴士底狱遗址，以及当地人常简称为"博堡"的蓬皮杜国家艺术文化中心，这些耳熟能详的建筑基本上构成了地理意义上的法国形象，如图 2-3 所示。

图 2-3　埃菲尔铁塔、卢浮宫、蓬皮杜国家艺术文化中心

但是，香榭丽舍大街似乎更加能够代表法国的真正意义。它在很大程度上构成了外界对法国物质消费的印象——奢华、品位、昂贵。在这个充满了灵性和聪慧的国度，设计师们极大地发挥了自己的特长，在工业设计、艺术设计领域里开创了领先全球的设计风潮。

法国设计工业的精湛，有着它丰厚的历史传承。17 世纪开始，法国的古典文学迎来了自己的辉煌时期，相继出现了莫里哀、司汤达、巴尔扎克、大仲马、雨果、福楼拜、小仲马、左拉、莫泊桑、罗曼·罗兰等文学巨匠。近现代，法国的艺术在继承传统的基础上颇有创新，不但出现了罗丹这样的雕塑艺术大师，也出现了像莫奈和马蒂斯等印象派、野兽派的代表人物。从 17 世纪开始，法国在工业设计、艺术设计领域的世界领先地位早已有目共睹。

艺术和工业的完美融合是现代设计的精髓，法国的设计象征着优雅、高贵、卓尔不群。法国的现代设计基于法国悠久的设计传统，没有经历过平民化的设计运动，比较重视奢华的设计项目，并且具有强烈的设计家个人表现的特点。法国唯一的国立设计学院——法国高等工业创意学院国际设计中心主任里兹·戴维斯（Liz Davis）曾经说："法国的设计就是豪华的设计，高尚的设计"（在法文中，设计被称为是高等文化的，即 haute couture，包括豪华的时装、香水和化妆品、首饰和豪华家具等）。这也就表达出法国设计的传统和特色的核心内容具有强烈的法国资产阶级味道，推崇权贵式的、精英主义的、非民主化的设计道路。

2.2.1　法国设计发展

法国的现代设计早在 19 世纪末 20 世纪初已经开始酝酿，这是因为法国是 19 世纪末 20 世纪初现代艺术与现代设计最重要的中心，当时在灵感艺术（绘画、雕塑、文学、音乐、戏剧）和时装上具有很大优势。

1889 年适逢法国大革命 100 周年纪念，法国政府决定隆重庆祝，在巴黎举行一次规模空前的世界博览会，以展示工业技术和文化方面的成就，并建造一座象征法国革命和巴黎的纪念碑——埃菲尔铁塔。这一庞然大物显示出法国人异想天开式的浪漫情趣、艺术品位、创新魅力和幽默感。如果说，巴黎圣母院是古代巴黎的象征，那么，埃菲尔铁塔就是现代巴黎的标志。铁塔恰如新艺术运动一样，代表着当时欧洲正处于古典主义传统向现代主义过渡与转换的特定时期。

1900 年巴黎世界博览会是新艺术运动（Art Nouveau）在法国崭露头角的开始。法国是新艺术运动的发源地和中心，新艺术运动是工艺美术运动在法国的继续深化和发展，得名于法国设计师兼艺术品商人萨穆尔·宾于 1895 年在巴黎开设的设计事务所"新艺术之家"。新艺术运动推崇艺术与技术紧密结合的设计，精工制作的手工艺，要求设计、制作出的产品美观实用。在法国新艺术运动中还涌现出许多成绩卓著的设计团体，如新艺术之家、现代之家、六人集团等。他们对建筑、家具、室内装潢、日用品、服装、书籍装帧、插图、海报等进行全面设计，力求创造一种新的时代风格。在形式设计上多以象征有机形态的抽象曲线作为装饰纹样，呈现出曲线错综复杂、富于动感韵律、细腻而优雅的审美情趣。1925 年左右，法国的新艺术运动逐渐被装饰艺术运动取代，装饰艺术运动是传统的设计运动，是对新艺术运动的一个修正，持续地影响着以后的法国设计走向，如图 2-4 所示。

图 2-4　新艺术运动作品（左）和装饰艺术运动作品（中、右）

装饰艺术运动（Art Deco）是 1920~1930 年代的欧美设计革新运动。巴黎是装饰艺术运动的发源地和中心，1925 年在巴黎举办了"国际装饰艺术与现代工业展览会"，装饰艺术运动因此得名并在欧美各国掀起热潮。其涉及的范围主要包括对建筑、家具、陶瓷、玻璃、纺织、服装、首饰等方面的设计。它受到新兴的现代派美术、俄国芭蕾舞的舞台美术、汽车工业及大众文化等多方面影响，设计形式呈现多样化，但仍具有统一风格。如注重表现材料的质感与光泽，在造型设计中多采用几何形状或用折线进行装饰，在色彩设计中强调运用鲜艳的纯色、对比色和金属色，造成强烈、华美的视觉印象。在法国，装饰艺术运动使法国的服饰与首饰设计获得很大发展。装饰艺术运动中表现出的东西方艺术样式的结合、人情味与机械美的结合等内涵，在20世纪80年代，重新受到了后现代主义设计师的重视。

20世纪60年代法国政府开始比较深入地研究工业设计，1969年建立"工业创作中心"，1988年在巴黎蓬皮杜艺术中心举办了"法国设计1960~1990"，该展览对法国设计做了第一次具有代表性的概览。20世纪90年代，意大利设计影响到法国，法国政府明确设计对于国民经济的重要促进作用，法国政府的以下几个部门：法国外交部的艺术行动协会、法国文化部艺术司出资，于1993年出版了一本关于现代设计的非常重要的著作《工业设计——一个世纪的反映》。这是目前论述工业设计资料最完整的著作之一。

政府的两个主要部门——文化部和工业部，对法国设计注入极大的兴趣与支持。工业设计的教育也被重视。1980年，综合性大学和学院的工程和技术系第一次开设工业设计课程；1982年，建立工业设计学院。文化部同时帮助支持法国的七所艺术学校。文化部还支持两个关键组织：工业创造促进委员会（APCI）和工业创造中心（CCI）。APCI于1983年成立，国家仅仅提供一部分资金，它企图通过竞争、展览和专家讨论会进行传播，使专家本身和大众对设计更进一步理解。CCI于1969年建立，它在工业和设计师之间寻求促进的连接点，通过展览会促进竞争，使研究与大批量生产的企业协调起来。

2.2.2 菲力浦·斯达克

法国设计师菲力浦·斯达克（Philippe Stark，1949~ ）是西方最有影响的设计师，也是一个发明家、思想家，是当代设计界最耀眼的明星。他既是一位多产的设计大师，也是荣获最多设计奖项并且多年连获大奖的设计大师之一。人称"设计鬼才"的菲力浦·斯达克，有一大堆头衔：法国设计界文艺复兴的领袖、当今世界上最负盛名的设计师、设计鬼才、最具曝光率的世界顶级设计大师……，与名字同时出现的当然是一件件新奇古怪的设计作品。在他数十年的设计生涯里，创作了许多别出心裁、令人耳目一新的作品。他的作品涵盖了建筑、室内设计、机车、家电、家具领域（图2-5）。

菲力浦·斯塔克设计的目的，就是为了让生活环境中随手可及的物品和身边最亲近的人变得更融洽、更美好。菲力浦·斯达克用不合常规、冲突的设计手法塑造了一个个"戏剧性"的空间场景。他的设计强调减少繁复、回归简约，提倡"非物质性"，用极少的物质实现最大的功能，同时以突破性的创意制造平民化的产品。

1988年斯达克开始与意大利制造商阿莱西合作。设计出的柠檬榨汁机，成为阿莱西最畅销的产品之一。柠檬榨汁机的艺术价值也许比它的实用价值更大，与其说它是一件生活用品，不如说它更像一件雕塑艺术品。

一直以来，他倡导对环境的尊重及对人性的关怀，并且把这种观念融合在作品中，改变了物品原有的形象，而且彻底改变了我们每一天的生活。斯达克认为："未来，实用耐用的商品将取代美丽的东西。明日的市场，消费性的商品会越来越少，取而代之的将是智慧型，且具有道德意识，意即尊重自然环境与人类生活的实用商品。"

图 2-5　菲力浦·斯达克及其作品

2.3　德国设计

20 世纪初，处于欧洲封建势力最强的德国能在经济上迅速超过资产阶级摇篮的法国与工业革命发祥地的英国，历史学家与经济学家争论的结果：德国受益于它所开创的世界工业设计革命。

国际贸易界人士普遍认为：精心设计的德国产品结构合理、技术精湛、品质优良、造型严谨、哲理性强，在国际市场上的竞争力很强。如果说日本的产品是以设计新颖别致、价格便宜取胜的话，那么德国产品则以高贵的艺术气质，严谨的做工而成为欧美市场的畅销货。

德国是现代设计诞生的国家之一。长期以来，德国的设计在世界设计中占有举足轻重的地位，德国设计影响到世界设计的发展，德国的设计理论也影响到世界的设计理论形成，德国对于设计的理性态度，对于设计的社会目的性的立场，使德国的现代设计具有最为完整的思想和技术结构。

德国现代设计的发展，为我们展示出一条发展稳健、高度理性和富于思考的途径。从历史的轨迹中可以看出，德国设计的主流印象是在包豪斯、乌尔姆设计学院和博朗公司三者的合力影响下形成的，在世界范围内形成了"德国设计"的标准解释：功能主义、理性主义、实用的、可感知的、经济的、中性的。

如 1934 年由斐迪南·波什开始着手设计被称为"大众·甲壳虫"的大众汽车。大众汽车公司在 1936 年推出甲壳虫的原型车，立即受到广泛的欢迎，同时也造就了汽车工业的一个经典之作。

德国产品以设计精良、工艺规范、质量一流及售后服务好在全球负有盛名，与企业不仅注重产品外观视觉效果，更强调内在功能和质量有关。德国是一个设计意识非常强的国家。根据调查，管理经济的前联邦部长格罗斯曾说："三分之二的 14 岁以上的人理解设计，包括基本日用商品的设计，与此同时 18%的人把它作为新潮设计，16%的人认为就普通设计而言是给予造型和形态，15%的人认为它包括产品的创造性开发。"设计社会地位重要性的增长不仅在企业家心中扎根，同时在普通老百姓心中也已扎根。

德国的不少工业设计中心每年都可得到当地政府经济管理部门数量可观的拨款资助，主要用于对工业设计人员培训与组织工业设计成果展览等；一些城市工业设计中心的人员编制为国家公务员，可见德国各地方政府对推动工业设计工作的重视程度。

另外，德国工业设计的管理模式、管理方法、组织形式等对各国的工业设计工作更有借鉴作用。如柏林国际设计中心，该设计中心成立于 1967 年，采用会员制形式，现在专职人员 5 名，其余为聘用设计人员。设计中心主要通过接受政府或大企业的资助，专职从事艺术、摄影、模特及举办工业设计成果展示等。他们坚持以创新设计为原则，与大专院校合作，培训各类专业设计人才，并提供专项资金技术。此外，该中心还承担规划设计业务，如负责规划设计世界一流的实用和艺术相结合的新柏林国际机场管理系统整体方案，他们先后组织德国的 7 所院校及 120 多家企业事业单位参与研究。该设计提倡"创新与功能完善结合"，一切从方便乘客出发，设计贯穿了旅馆—途中—登机全过程。机场管理高度电脑化，自动化，充分体现省时、省力、精确、新颖、方便特点。可以说，新柏林国际机场设计过程，较完善地表现了工业设计的思想和过程。

2.3.1 早期发展

德国在 19 世纪和 20 世纪之交，受工艺美术运动和新艺术运动的影响，出现类似"新艺术运动"，被称为"青年风格派"的设计运动，应该说这场运动是欧洲的"新艺术"运动的一个分支。

1902 年左右，开始有部分人从"青年风格派"运动中分离出来，形成新的现代设计运动的中心——德意志制造联盟。1907 年 10 月 5 日，德意志制造联盟在慕尼黑成立。该组织使工业设计真正在理论上和实践上有所突破，是德国现代主义设计的基石。

1919 年，世界上第一所完全为发展设计教育，旨在培养现代设计人才的包豪斯设计学院（Bauhaus，1919~1933 年）在德国魏玛成立。包豪斯为现代设计教育的发展开创了一个新的里程碑，学院经过十多年的努力成为欧洲现代主义设计的中心，并把欧洲的现代主义设计运动推到了一个空前的高度。1933 年，学院被纳粹政府以莫须有的罪名强行关闭，但学院创始人格罗佩斯所创立的教育理论和教学方式却影响了全世界的设计教育，并且使所有的设计师意识到为大众设计和为工业化设计才是设计的真正目的，如图 2-6所示。

"包豪斯"是德文 DAS STAATLICHES BAUHAUS 的译称。"Bauhaus"是格罗佩斯专门生造的一个新词。从这个新造词的字面就能看出，格罗佩斯是试图将建筑艺术与技术这个已被长期分隔的领域重新结合起来。

在设计理论上，包豪斯提出了三个基本观点：

（1）艺术与技术的新统一。

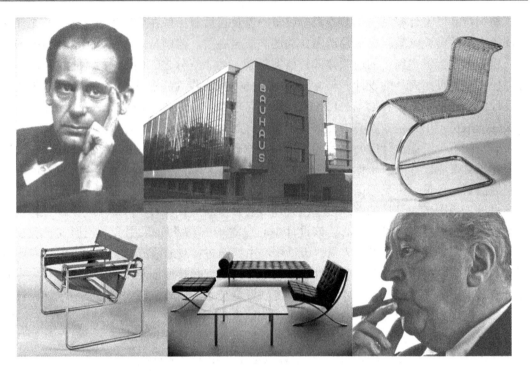

图 2-6 格罗佩斯（上左）、包豪斯校舍（上中）、包豪斯家具、米斯（下右）

（2）设计的目的是人而不是产品。

（3）设计必须遵循自然与客观的法则来进行。

这些观点对于工业设计的发展起到了积极的作用，使现代设计逐步由理想主义走向现实主义，即用理性的、科学的思想来代替艺术上的自我表现和浪漫主义。

在格罗佩斯的指导下，这个学校在设计教学中贯彻一套新的方针、方法，逐渐形成了以下特点：

（1）在设计中提倡自由创造，反对模仿抄袭、墨守成规。

（2）将手工艺与机器生产结合起来，提倡在掌握手工艺的同时，了解现代工业的特点，用手工艺的技巧创作高质量的产品，并能供给工厂大批量生产。

（3）强调基础训练，从现代抽象绘画和雕塑发展而来的平面构成、立体构成和色彩构成等基础课程成了包豪斯对现代工业设计做出的最大贡献之一。

（4）实际动手能力和理论素养并重。

（5）把学校教育与社会生产实践结合起来。

包豪斯的建校历史虽仅 14 年 3 个月，毕业学生不过 520 余人，但它却奠定了现代工业设计教育的坚实基础。包豪斯的办学宗旨是培养一批未来社会的建设者，他们既能认清 20 世纪工业时代的潮流和需要，又能充分运用他们的科学技术知识去创造一个具有人类高度精神文明与物质文明的新环境。包豪斯的产生是现代工业与艺术走向结合的必然结果，它是现代设计史上最重要的里程碑。

2.3.2 乌尔姆艺术学院与博朗公司

二战后德国的设计在短短十年中有很大的发展，1953 年被称为二战后包豪斯的德国乌尔姆（ULM）艺术学院建立，地点就在物理学家爱因斯坦诞生的小城乌尔姆。乌尔姆艺术学院致力于设计理性主义研究，几乎全盘采用包豪斯的办学模式，它的最大贡献是完全把现代设计——包括工业产品设计、建筑设计、室内设计、平面设计等，从以前似是而非的艺术、技术之间的摆动立场坚决地、完全地移到科学技术的基础上来，坚定地从科学技术方向来培养设计人员，并进一步提出了理性设计的原则，开创了系统设计方法。它的作用犹如包豪斯设计学院在二战前的作用一样，不仅仅是德国现代设计的重要中心，同时对世界设计也起到推动作用。

德国最重要的家用电器企业博朗公司在产品设计中完美地贯彻了乌尔姆设计学院的设计精神，强调人体工学原则，以高度的理性化、次序化原则作为自己的设计准则，如图2-7所示。

图 2-7　不同时期的博朗产品

正如博朗的设计师 Fritz Eichler 所讲，博朗的产品永远秉承着"让生活更轻松、更便捷、更舒心"的设计理念，不断寻求创新与变化。博朗具有非常完整的品牌特性——品质、简约、创新、独特，将灵感、历史、当代与未来有机而协调地结合在一起。历经近一个世纪的发展，博朗独有的产品特征、与众不同的设计理念已经深深地注入在每件产品之中。

博朗的品牌特色是一种外在美感与内在品质绝妙的组合，它将超越物质之外的理念、价值与创作，协调而完美地融为一体。完美的设计是同时具有美学价值和实用价值的产品。博朗相信，现代气息、简约、纯正和高品质是出色产品的特征。博朗旗下 10 大类200 多种产品从不以触目、突兀和炫耀为特征，而是追求清晰和简约的风格。

博朗产品永远浸透着功能性与艺术性的气息，在注重技术发展和产品设计突破的同时，孜孜不倦地追求产品功能和艺术美的结合。博朗优良的设计贯穿产品的每个细节，力求使每件产品完美无瑕。设计过程中的精益求精正是体现了对用户的尊重。正因为如此，博朗的设计历久弥新，独领风骚，经得起最挑剔眼光的考量。

博朗的设计理念源于 1955 年，经过几十年的发展完善，这一特点鲜明、注重功能的设计风格被设计大师迪特·拉姆斯（Dieter Rams）概括总结为产品设计的原则：

（1）设计需要创新。

（2）设计创造有价值的产品，设计的第一要务是让产品尽可能地实用。

（3）设计具有美学价值，产品的美感以及它营造的魅力体验是产品实用性不可分割的一部分。

（4）设计让产品简单明了，让产品的功能一目了然。

（5）产品的设计应该是自然的、内敛的、为使用者提供表达的空间。

（6）关注设计中的每个细节，精益求精的设计体现了对使用者的尊重。

（7）设计应致力于环境保护，合理利用原材料。

（8）设计应当专注于产品的关键部分，简单而纯粹的设计才是最优秀的。

德国的工业企业一向以高质量的产品著称世界，德国的汽车、机械、仪器、消费产品等，都具有非常高的品质。这种工业生产的水平，更加提高了德国设计的水平和影响。德国不少企业都有非常杰出的设计，同时有非常高的质量水平，比如克鲁博公司（Krups）、艾科公司、梅里塔公司（Melitta）、西门子公司等。德国的汽车公司的设计与质量则更是世界著名的。

2.3.3　科拉尼

科拉尼出生于德国柏林，早年在柏林学习雕塑，后到巴黎学习空气动力学，1953年在加州负责新材料项目，这样的经历使他的设计具有空气动力学和仿生学的特点，表现出强烈的造型意识。当时的德国设计界努力推进以系统论和逻辑优先论为基础的理性设计，而科拉尼则试图跳出功能主义圈子，希望通过更自由的造型来增加趣味性，他设计了大量造型极为夸张的作品，被称为"设计怪杰"，如图2-8所示。

图2-8　科拉尼及其作品

早在20世纪50年代，他就为多家公司设计跑车和汽艇，其中包括世界上第一辆单体构造的跑车BMW700（1959年）。60年代他又在家具设计领域获得举世瞩目的成功。之后，科拉尼用他极富想象力的创作手法设计了大量的运输工具、日常用品和家用电器。虽然它们并非百分之百都是"优良设计"，但确实有极高的造型质量，受到舆论和公众的普遍认可，与此同时他也遭到来自坚持现代主义的设计机构的激烈批评。科拉尼说："地球是圆的，所有的星际物体都是圆的，而且在圆形或椭圆形的轨道上运动……甚至连我们自身也是从圆形的物种细胞中繁衍出来的，我又为什么要加入把一切都变得有棱有角的人们的行列呢？我将追随伽利略的信条：我的世界也是圆的。"

他的设计哲学是归于自然、返于自然，致力于从广大的宇宙寻求真理，把所有的东西根据自然界的形态加以应用及改变。他所设计的喷气飞机，造型犹如鸟般的轻盈，配合流体力学，展现其速度感。他从自然中寻找灵感，喜欢从自然界的形态加以应用及变化，呈现的作品较为感性、大方、亲切、流线，给人舒畅的感觉。科拉尼是一位极具东方艺术家气质的设计大家，是一位具有优秀设计责任感的大家，我们能感受到科拉尼的独特的特性，这种特性也就是设计师的设计个性，就是灵魂的东西。科拉尼有些说法曾经让人感到不可思议，比如"自有时间开始，蛋是最高级的包装形式"、"宇宙中无直线"等，因此科拉尼还被誉为曲线大师。科拉尼灵感都来自于自然，他认为："我所做的无非是模仿自然界向我们揭示的种种真实。"

2.4 美 国 设 计

美国现代设计延续着三个不同的线索发展：美国汽车样式设计，美国现代主义设计，工业设计的职业化。最终，形成了美国特色的设计风貌：实用主义、商业主义、多元化、大众化。

当欧洲各国进行现代主义设计的探索与实验的时候，美国人则基于商业竞争的要求，全力以赴地开始了为企业服务的工业设计运动。可以说，从一开始，美国的设计运动就沾满了实用主义的商业气息。美国芝加哥建筑派的领导人物之一——路易斯·沙利文，曾经在1907年总结设计的原则时说：设计应该遵循"形式追随功能"的宗旨。但是在美国竞争激烈的商业市场上，设计所遵循的其实是"形式追随市场"，对于企业来说，设计唯一的要点是能够促进销售，市场竞争机制在美国设计发展中起到了决定性的作用。

进入20世纪，美国工业开始进入批量生产阶段，科学管理、流水生产线等新的管理和生产方法都开始被引入和采用。标准化和理性式的制度规范化是这次工业生产改革的中心。美国早在1920年代就已经是世界上工业化程度最高的国家了，1927年前后，美国的经济出现衰退迹象。经过罗斯福新政，美国经济重新出现复兴。危机期间，企业为了生存，采用的竞争手段更加激烈和强化，这是美国市场竞争技巧发展的一个重要刺激因素，换言之，是美国现代设计的发轫点。为了适应市场需求，美国的大企业，特别是汽车制造业在此时成立了汽车外形设计部门，雇用了专业的造型设计师，形成了最早的企业内部工业设计部门。另一方面，由于市场需求日益增加，出现了一些独立的设计事务所，根据客户的要求从事各方面的设计业务。这些设计事务所往往与大企业有长期的合作关系，形成了活跃的设计市场轰动，也出现了美国第一代的工业设计师。二战后，美国成为世界上最强大的经济大国，高度发达的商品经济下，设计与市场联系更加紧密，这也是机器大工业社会发展的必然。

美国的工业产品设计比世界上任何一个国家都发展得迅速和成熟。如果说德国人对于设计的最大贡献是建立了现代设计的理论和教育体系，把社会利益当作设计教育和设计本身的目的，那么，美国对于世界设计的最重要的贡献就是发展了工业设计，并且把工业设计职业化。由于美国的工业发达、经济成熟，美国是世界上第一个把工业设计变成一个独立职业的国家，而这个职业化的过程早在20世纪20年代末期，已开始在美国的纽约、芝加哥等地出现。

2.4.1 美国最早的职业工业设计师

美国第一代工业设计师的专业背景参差不齐，他们设计的对象也比较繁杂，自从设立工业设计事务所以来，可以说从汽水瓶到火车头都有设计。他们的设计往往比欧洲设计时间短、效率高、缺乏认真的社会因素思考，而仅注重市场竞争。从设计的实用性来说，他们的设计比欧洲同行发达得多，灵活得多，而从设计观念来说，又显得浅薄。通过他们的努力，工业设计终于成为市场促销、市场竞争的一个重要组成部分，而被美国市场、美国企业界所接受，这是一个非常重要的成就。可以说，真正把工业设计扎扎实实地嵌入工业企业界的，是美国的第一代工业设计师们。

2.4.1.1 德雷夫斯 （Henry Dreyfuss，1903~1972 年）

德雷夫斯于 1929 年建立了自己的工业设计事务所，他的一生都与贝尔电话公司有密切的关系，是影响现代电话形式的最重要设计师。德雷夫斯 1930 年开始为贝尔设计电话机，1937 年提出听筒与话筒合一的设计。在与贝尔的长期合作中，他设计出一百多种电话机，德雷夫斯的电话机因此走入了美国和世界的千家万户，成为现代家庭的基本设施。德雷夫斯的一个强烈信念是设计必须符合人体的基本要求，他认为适应于人的机器才是最有效率的机器。他多年潜心研究有关人体的数据以及人体的比例及功能，这些研究工作在他《人体度量》（1961 年出版）一书中都有所总结，从而帮助设计界奠定了人机学这门学科。他的研究成果体现于 1955 年以来，他为约翰·迪尔公司开发的一系列农用机械之中，这些设计围绕建立舒适的、以人机学计算为基础的驾驶工作条件这一中心，创造了一种亲切而高效的形象。

2.4.1.2 盖茨 （Norman Bel Geddes）

在设计上，盖茨是一位理想主义者，有时会不顾公众的需要和生产技术上的限制去实现自己的奇想，因此他的作品实现的不多。1932 年出版的《地平线》一书奠定了他在工业设计史中的重要地位。

在美国早期的工业设计师中，盖茨最精确地描述了他所从事的职业，他总是强调设计完全是一件思考性的工作，而视觉形象出现于设计的最终阶段。

他的事务所所采用的设计程序是有典型意义的，在着手产品设计时，他考察如下几点：

（1）确定产品所要求的精确性能。
（2）研究厂家所采用的生产方法和设备。
（3）把设计计划控制在经费预算之内。
（4）向专家请教材料的使用。
（5）研究竞争对手的情况。
（6）对这一类型的现有产品进行周密的市场调查。

2.4.1.3 沃尔特·提格 （Walter Darwin Teaque，1883~1960 年）

沃尔特·提格是美国最早的职业工业设计师之一。提格的设计生涯与世界最大的摄影器材公司——柯达公司 （Kodak） 有非常密切的关系。早在 1927 年，提格就接受柯达公司的委托，为柯达公司设计照相机包装，1928 年他成功地设计出大众型的新照相机"柯达·名利牌"，这种照相机受当时流行的装饰艺术运动的影响，采用金色条带和黑色条带平行相间作机体，具有强烈的装饰性，与当时非常流行的埃及图坦卡蒙面具具有明显的联系，因此产生了非常好的市场效应。1936 年设计了柯达公司的"班腾"相机，这是最早的便携式相机，相机的基本部件被压缩到基本地步，为现代 35 mm 相机提供了一个原型与发展基础。1955 年提格的设计公司与波音公司设计组合作，共同完成了波音 707 大型喷气式客机的设计，使波音飞机不仅具有很简练、极富现代感的外形，而且创造了现代客机经典的室内设计。

提格在与柯达公司合作的同时，也为其他的公司从事设计工作。他与工程技术人员密切合作，从外形上解决技术问题，从而使他设计的机械具有比较少的凹凸外形，便于清洁、保养，提高了安全度，也便于工人使用。他是最早在产品设计中注意到人体工程学因素的设计家之一，利用人体工程学因素来设计出效率高、安全的产品。提格逐渐发展出自己的一套设计体系，为企业开发整个产品系列的设计，这种设计方式使他成为早期美国最为成功的工业设计师之一。

2.4.1.4 雷蒙·罗维

雷蒙·罗维是一个高度商业化的设计家（图 2-9），他宣扬现代设计最重要的不是设计哲学、设计概念，而是设计的经济效益问题。作为美国第一代的工业设计师，雷蒙·罗维把设计高度专业化和商业化，使他的设计公司成为 20 世纪世界上最大的设计公司之一。

图 2-9 罗维及其设计作品

罗维出生于法国巴黎，一战后移居美国，是美国工业设计的重要奠基人之一，一生从事工业产品设计、包装设计及平面设计（特别是企业形象设计），参与的项目达数千个，从可口可乐的瓶子直到美国宇航局的"空中实验室"计划，从香烟盒到"协和式"飞机的内舱、灰狗长途车、壳牌标志，所设计的内容极为广泛，代表了第一代美国工业设计师无所不为的特点，并取得了惊人的商业效益。

罗维设计的转折点是 1929 年接受企业家格斯特纳的委托，进行复印机的改型设计，采用全面简化外形的方式把机器设计成一个整体感强、功能良好的机械。

罗维为西尔斯百货公司设计的"冷点"冰箱，是他设计水平的进一步提高，基本上改变了传统电冰箱的结构，变成了浑然一体的白色箱形，奠定了现代冰箱的基本造型。

罗维在20世纪30年代开始设计火车头、汽车、轮船等交通工具，引入了流线形，从而引发了风靡世界的流线形风格，30年代兴起的流线形风格一直到战后还有一定的影响。1939年在纽约举办的第十届博览会上，罗维第一次把工业设计师这个职业正式提出来，对二战后工业设计师的职业化过程有着积极的作用。

罗维一直到1988年去世前，还在从事设计活动，是当代工业设计师中设计生涯最长的一个。罗维一生有无数殊荣，是第一位被《时代》周刊作为封面人物采用的设计师。需要指出的是，所谓雷蒙·罗维的设计不是他个人的设计，而是一个整体的设计。公司内所有设计师的设计作品，包括包装、标志以及形象策划方案等，都要署上"罗维设计"的标志，以他个人的名义出品，通过这种管理和经营运作方式，极大地提高了设计公司的知名度。

罗维的基本设计原则是：简练、典雅或美观、经济和容易保修，产品必须通过其形状表述使用功能，不言而喻，这也是美国式的实用主义设计特征。作为职业设计师，罗维宣扬设计促进行销的新理念，他说："最美的曲线是销售上升的曲线。"他认为功用化的设计对市场行销大有裨益，将自己的设计哲学归纳为MAYA（Most Advanced Yet Acceptable）原则，强调设计不是为了标新立异，而是为市场运作服务，并提出了好的设计才能占有市场的新概念。

2.4.2　商业性设计与有计划的废止制

20世纪50年代的美国汽车设计是商业性设计的典型代表（图2-10）。美国的通用汽车公司、克莱斯勒公司和福特是其中的生力军，它们通过纯粹视觉化的手法来反映当时美国人对于权力、流动和速度的向往，取得了巨大的商业成效。商业性设计的本质是形式主义的，它在设计中强调形式第一，功能第二。设计师们为了促进商品销售，增加经济效益，不断花样翻新，以流行的时尚来博得消费者的青睐。

图2-10　汽车的商业性设计案例

美国商业性设计的核心是"有计划的废止制"，即通过人为的方式使产品在较短时间内失效，从而迫使消费者不断地购买新产品。"有计划的废止制"是非常典型的美国市场竞争的产物,对于企业来说,具有非常大的利益,企业可以仅仅通过造型设计,而达到促进销售的目的,创造了一个庞大的市场。尽管这种设计体系不被设计界推崇,并不断遭到环境保护主义者的抨击,但从 20 世纪 30 年代开始,在美国的工业界生根,同时也影响到世界各国。

"有计划的废止制"使美国的汽车工业成为工业设计师最集中的企业。但是单纯地强调式样改变,也造成了美国汽车设计从 30 年代以来,一直到 80 年代初期的重外形而轻视汽车功能的问题。美国汽车外形变化多端,的确促进了销售,但是汽车的性能并没有得到同步发展,因而在 1972 年前后的能源危机中,轻而易举地被外形虽然简单,但是性能优越的日本汽车打倒。

厄尔(Harley Earl,1893~1969 年)是美国商业性设计的代表人物,世界上第一个专职汽车设计师。1926 年被通用公司董事长看中,成为通用公司造型设计师。1940 年他出任通用公司副总裁,通用汽车公司"艺术与色彩部"主任,负责汽车外形设计,设计风格奔放、富于创新,开创了二战后汽车设计中的高尾鳍风格。他在通用汽车公司的一个重要贡献就是与总裁斯隆一起创造了汽车设计的新模式——"有计划的废止制"。按照他们的主张,在设计新的汽车式样的时候,必须有计划地考虑以后几年不断更换部分设计,使汽车的式样最少每两年一小变,三四年一大变,造成有计划的样式老化,促使消费者为追求新式样,而放弃旧式样的积极市场,使企业获得巨大的利益。

厄尔在汽车的具体设计上有两个重要突破。其一是他在 20 世纪 50 年代把汽车前挡风玻璃从平板玻璃改成弧形整片大玻璃,从而加强了汽车的整体性;其二是改变了原来对镀铬部件的使用方式,从只是在边线、轮框上部分镀铬,变成以镀铬部件作车标、线饰、灯具、反光镜等,这称为镀铬构件的雕塑化使用。厄尔在车身设计方面最有影响的创造是给小汽车加上尾鳍,这种造型在 20 世纪 50 年代曾流行一时。厄尔的设计基本上是一种纯形式的游戏,汽车的造型与细部处理和功能并无多大关系。厄尔一生作品累累,影响也十分广泛,是一位一直有争议,却影响巨大的工业设计师,他创造了大量品位不是很高,却具有巨大经济效益的作品。

从 20 世纪 50 年代末起,美国商业性设计走向衰落,工业设计更加紧密地与行为学、经济学、生态学、人机工程学、材料科学及心理学等现代学科相结合,逐步形成了一门以科学为基础的独立完整的学科,并开始由产品设计扩展到企业的视觉识别计划。这时工业设计师不再把追求新奇作为唯一的目标,而是更加重视设计中的宜人性、经济性、功能性等因素。

2.4.3 苹果公司

苹果公司,全称苹果股份有限公司(英文名 Apple Inc.),原称苹果电脑(Apple Computer),总部位于美国加利福尼亚的库比提诺,核心业务是电子科技产品。苹果的 Apple Ⅱ 于 1970 年代助长了个人电脑革命,其后的 Macintosh 接力于 1980 年代持续发展。最知名的产品是其出品的 Apple Ⅱ、Macintosh 电脑、iPod 数码音乐播放器和 iTunes 音乐商店,它在高科技企业中以创新而闻名。苹果的历史就是现代的 IT 技术与工业设计、时尚设计完美结合的历史,苹果每次都引领着工业设计和时尚设计的潮流,每次推出的产品都具有划时代的意义,代表着当时工业设计的方向,如图 2-11 所示。

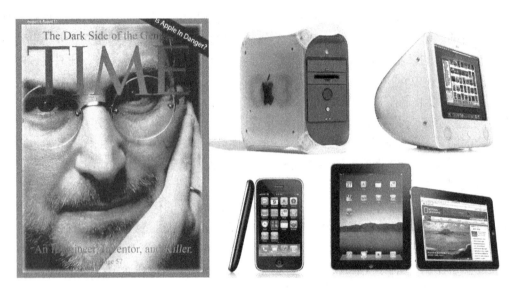

图 2-11　史蒂夫·乔布斯和苹果公司的产品

　　1976 年乔布斯和沃兹两位创始人合伙创立了苹果公司，开发了 Apple 1 的主板。苹果最早提出 SOHO 的概念，1984 年开创了整个图形界面的操作系统。1998 年苹果公司推出了 iMAC，从此宣布个人电脑进入了色彩缤纷的时代，2000 年苹果推出了 Power MAC G4，2007 年 1 月 9 日，苹果电脑公司正式推出 iPhone 手机，并正式更名为苹果公司。在 2008 年度《财富》全球五百强排名中，苹果公司名列第 337 位。

　　苹果公司一直致力于技术创新，领导业界把个人电脑推向一个又一个新的高峰。苹果首创鼠标和 3.5 英寸的软驱、图形界面的操作系统、打印技术、桌面排版、点对点的共享、液晶显示器、火线技术、PDA 掌上电脑、基于 64 位处理器的个人电脑等，把工业设计和时尚、消费者的追求非常完美地结合起来。苹果公司原有文化的核心是一种鼓励创新、勇于冒险的价值观，2000 年后推出更简洁的口号："Think Different"（不同凡响）。所有苹果人坚信着这么一条原则：一个人，一张桌子，一台电脑，就能改变世界！这和美国人崇拜的个人英雄主义如出一辙。在这样的个人化文化指引下，苹果公司以用户个人化引导产品和服务，以员工个人化来塑造公司文化和创新能力，以自身个人化获得一种自由和惬意的人生。苹果的这种文化使它能够推出令广大用户喜爱的 iMac 电脑，开鼠标定位器和图像表示法的风气之先，公司也一直以这种独创精神自傲。通过多年的积累，苹果公司已经默默地将品牌和旗下的产品打造成了一种文化。当消费者购买苹果产品时，不仅仅是一种实现具体功能的产品，而且还意味着购买了一种文化，此时的苹果产品拥有了更多的附加值，这是它能在激烈的竞争中脱颖而出的重要原因。

　　苹果公司用户至上的理论体现在细节设计上，一方面迎合了后现代美学中的存在主义、个性、自我、创意、多元等诉求；另一方面，它更为推崇"顾客即是上帝"。乔布斯曾骄傲地对媒体说："在苹果公司，我们遇到任何事情都会问：它对用户来讲是不是很方便？它对用户来讲是不是很棒？每个人都在大谈特谈'用户至上'，我想其他人都没有像我们这样真正做到这一点。"iPod 和 iTuneS 音乐商店的结合就是一个用户至上理论的实际成功操作案例，并让苹果公司从此改变了个人电脑、消费性电子产品、音乐三种产业的游戏规则。苹果公司在开发 iPod 之前首先对 MP3 播放器为何滞销进行了调查，其中一个原因就是存储容量小，当用户想听别的歌曲或唱片时只能将内容一条一条地替换掉。由于不喜欢这些烦琐的工作，许多用户在 MP3 播放器买来几周后就不再使用了，可以说以往的 MP3 播放器未能给用户提供一种良好的体验。而苹果公司通过采用大容量硬盘以及 iTunes 很好地解决了这个问题，只要将 iPod 联入装有 iTunes 的个人电脑，个人电脑上的乐曲库就能自动全部传送到 iPod 上。用户至上的理念，目的就是使得产品设计从技术导向或市场导向最终转为客户导向，使产品成为满足客户真正需求的产品。

苹果近十年来再次成功崛起，iMaC、iPod+iTuneS 和 iPhone 可以算得上是各时段的标志性产品。iMaC 令苹果一举从亏损走向赢利，iPod+iTunes 使苹果成功地由一家电脑制造商转变成消费类电子产品供应商，iPhone 是苹果继续扩大在消费电子市场份额的重磅武器。

导致这三类产品成功的一个共同因素就是产品创新，创新始终贯穿从外形、工艺、操作性、技术应用、商业模式等各个环节，产品创新是苹果的根本。

苹果发展的过程也是不断创新的过程，从早期专注于技术创新，到工业设计创新，再走到商业模式创新，从其创新方式的不断成长演变，我们看到苹果的一个又一个的成功。

2.5 北欧设计

地处北欧的芬兰、挪威、瑞典、丹麦、冰岛五国，有着独特的地理位置和悠久的民族文化艺术传统。在设计领域至今一直保持着自己的特色、文化品质和精神。特别是芬兰、丹麦、瑞典三国，设计表现更加突出。他们的设计倾向于一种手工艺观念和工业设计的混合体，这使得北欧的家具、陶瓷、灯具和纺织等工业颇有特色。它们简朴、制作精良，带有一种温和高雅的形态特征，天然材料和明亮的色彩是中产阶级式的，却又是民主大众化的。北欧设计代表一种生活方式：无论是过去还是现在，设计都是用来配合人类及其环境进入自然状态的。北欧产品反映了其价值观：物品必须与人的比例和舒适（人体工学）、需求（功能主义）、精神（美观）相关联。

北欧设计思想可以归纳为几个方面：

（1）重视产品的经济法则和大众化设计，即价廉物美。

（2）强调有机设计思想和产品的人情味，善用自然材料。

（3）提出以人体工学为原则进行理性设计，突出功能性。

因为特殊的地理位置，北欧人对于自然、森林有着一种刻在骨子里的亲近。1900 年北欧设计初露小荷尖角，就是凭借其传统的家具设计、简洁和自然的特征开始引起外界的重视。从 1890 年开始，尤其受到法国"新艺术运动"的影响，北欧设计开始探索一条新的道路，家具，陶瓷，玻璃，纺织等行业都有了新的发展，形成了自己的风格，不过他们没有抛弃传统，而是对传统加以继承和发扬。瑞典、丹麦、芬兰三个国家都成立了自己的政府管理部门，制订了相关政策以保证传统工艺在现代化工业进程中不受伤害。在北欧，设计的发展方向被定名为"工业艺术"，实现了传统手工艺与现代工业设计的结合，他们的设计院校也都称为"工业艺术"大学。北欧各国的设计，有明显的手工业痕迹，因而他们的产品抒情味、人情味极浓。这是因为他们重视师徒相承的方法，将北欧最优秀的手工艺都继承下来，并体现到现代商业产品设计中。20 世纪 30 年代，受德国包豪斯的影响，北欧的设计师也开始探索现代主义设计，他们在设计中注重现代主义的功能主义的同时，又采用了传统的工艺和自然形态，力图做到二者的统一。有家具评论家概括说："北欧家具表现出对形式和装饰的节制，对传统价值的尊重，对天然材料的偏爱，对形式和功能的统一，对手工质量的推崇。"

在北欧，设计师用一个单词来形容设计，叫"hygge"，意思是"安详、舒服、柔顺的感觉"。北欧风格以简洁著称于世，并影响到后来的"极简主义"、"后现代"等风格。在 20 世纪风起云涌的"工业设计"浪潮中，北欧风格的简洁被推到极致。对于北欧的设计来说，其传统的民族文化和现代工业化形成了产品造型的简洁朴素，而大批量的机械化生产又促使了产品造型的进一步简单实用。另外，北欧独特的文化和自然风光也培养了设计师独到的审美眼光，使其对产品造型的美感特别关注，如图 2-12 所示。

图 2-12　北欧设计作品

北欧的设计师重功能，也重形式的美感，他们擅长在传统和民间的样式，及自然的造型和色彩中获得设计的灵感。北欧的设计师喜欢采用自然的材质，注重材料生命的纹理和温暖的肌理感，他们的设计单纯、稳定、舒适、实用。在产品设计中把重功能、重理性和细致的做工、简洁的形式美感结合起来，在功能主义的基础上又展示出典雅的审美效果。北欧设计的发展也深受世界设计潮流的影响，如 20 世纪 60 年代的"波普设计"，80 年代的"后现代设计"，90 年代的"绿色设计"，北欧的设计师都有不同程度的反响，技术美学和人体工程学也是他们在设计中考虑的因素。北欧的设计重传统，但他们并不拘泥于传统的符号和形式，而是把传统作为一种内在的精神从极富现代感的设计中呈现出来，体现了北欧设计师在设计美学中的追求。

对于消费者来说，北欧的设计不但安全实用，也是一种人性化的品位的象征。北欧的设计以其独特的风格成为人们心中好设计的代名词。

2.6　意大利设计

意大利的现代设计具有非常特别的民族特征，同时也强调个人的表现，是现代设计中一个非常特殊的典型。

意大利符号学家、文化批评家和作家安伯托·艾可（Umberto Eco）曾经骄傲自豪地说："如果说别的国家有一种设计理论，意大利却是有一套设计哲学，更或许是一套设计思想体系……"意大利设计在国际上的巨大声誉，应当归功于整个国家形成的庞大而完备的设计体系。意大利米兰会集了世界上大部分的设计研究中心、设计学院和设计行业里最重要的专业人才，世界上最重要的设计文化商业事件也大都发生于米兰，米兰有世界著名的时装展和家具展。米兰和都灵这两个城市是意大利的设计中心。

意大利的设计是意大利文化、艺术、政治的一个有机组成部分。意大利时髦的家具、服装、电子产品、家用电器、办公室用品、汽车、装饰品等，为意大利赢得世界各国的称颂。

意大利设计家把材料看作是设计的物质保证，而且也是一种积极的交流感情的媒介，赋予了材料以人文含义和组合特性，使产品成为一个和谐的复杂系统。意大利设计善于利用新的材料，明亮的色彩和富有新意的图案，显示设计的双重含义，既是大众的，又是历史的，如图2-13所示。

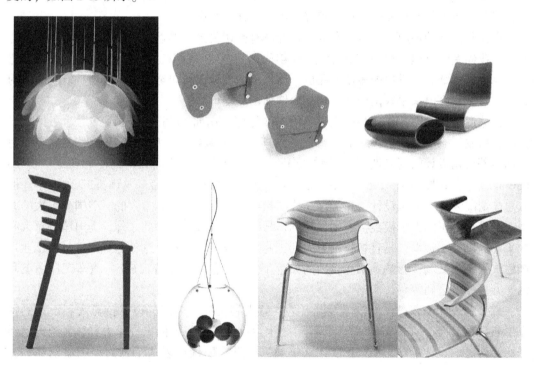

图2-13 意大利设计作品

对于形式的重视，使得意大利设计充满了无穷的意味。在形式中，通常被设计者们赋予了深厚丰富的内涵。有时它们让人领会到对自然的关注；有时，会是对贫富社会的调侃；有时，又是对所谓经典在新的时代的重新理解；有时，是对政治事件的反思。从意大利设计上可以看到，在这个世界中的一件件看起来可能毫不关联的事，通过设计家的思想和理解，在一件件设计中得到表达。

意大利人对美和对高标准生活的不懈追求，在把自己培养出贵族气质的同时，也给这个世界留下了丰厚的物质与精神财富。同样，设计是动态的、无限的，对设计的任何孤立理解、僵化思维、教条执行和武断结论都将是极不明智的、有害的，设计理论不能盖棺定论，它应当是开放的、发展的。意大利的设计毫无羁绊、群星闪耀、而非墨守成规、一枝独秀。它是根深树大的、立体的、全方位的、多元的、动态的、互动的和可持续的。

意大利为什么总能走在世界设计的风口浪尖呢？这是意大利文化的使然，是从古罗马时期就已经开始了的，是一种吸收、消化、融合，然后才是基于本土文化的创造！罗马历史铸就了意大利文化，而意大利文化滋养着现代设计。

如果说意大利设计在于其悠久、广袤和厚重的文化层积，在于对美好生活的无比热爱和深情向往，在于对人性化的诚挚诉求和对自然的永恒关爱的话，那么其深层的内核还有其深邃的哲学思想、严谨的科学态度、务实的精神以及海纳百川的睿智、气度和风范。

2.6.1　意大利设计发展

意大利的现代设计大约开始于20世纪初。第一次与第二次世界大战之间，是意大利设计模糊地进入现代设计的一个阶段，也是它的工业和国民经济进入现代时期的一个阶段，工业，特别是制造业的发展，直接促进了设计的发展。

意大利设计的崛起，与意大利的工业经济有密切关系，得益于欧洲复兴计划，源于意大利工业体系的重建，再加上20世纪60年代末和70年代初的经济危机和石油危机。意大利自身能源缺乏，进口能源使产品成本增加，这使他们转向努力改善设计，以高品位的家具、时装和家电来争取国内外市场，为增加产品出口服务。

二战后初期，有几件产品得到世界的一致好评，比如1946年科拉丁纳·达萨尼奥设计的，由皮亚吉奥公司（Piaggio）出品的维斯帕小型摩托车、1948年玛谢罗·尼佐利为奥利维蒂公司设计的列克西康80型打字机、1949年吉奥·庞蒂设计的"帕沃尼"（La Pavoni）餐馆用咖啡机、1951年平尼法利纳设计的"西斯塔利亚"（Cisitalia）汽车。但从总体情况来看，美国设计的影响在二战后初期对于意大利是非常大的。美国影响大的原因，主要是美国的大规模经济援助，特别是马歇尔计划援助。除此之外，美国还对意大利的工业提供技术援助，是直接扶植意大利工业真正发展的方式。这种方式把美国的工业生产模式引入意大利，影响到不少重要的大企业，其中包括菲亚特（Fiat）汽车工厂、奥利维蒂办公设备公司等。

意大利设计师吉奥·庞蒂等人提出了"意大利设计"路线，以保持意大利设计的特有形象。1951年，在庞蒂等人的带动下，"米兰设计三年展"的出现标志着意大利人已经开始了自己的设计运动。"米兰设计三年展"向世人明确地表达了意大利工业设计的方向，那就是"艺术的生产"，而不是走简单的实用化道路。从那时起，"实用加美观"已成为意大利设计的主导原则。

从20世纪40年代后期开始，意大利的家具业已经开始引进夹板模具成形的新技术。50年代以来，意大利家具工业的特点是双轨制度：一方面是为出口服务的大家具生产企业，完全采用大规模机械化生产手段；另一方面，小规模的作坊依旧存在，生产针对国内消费者的、比较讲究品位的、小批量的家具。其实，这也是意大利工业设计和工业生产的一个典型的特征。

1955~1965年，意大利设计创造了一个新现代主义消费美学的面貌，这种新风格在国际市场上取代了50年代非常成功，并且占据垄断地位的斯堪的纳维亚风格，成为60年代的主要消费产品设计风格之一。这种新风格，意味着意大利设计开始部分离开原来的传统风格立场，开始向现代主义转化。

20 世纪 60、70 年代，各种激进设计运动在意大利蓬勃开展，理论家往往把这些运动笼统称为"反设计"（Anti-design），其中的"设计"指的是当时世界流行的国际主义设计——在美国发展起来，影响世界的现代主义设计风格。意大利出现了不少以建筑设计为中心的激进设计集团，其中比较重要的有 Superstudio、Gruppo NNNN、Gruppo Strum 等。意大利的激进设计运动在 60 年代末期达到高潮，设计界提出新的、理想的生活空间、新的生活社区、新的家庭用品、新的家具等。

20 世纪 70 年代，在美国现代艺术博物馆展出的名为"意大利：家用产品新风貌"展上，确立了意大利设计的世界性地位。意大利设计师在自己的每一件设计作品中，既注重紧随潮流、重视民族特征、地方特色，也强调发挥个人才能。他们的设计是传统工艺、个人才能、现代思维、自然材料、现代工艺、新材料的综合体。与其他国家的设计相比，意大利设计师更倾向于把现代设计作为一种文化。

20 世纪 70 年代，意大利的设计使整个世界认识到，即使是在重视技术的工业领域，设计优美的产品也比那些缺少吸引力的东西要更有价值。这种蓄意减弱产品功能的设计，使过去功能单一的实用品具备了多种功能，它们所呈现出来的寓意和象征意义又使它们具有了某些纯艺术性，为产品设计增加了许多趣味性和审美性。

1976 年在意大利米兰成立了一个名为"阿卡米亚"（Alchymia）的工作室，此工作室为设计师们提供了一个展示他们设计制作样品的空间，这些样品是他们脱离了工业设计的束缚后，自由发挥设计才华的设计品。"阿卡米亚"工作室与意大利两个著名的设计师埃托·索特萨斯（Ettore Sottsass）和亚历山大罗·门蒂利（Alessandro Mendini）合作，因此很快取得世界声望，成为国际知名的激进设计组织之一。1981 年索特萨斯离开了"阿卡米亚"的工作室，自己组织成立了另外一个前卫设计集团"孟菲斯"（Memphis）小组，集合了一批杰出的青年设计家，引发了 80 年代最引人注目的后现代设计活动，使后现代设计运动达到了高潮。

1981 年 9 月"孟菲斯"在米兰组织举办了首次展览会，那些色彩亮丽、覆盖着漂亮的塑料薄片，或装饰着五光十色灯泡的，轻松活泼、乐观愉快、稀奇古怪的物品，引起了人们浓厚的兴趣（图 2-14）。

图 2-14　索特萨斯、Valentine 便携打字机、Carlton bookcase

索特萨斯是"孟菲斯"的发起人之一，虽然他很快就离开了此组织，但他的设计给人留下了许多思考。他的代表作是看起来有些奇形怪状的书架，使用了塑料贴面，颜色鲜艳，极像一个抽象的雕塑作品，其拼贴组合的造型几乎没有提供可以放置的空间，毫无疑义，它不具备书架的功能。他还设计了许多用途不明、含义模糊的物品，如图 2-14 所示。他远离现代主义设计原则的设计作品，让人完全没有心理准备，至今仍然是设计界争论的话题。

"孟菲斯"其他成员的设计，也展示出与现代主义设计完全不一样的新的思维方式，如彼特·肖尔设计的桌子，桌面是一块尖锐的三角形木板，下面由几何形的木块支撑，色彩则采用极为艳丽的黄和绿色，这种蓄意减弱产品功能的设计，与功能主义的现代设计形成了强烈的对比。彼特·肖尔的设计还表现在一系列的茶壶设计上，他那些或圆柱体，或三角立方体，或不规则立方体的设计品，涂上鲜艳的颜色后类似儿童的积木玩具，与茶壶的功能相去甚远。"孟菲斯"设计运动是 80 年代世界设计界最引人注目的事件，激发了设计师创造的灵感。

孟菲斯（Memphis）是由意大利一群青年设计师组成的后现代主义设计集团，在 20 世纪 80 年代之后，成为影响西方社会艺术设计潮流的一股力量，是国际公认的后现代主义设计思潮的代表。除索塔萨斯之外，参加孟菲斯集团的设计师还有阿尔多·齐别克（Aldo Cibic）、米切尔·达·卢齐（Michele Da Lucchi）、马可·查尼尼（Marco Zanini）、马丁·贝定（Martine Bedin）、马提奥·苏恩（Matteo Thun）、安德列亚·布兰兹（Andrea Branzi）、雷达兹（Radice）、乔治·苏登（George Souden）和拉查里·帕斯奎尔（Nathalie Paasquier）。

孟菲斯设计师们认为：产品是一种自觉的信息载体，是某种文化体系的隐喻或符号。当设计师完成了产品的设计时，他不仅肯定了一种有使用价值的产品，而且也肯定了某一种有特定文化内涵的价值指标。勃兰齐说："作为现代运动的一部分，所有工业设计及观念都建立在外在环境的基本性质和内在结构的合理性基础上。这就是说，形式、结构和功能的协调具有语义上和社会价值上的意义。从文艺复兴时代、基督教时代到工业革命时代都是这样。"因此，孟菲斯设计师们在设计实践中总是竭力表现富有个性的文化含义，或者天真自然，或者矫揉造作，或者滑稽幽默，或者怪诞离奇，使产品的符号语义呈现出独特的个性情趣，由此派生出关于材料、工艺、色彩、图案等诸多方面的独创性。

孟菲斯成员的设计实践，打破了艺术设计界"现代主义"一统天下的局面，并深刻地影响和代表了后现代主义设计的发展。

2.6.2　意大利设计体系

意大利设计繁荣兴旺、长盛不衰，在于其始终处于运动状态。设计、陈列、展览等商务活动，设计周、文化节等文化活动加上"设计中的设计师"（Designing Designer）等学术论坛，通贯全年，活动不断。

意大利设计体系有两个主要的学术组织，其中一个是"意大利设计系统"SDI（Sistema Design Italia），另一个是"工业设计、艺术和传播组织"INDACO（Dipartimento di Industrial Design，Arte Comunicazione）。这两个组织分工协作、取长补短、各司其职，掌控着意大利设计体系的方向，牢牢把握着全球最前沿的设计思想，从历史中走来，立足现实、面向未来。产品设计（含工程设计）和服务设计两个设计分支，分别坐落在与这两者相应的企业实体之上，交叉地向前行进。

意大利的大学把自己所培养的设计专业学生源源不断地输送给社会，并在设计实际中完成从准设计师向设计师的转化过程，为整个意大利设计系统提供取之不尽的创作源泉。

还有一个健全的网络形式植根在设计体系内部，这个网络的主干由四个设计协会担纲，它们是："工业设计协会"，"意大利室内建筑设计师协会"，"意大利视觉传达设计协会" 以及 "大学工业设计教学联合会"。成千上万的会员设计师像神经系统的末梢，其触角伸向意大利设计系统的每一个角落。意大利设计通过欧洲设计联盟与外部世界链接，除米兰理工大学外，其主要成员还有：苏格兰格拉斯哥艺术学校（Glasgow School of Art, Scotland），芬兰赫尔辛基艺术和设计大学 UIAH（The University of Art and Design, Helsinki, Finland），瑞典斯德哥尔摩康斯发克艺术学院（Konstfack University College of Arts, Stockholm, Sweden），以及科隆国际设计学校（Küln International School of Design, Germany）。

意大利设计体系有着类似生物体的一切属性，所以它既有在现实世界中顽强的生存能力，同时还能不断进化，以适应未来世界的变化。

2.7 日 本 设 计

2.7.1 日本设计概况

日本在第二次世界大战之前并没有什么重要的设计活动。1953 年前后，日本开始发展自己的现代设计，到 80 年代已经成为世界上最重要的设计大国之一，不但日用品设计、包装设计、耐用消费产品设计达到国际一流水准，连汽车设计、电子产品设计这类需要高技术背景和长期人才培养的复杂设计类别，也达到国际水平，使世界各国对日本设计另眼相看。

日本的文明发展是基于大量地借鉴外国文明的精华，日本的设计发展，也是基于这种模式的。因此，从传统的日本设计中，可以看到中国、韩国的影响；从日本现代的设计中，则可以看到美国、德国、意大利的影响。

第一次世界大战后，日本开始发展现代设计以来，它的传统设计基本没有因现代化而被破坏。它的传统设计和现代设计一样，都达到几乎完美的地步，无论是日本的陶瓷、传统工艺美术品、传统服装、传统建筑、传统文化的设计（如茶道、花道、盆景设计），还是汽车、家用电器、照相机、现代建筑和环境设计、现代平面设计、包装设计、展示设计等现代设计，都令人刮目相看。

日本人认为设计是民族生存的手段。由于日本是一个岛国，自然资源相对贫乏，出口电器便成了它的重要经济来源。此时，设计的优劣直接关系到国家的经济命脉，以致日本设计受到政府的关注。日本的设计从 20 世纪 50 年代开始起步，以其特有的民族性格使其设计变得十分强大。日本的传统中有两个因素使它的设计没走弯路：一个是少而精的简约风格；另一个是在生活中他们形成了以榻榻米为标准的模数体系，这令他们很快就接受了从德国引入的模数概念。空间狭小使日本民族喜爱小型化、标准化、多功能化的产品，这恰恰符合国际市场的需求，导致出现日本的电器产品引导世界潮流，横扫世界市场的态势。

综观日本的设计总体，可以看到两种完全不同的特征：一种是比较民族化的、传统的、温煦的、历史的；另外一种则是现代的、发展的、国际的。可以把这两种设计特征大致归纳如下：

（1）传统设计：这是基于日本传统的、民族美学的、宗教的、讲究信仰的、与日本人的日常生活休戚相关的，是民族的设计传统。这类设计，主要针对日本国内市场，并且相当程度上不仅仅是商品设计，而且是文化的组成部分之一。日本的传统设计在日本的民族文化基础上发展起来，通过很长的时间，不断洗练，达到非常单纯和精练的高度，并且形成自己特别的民族美学标准（图2-15）。

图2-15　日本传统设计

（2）现代设计：日本的现代设计是完全基于从外国，特别是从美国和欧洲学习的经验发展而成的。利用进口的技术为出口服务，是日本现代设计发展的一个非常重要的目的。日本现代设计从国内来讲，大幅度地改善了二战后日本人民的生活水平，提供了西方式的、现代化的新生活方式；对国际贸易来说，日本现代设计使日本的出口达到登峰造极的地步，极大地促进了日本的出口贸易，为日本产品出口树立了牢固的基础，为日本设计树立了非常积极的形象。因此，可以说日本现代设计是为日本人民的现代生活方式、为日本出口贸易服务的（图2-16）。

图2-16　日本现代设计

2.7.2　索尼设计

索尼公司通过几十年的努力，建立了自己完善的设计体系和策略。索尼拥有一个创新和创造的企业文化，并通过管理和体制将其在设计和产品研发上得以充分展现。索尼实现了设计的领导力，使设计从高处着手，实现了设计从公司品牌、战略、公司资源到设计机构和具体设计项目的整合。索尼的创新设计植根于市场和具体的文化中，他以开拓市场和创造市场为目标，以特定文化背景为依托，确保了设计的质量和品位。

索尼对于产品的开发、设计和质量管理都有极高的标准。长期以来，索尼提倡质量第一的口号，企业的全部工作，从技术开发、生产管理、产品设计到销售和售后服务，都围绕这个中心进行，因此索尼公司能够取得国际声誉与商业竞争的成功。

从 1979 年推出 Walkman 卡式随身听以来，索尼便长期占据着消费电子产品时尚界的领导权。精巧、时尚、优质，似乎是索尼产品的代名词。作为一家全球著名的跨国消费电子制造商，不断创新是索尼保持活力并在时尚界出尽风头的原动力。索尼产品那些充满灵性的设计，精巧易用的功能，不仅将消费者的占有欲望吊到极致，也将竞争对手的好奇心激发到极致。

索尼设计策略的中心是"创造市场"。这家公司在研究了国外许多优秀的工业产品设计以后，得出一个结论：要完全准确地预测市场、准确地预测消费者的需求基本是不可能的。因为每样新产品从开始研究、设计，到市场投放都需要一段时间，而市场本身是一个变化的因素，所以会出现产品开发时没有的问题，到投放时却会因为市场因素改变而出现错位和过时的情况，市场上原来的市场机会、消费需求都已经消失了。因此，跟着一种潮流跑的设计模式的最大缺点是被动。为了避免这种被动局面，索尼提出"创造市场"的策略，从而取代了旧的"满足市场需要"的生产开发策略。这种理论其实是在细分市场中避免重复已经存在的细分市场部分，而尽量设法找到新的、未被触及的市场部分，开拓这个市场，占有这个市场，为自己取得独有的地位。索尼的产品研究、设计、开发、生产、销售基本都是围绕这个核心进行的。

为了创造市场，因而出现了一个教育消费者的艰巨工作。如 1950 年索尼生产出第一台磁带录音机，但是，大部分日本消费者不知道什么是录音机，因此，索尼耗费巨大的投资，进行一次国民的录音机教育活动，以使人们认识录音机，喜爱录音机，接受录音机。电视在日本开始普及时，索尼公司也进行了类似的有关电视机的宣传活动。多年以来，每当索尼要推出一种新产品时，总是伴随一个宣传和教育运动，这是索尼设计和推广的特点之一。

20 世纪 60 、70 年代以来，索尼的活动已经进入国际市场，因此，它也把这种创造市场的方针灌输到国际市场活动中去。索尼利用庞大的市场促销预算，通过外国的电视、报刊杂志和其他的新闻媒介来宣传自己的新产品。80 年代，索尼公司甚至在美国收购了派拉蒙电影公司，通过电影来进行隐藏性的自己产品的宣传，电影中的高科技产品出神入化，且都标明是索尼的产品。索尼公司利用这种方式，反复在消费者中宣传新产品的功能和设计特点，同时也树立企业和企业产品的形象。1962 年，索尼公司在纽约最豪华的第五大道上设立自己的展示中心，成为索尼公司在美国的第一个宣传和展示中心。1971 年，索尼又在法国巴黎的爱丽舍大道上开始了法国索尼展示中心。从 80 年代起，索尼开始在中国内地的几个主要城市设立产品宣传橱窗，如 1980 年在上海设立的索尼橱窗，对于树立形象、吸引消费者，起到很重要的作用。

索尼的第一个创造中心于 1961 年在东京成立，1968 年，为了迎合索尼在美国飞速增长的业务，索尼在美国成立了第二家创造中心。在随后的 10 年时间，索尼将触角伸向欧洲，在 1980 年成立了欧洲创造中心，1993 年将创造中心开到了新加坡，主要是开发以亚洲为市场的设计。90 年代末至 2000 年以来，中国的消费电子市场持续繁荣，索尼高层认为在设计领域面临巨大的挑战，为了强化在华的设计开发力量，完善设计集团功能，2006 年将第 5 家创造中心设在中国，主要为索尼在中国设计的产品进行外观、界面及创意等工业设计，其设计团队将根据中国消费者的需求、喜好还有生活方式量身设计各类消费电子新品，范围涵盖家庭娱乐、专业安防设备、大屏幕彩电到便携产品等索尼的全线产品。

索尼创造中心的工作主要有 4 部分，即工业设计 ID（Industrial Design）、人性化界面设计 HI（Human Interface Design）、图形设计 GR（Graphic Design）和以用户为中心的设计 UCD（User Centric Design）。其中，ID 在创意中心的业务占 45%，主要是进行全方位的产品设计。HI 的业务份额是 25%，主要是进行产品操作时的界面、功能设计，例如索尼 PDA 的界面和功能，便是由 HI 团队来完成的。GR 团队的业务占 20%，主要是进行平面美术设计，包括平面 LOGO 设计、网站设计、产品的包装、说明书、图案设计等。还有 10% 的业务是 UCD，主要是进行以用户为中心的设计，例如对索尼的电视遥控器进行研究，探讨怎样让用户用起来更方便。

在以往，索尼的设计流程是 ID—HI—GR，即上一个程序结束之后，才进入下一个程序。为了加快设计周期，尽快将产品推向市场，索尼对设计流程也进行了革命性的创新，将 ID、HI、GR 同步进行，在有效缩短设计周期的同时，也最大限度地让三方面的理念融合在一起。

目前，索尼在全球的 5 个设计集团每年共有 2000~3000 个项目在进行，全球的设计中心拥有一个名为 SEN（Sony Engineering Network）的内部设计系统，该系统联合了索尼全球的设计队伍，进行资料和信息共享。

索尼公司的工业设计具有明确的要求与设计概念。它的产品首先是提供方便，无须解释仅通过外形设计让使用者了解功能，操作简便。如何解决人和产品的关系因而成为设计的中心。设计人员除了对产品现存的问题提出解决的设想和办法之外，还要拟订产品未来的发展方向，产品的发展如何与未来的人类生活相关，如何为未来的市场和社会服务，因此，索尼的工业设计师兼有短期的设计目标和长期的设计方向拟订的双重任务。为了解决一些技术上的问题，索尼公司专门聘用了各种从事与设计相关专业的人员，比如人体工程学、消费心理学等专家，使设计工作人员能够有足够的技术支持。

索尼公司拟订了产品设计和开发的八大原则，即：

（1）产品必须具有良好的功能性。产品的功能必须在产品还处于设计阶段的时候就给予充分考虑，不但在使用上具有良好的功能，并且还要方便保养、维修、运输等。

（2）产品设计美观大方。

（3）优质。

（4）产品设计上的独创性。

（5）产品设计的合理性，特别要便于批量化生产。

（6）索尼本企业的各种产品之间必须既具有独立的特征，同时又有设计特征上的内部关联性。索尼的电视机、音响设备等都必须各自清楚，又同属于一个体系。

（7）坚固、耐用。

（8）产品对于社会大环境应该具有和谐、美化的作用。

索尼公司认为设计是集体活动，因而一向提倡团体设计方式。它的设计部门因而也非常庞大和复杂，除了独立的设计部门以外，还有专门联系设计部门和其他部门的一个专门机构，称为设计交流部，专门负责沟通部门之间关系，传达各个部门之间的信息，报道国际与国内市场的最新动向和行情。

索尼之所以取得这样的成就，同那些无所不在的创新和充满灵性的设计是密不可分的，这些创新设计来源于其公司文化和对设计的重视及对设计的高效管理，我们也可以从中了解日本大企业的设计模式。

2.8　韩　国　设　计

韩国的工业设计最早开始于 1950 年，经历了 20 世纪 60 年代的设计出口期，70 年代的设计发展期，在 90 年代末进入设计的鼎盛时期。

继日本后，韩国是亚洲最早推进设计进程的国家。1965 年韩国议会根据汉城国立大学应用美术部教授们的提议通过了成立韩国工艺设计研究中心的决议。1970 年根据政府的"扩大出口振兴会议"决定，改名成立"韩国设计中心"，旨在进行设计研究，开发和振兴出口业务，并为产业与设计师间沟通牵线搭桥，使韩国工业设计逐步走上正轨。还创办了永久性的"优秀设计"展览大厅，经常性地举办设计展览交流。70 年代后，无论是教育方面，还是实际生产方面，韩国的工业设计都取得了长足的进步。1986 年为"优秀设计"确立 GD 标记。

翻开韩国的工业史不难发现，无论是 20 世纪 60 年代的劳动密集型企业和 70 年代的中型化工企业，还是 90 年代的 IT、通信业，亦或是 21 世纪的新兴媒体行业，设计理念始终贯穿整个工业过程。

韩国政府认为，设计强国等于是经济强国。于是，2000 年提出了"设计韩国"的战略口号。目前，韩国拥有的设计师比率是 17%，并且每年都将有 36000 名设计专业的毕业生进入各种设计机构服务。韩国政府极其重视培育设计产业的大环境，在韩国，孩子们在读小学时就接触有关设计方面的课程；在户外，设计供市民游览的景点，让人们在生活中感受设计带来的乐趣；建设生活设计馆，让做家务的主妇们也能领略到设计的魅力，并把每年的 12 月定为"设计月"，进行工业设计的展览活动。

韩国的设计与政府的政策支持密不可分。如韩国设计振兴院的主要职能就是定位于韩国设计的良性循环。韩国设计振兴院的主要活动包括制订设计政策，支持设计产业、设计教育和培训、公共目的的设计研发，提升公众设计意识，国际和地区合作，设计数据库和入口服务，设计实践和展览等。政府根据企业的市场需求为企业定向培养设计人才；在设计企业的并购中给予支持，促使其向集团化方向发展；在设计研发方面，则给予资金上的支持；建立地区设计中心，消除地区间工业设计发展的差异。

韩国，作为亚洲的生产大国，设计被看作是可以发展生产，提高效益，提高本国生活水平的一条路子。为此制订了促进产品设计发展的新政策：

（1）产品设计基础设施的扩充：创造性专业人才的培养，针对性教育支援体制，改进教育课程，增加教育设施。鼓励开办"设计专业公司"。同时建立及时收集国内外产品设计信息及有关数据库的共亨休制；产品设计部门信息化；并开发国内外·最新情况；特定消费阶层的意识形态及趣味的信息。

（2）扩大产品设计开发的支持。加强对产品设计能力的中小型企业的援助；开发产品设计的基础技术并广泛推广；在世界范围开展产品设计开发活动。如三星作为世界上最大的消费电子品牌之一，该公司每年都会投入大量资金用于新技术和新产品的研发。三星的研发中心遍布韩国本土以及全球，为三星手机、平板电脑、电脑、处理器以及相机等电子产品研发新技术（图 2-17）。据 2014 年可持续性报告显示，三星电子声称其研发人员多达 63628 人，相比 2010 年增长了 27%。2012 年，三星在芬兰开设了一个研发中心，2013年又在硅谷开设研究中心。三星公司在研发上的投入占其财政总收入的 6.4%，科研投入位列科技公司榜首。

图 2-17　三星产品设计

2.9　中国设计

在我国，工业设计专业的前身是于 1960 年创办的名为"轻工日用品造型美术设计"专业。1979 年，成立了"中国工业美术协会"，80 年代初少数具前瞻眼光的学者将工业设计思想引入中国。工业设计的出现不是基于企业的需求，而是遵循着"理论先行"的模式。"理论先行"导致了"教育先行"。体现在高校工业设计教育空前繁荣，各地高校纷纷设立工业设计专业，招生人数也急剧增加，各种主题的工业设计研讨会、工业设计节此起彼伏，但是工业设计产业并没有真正形成。1987 年，"中国工业美术协会"正式更名为"中国工业设计协会"，是中国工业设计发展史上的一个里程碑。作为全国工业设计领域中唯一的国家级组织，协会围绕着经济建设和社会进步，推动全国工业设计、艺术设计的学科建设和事业发展，强化设计人才的培养，促进设计的产业化，提高企业产品与品牌的竞争力以及企业对环境保护、生态平衡的运作力度。协会大力协助国家有关部门对产品、产业结构进行调整，发挥工业设计对经济持续发展的应有作用。中国工业设计协会大力开展理论研究、学术交流、行业规范、设计教育、展览展示、大赛评奖、资质认证、专业培训、中介服务、书刊编辑、国际合作、业务咨询等工作和有关各项活动，并主办国家级刊物《设计》。

中国的工业设计在最初的理论导向上，过度地夸大其塑造未来的幻想作用，赋予了太多的理想色彩，而忽略了中国社会结构、大众价值理念、企业架构等客观因素，淡化其"应用性"主旨，弱化其解决现实问题的价值，使工业设计思想在中国的导入，停留在纯粹的理论说教，客观上延误了企业及社会对工业设计经济价值的认知。

与此同时，以制造业起步的中国企业，在现实的经济杠杆撬动下，通过低级、简单、快捷的模仿方式增加产品品种，推出"新产品"，而不愿意投入更多的精力到企业产品自主研发上来，使我国工业体系长期停留在初级阶段，没能形成合理的产业结构，从"世界加工厂"的称谓当中，我们可以体会到其中的辛酸。在整个工业化进程中，工业设计总体上无法从实践上取得突破，这是因为企业和社会没有认识到现代企业在技术创新与产品开发问题上应当采取战略的重要性，也没有把工业设计视作企业长期发展的生命线。

设计的价值得不到企业与社会的承认，必然会阻碍工业设计实务机构迅速成长，难以建立为企业及社会公共事业开展工业设计的社会服务系统。发达国家的经验告诉我们，工业设计是振兴产业、发展经济的重要手段，是增强产品竞争力、企业竞争力和市场竞争力的战略工具。

中国企业已经主宰了世界的制造业，它何时才会在设计领域后来居上呢？

当"MADE IN CHINA"出现在世界各地的时候，我们也曾欢呼雀跃。但是当我们冷静下来的时候，看到的却是残酷的竞争与重重危机。曾经让我们引以为豪的"中国制造"现在却成了来料加工、无创新、无设计的代名词。中国本是最大的玩具制造国，全球75%的玩具由中国制造。但是，芭比娃娃在美国卖10美元一个，而在中国加工后的离岸价却只有2美元，其中原料费、运输费和管理费又占去了1.65美元，最后剩下0.35美元，才是实际加工所得。类似的例子很多，而改变这一切的方式就是从"中国制造"走向"中国创造"。

从"中国制造"向"中国创造"转变的最重要的支撑就是中国设计。要想实现中国创造，首先要尊重创造、尊重知识、尊重技术，因此对知识产权和技术产权的保护是中国最迫切的问题。"中国创造"需要中国企业必须逐步在核心技术的商业化方面有所突破，这将决定中国企业在新一轮竞争中的优胜劣汰。"中国创造"不仅意味着核心技术的创新，还包括商业模型的转变。

当国民经济发展步入以创新实现价值增值的阶段时，工业设计就会成为先导产业，成为创新资源、增加社会财富、增强综合国力的重要组成部分。从这个意义上讲，工业设计水平将极大地影响高新技术产业的发展水平。作为设计产业的核心力量，设计公司和大企业中的设计部门，成为推动中国设计产业发展的主体。然而，中小企业的设计创新意识和设计研发能力普遍薄弱，大企业对设计的投入也不乐观。随着国际竞争日益加剧和知识产权保护意识加强，设计产业升级和结构调整已不可避免。

设计产业的核心价值是设计创新，通过设计管理使资源合理利用，并使效益最优化，是设计产业经营的价值所在。由此，形成知识经济时代最有活力的主导型、资本型、服务型的创意产业。

2014年1月22日，国务院总理李克强主持召开国务院常务会议，部署推进文化创意和设计服务与相关产业融合发展。3月5日第十二届全国人民代表大会第二次会议，李克强总理在政府工作报告中指出，要"促进文化创意和设计服务与相关产业融合发展"，把它作为"支撑和引领经济结构优化升级"的重要抓手。

在全国人大十二届二次会议胜利闭幕不久，国务院即正式发布《推进文化创意和设计服务与相关产业融合发展的若干意见》，这是促进我国制造业转型升级，推动设计服务产业快速发展的强大力量。"意见"中把发展工业设计塑造制造业新优势作为重点任务的第一项，其中要特别关注四个政策关键点：

一是在 2010 年工信部等 11 个部委联合发布《促进工业设计发展的若干指导意见》之后，发展工业设计促进制造业转型升级的工作一直由工信部负责推进。此次国务院"意见"的发布，说明发展设计服务促进转型升级这一战略举措正式上升到国家层面，国家对设计服务的重视又上了个新的高度。体现了中央在新形势新背景下对工业设计战略地位和重大作用的准确把握，既对推动国民经济转型升级具有重要指导意义，也给设计服务带来了新的重要发展机遇，提供了更广阔的发展空间，注入了更强大的发展动力。

二是"设计服务与相关产业的融合发展"是"支撑和引领经济结构优化升级"的重要抓手。此次"意见"的正式发布，标志着国务院把推进设计服务与相关产业融合发展，作为转方式、调结构，实现由"中国制造"向"中国创造"转变，建设创新型国家的重大举措，是基于转型升级现实需求的顶层设计和落地发展的有机结合，是实施党中央确定的创新驱动发展战略的务实落地，将进一步激励促进全社会提升设计创新服务的积极性、创造性，加快发展方式转型、加快建设创新型国家发挥重要作用。

三是"与相关产业融合发展"的表述表明，国家不仅仅是要发展设计产业本身，关键是要把设计创新与制造业等实体经济相结合，以设计创新推进制造业转型升级，塑造我国制造业新的竞争优势；以设计创新推进扩大内需，引导消费升级。这应该成为工业设计各项工作开展的指导思想和基本目标。在新的形势下，如何推动工业企业广泛应用工业设计，推动工业设计产学研相结合，促进工业设计产业化、产品化，转变为消费和市场价值，是需要重点思考的问题和下一步工作的方向。

四是突出和切中了目前设计产业发展中的核心要素，这些要点同时也是急需提升和统筹部署的工作。如促进工业设计向高端综合设计服务转变，推动工业设计服务领域延伸和服务模式升级；强调装备制造业要加强设计能力建设，指出工业设计要和品牌建设结合，促进消费品制造业创新发展，引导消费升级。首次在工业设计部门提出创新管理经营模式，把工业设计人才培训和职业资格认定提升到重要的层次；同时，对知识产权保护与应用、奖励办法、财税扶持政策等也提出了要求。这充分传达出强烈的务实创新精神和落地操作性。

我国正处于工业化中期，前期发展长期处在全球价值链的加工制造环节，造成低端价值链锁定与核心创新环节缺失，现在又面临着发达国家重振实体经济和新兴发展中国家低成本竞争的挑战，正处于发展方式转型、产业结构调整、迎接新产业革命挑战的关键时期。此时，最需要的是向研发设计、品牌营销、产业链整合等制造业高端环节进军。在此关键时刻，继工信部等部门"指导意见"出台三年后，国家又及时出台了新的重要政策，全社会须下决心发挥设计服务业创新能力，实现制造业创新能力升级，形成高端竞争力。

世界上大多数发达国家都把发展工业设计作为国家创新战略的重要组成部分，促进制造业不断创新发展。英国政府专门设立了"英国设计委员会"，开展"设计顾问计划"和

"扶持设计计划"，使工业设计逐步走向产业化、集成化，保持在全球的领先地位；德国是现代工业设计的发源地，德国制造业的强大竞争力与德国重视工业设计密不可分；美国是最早实现工业设计职业化的国家，美国联邦机构内设有"国内设计部"；日本通产省内设立"设计政策办公室"，下设"产业设计振兴会"评定颁发国家级"优秀设计奖"，并确定每年的10月1日为"日本设计日"；韩国产业资源部下设机构"设计振兴院"，每年划拨相当于3亿人民币资金用于该机构对于工业设计的培训、交流、评选、推动等，每年评选总统大奖，为韩国制造业提供全面设计创新服务。现在，我们面临全球设计创新的激烈竞争，又面临着国内急需发展设计创新的好形式，我们要勇于担当，落实好"意见"，不负政府和人民的期望。

近几年我国工业设计发展很快，主要是自2010年工信部等11部委联合发布《促进工业设计发展的若干指导意见》之后，各级政府和企业的重视程度有了明显提高，工业设计产业也取得了较快的发展，目前，我国具规模的工业设计服务专业公司超过2000家，900多所高等院校设立了工业设计和相关设计专业，30多个省地市制定了相关促进发展政策。工业设计已从改革开放初期的产品主体设计，逐步向融合技术、品牌、商业、生态、人文、智能、信息、交互、新工艺新装备、产业链整合等一体的高端综合服务转变。但从多数制造业企业对工业设计的价值认识和实际应用来看，我国工业设计的发展，特别是在塑造制造业竞争力优势方面还处在初级阶段，和发达国家相比还有很大差距。主要表现在：

一、工业设计的服务领域进入重大关键产业领域较少，对工业设计的应用主要集中在日用消费品、电子电器等产业领域，机械装备、船舶重工、公共设施、城市规划等重要领域对工业设计的应用程度较低。

二、工业设计的服务模式还停留在初级阶段，大量制造业企业对工业设计的认识还停留在外观美化的较低层次，对设计价值的认识严重不足，导致设计创新投入极低甚至缺失，工业设计本身具有的高端综合服务价值，无法转化为企业竞争力，设计服务模式停留在低层次简单外包，体外循环的初级阶段。对知识产权保护很差也是一个重要原因。

三、大多数制造业企业没有构建企业内部的"工业设计创新管理体系"和专门的组织（如工业设计中心），设计创新没有提升到与技术创新、管理创新同等重要的地位，无法从管理创新的层次驱动企业发展，企业本身没有植入设计创新的DNA。而在苹果、三星等先进企业内部，设计创新是企业创新战略的重要组成部分。

四、企业还没有将工业设计应用于品牌建设、产业规划等核心高端领域。工业设计在企业内的应用缺乏从顶层到产品的整体策略，也限制了工业设计能力的发挥。我们经常见到的现象是，即使某一个企业偶然出现了一个优秀的产品，也不能对企业发展起到内在本质性的升级作用。

五、工业设计人才尚缺乏全国范围内的创新能力职业培训和能力水平资格认定，大量工业设计人才迫不得已转由技术研发和工艺美术职称评定认可，而这些途径对人才创新能力的评测标准与设计服务人才的要求大相径庭，这对于工业设计行业的发展和能力发挥，形成极大的阻碍和限制。

近年来在工信部等部委和地方政府有关部门的努力下，通过认定"国家级工业设计中心"、评定"中国优秀工业设计奖"、制定相关政策，开展各类公益活动，促进以企业为主体的工业设计发展。以及中国工业设计协会开展的工业设计活动周、红星奖评定、工业设计示范基地认定、工业设计人才培训和能力水平认定、工业设计研究院建设等一系列措施，推动了众多制造业企业逐步认识到工业设计的重要性并积极应用产出创新成果。

从苹果、三星、宝马、联想、海尔、小米等优秀企业的创新成果和工业设计应用来看，工业设计在塑造企业竞争力方面的作用和效益，从基础到高端主要表现为三个层次：

一是产品设计，在这一个层次上，工业设计以工业产品为主要对象，综合材料设计、结构设计、功能设计、使用设计、智能设计等方面，与技术研发、3D 打印、绿色节能、界面交互、信息网络等资源和专业领域紧密合作，开发出具有高附加值、高消费者满意度的创新成果，为企业带来畅销的新产品，赢得丰厚利润。

二是品牌设计，在这一个层次上，工业设计基于第一个层次，更多地和技术战略、品牌战略、市场战略、模块化、标准化和个性化生产制造等全流程协同，充分发挥工业设计的协同创新作用，为企业在区域市场和全球市场布局中，提供整体的产品规划和策略、统一的用户体验、强大的品牌特征和内涵、持续传承的消费者黏性，进而从产品竞争力到品牌竞争力整体提升企业优势。

三是产业设计，这是最能够体现工业设计高端服务价值的层次。在这一层次上，工业设计充分发挥其先导性和引领性的作用，从洞察经济发展社会进步的角度出发，综合技术趋势、文化演变、人类社会进步等各方面因素，从企业顶层决策开始，创新构造一个新产业的原始本体，协同引导企业各个流程力量，整合全球范围内的信息化、工业化先进技术和商业资源，开发出以全新商业价值为特征、以最大化引导消费趋势为表现的产品载体，其带动的不仅是产品销售本身，而且会对社会消费价值观和全产业链实现重构，进而产生全新产业，重塑工业文明，为精神文明和物质文明建设，做出巨大的贡献。从苹果的智能手机、平板电脑，到硅谷的特斯拉汽车都是很好的例子。国内近几年出现的联想 YUGA 电脑，海尔智慧家电，以及小米手机（图 2-18）、小米盒子和小米电视等，都是工业设计在产业设计层次的优秀创新案例。

图 2-18　小米 4 及手环

以新能源技术、信息网络技术以及以 3D 打印为代表的第三次工业革命的到来，为工业设计在塑造制造业新竞争力的过程中发挥更强大的作用，提供了更加广阔的空间，更加有力的技术手段和工具支撑。业界应更加重视原创设计，更加重视科技成果的转化，更加重视发挥年轻人的作用，更加重视国际交流与合作，促进我国工业化与信息化的深度融合，这必将极大促进工业设计这一最具创新性的生产性服务业，为我国制造业转型升级奠定基础。

3 工业设计与文化

文化是一种社会现象，是人们长期创造形成的产物。同时又是一种历史现象，是社会历史的积淀物，更多、更常见地体现在一个国家或民族的历史、地理、风土人情、传统习俗、生活方式、文学艺术、行为规范、思维方式、价值观念等方面。

一部人类的文化史，无论哪个地区和民族，都是从制造生产工具和生活用品开始的。随着生产力的发展，人的物质丰富了，文化的内涵就由简而繁、由单一到多样，文化的概念也随着时代的进步而被赋予越来越复杂的内涵。文化诞生于人类最初的"造物"活动之中，可以称之为"造物文化"。文化的精髓表现在创造物上，形成的是共同的风格和形态。工业设计也是人类创造的物化形态，它已经成为一种综合艺术语言。作为人类造物活动的延续和发展，同样是一种文化。在技术手段上，它拥有以往任何一个时代都无可比拟的现代工业文明；在审美精神上，它又是不断传承的人类创造力与文化传统的延伸与发展。于是，工业设计将人类完善制造产品的劳动从个人性的劳动转变为专业化的社会性劳动，转变为运用社会的宏观力量控制和优化人类生活与生存环境的浩大工程。这意味着，人类已觉悟到，并有意识地运用现代工业技术和艺术手段去拓展文化生活中的精神空间，以求得人类自身的不断完善。

3.1 文化的内涵

3.1.1 文化的概念

广义的文化指的是人类社会在漫长的发展过程中所创造的物质财富和精神财富的总和。它包含四个层次：物质文化层、制度文化层、行为文化层和精神文化层。

物质文化层是人类的物质生产活动方式和产品的总和，是可触知的具有物质实体的文化事物。

制度文化层是人类在社会实践中组建的各种社会行为规范。

行为文化层是人际交往中约定俗成的，以礼俗、民俗、风俗等形态表现出来的行为模式。

精神文化层是人类在社会意识活动中孕育出来的价值观念、审美情趣、思维方式等主观因素，相当于通常所说的精神文化、社会意识等概念。这是文化的核心，是人类在各种社会实践活动和意识活动中形成的思维方式、价值观念、审美意识等。它既表现为感性的、不系统的、大众的社会心理，也表现为系统的、理性的社会意识，并以哲学、艺术的物化形态加以保存、流传。

狭义的文化往往是指一种社会意识形态——政治、法律、哲学、文学、艺术等。当然也包括人们衣食住行及各种伦理道德、人际关系等，如我们所讲的服饰文化、饮食文化、武侠文化、道家文化、伦理道德等，以及在这些范畴中形成的，并世代流传的风俗习惯、价值观念、行为规范、处世态度、生活方式、伦理道德观念、信仰等。

从存在主义的角度看，文化是对一个人或一群人的存在方式的描述。人们存在于自然中，同时也存在于历史和时代中；时间是一个人或一群人存在于自然中的重要平台；社会、国家和民族（家族）是一个人或一群人存在于历史和时代中的另一个重要平台；文化是人们在这种存在过程中的言说或表述方式、交往或行为方式、意识或认知方式。

3.1.2 文化的特点

文化的特点有：

（1）文化的普遍性。它是一种社会现象，是社会和群体的纽带，具有极强的共性。

（2）文化的差异性。不同民族、国家、地区往往是构成文化差异的最直接因素，这种差异表现为人们在风俗习惯、生活方式、伦理道德、价值标准、宗教信仰、消费习惯等方面的不同，从而构成各种复杂的社会现象。

如可口可乐的包装，世界范围的红白颜色——包装、广告，到了阿拉伯（中东）却要改为绿色，因为那里绿色代表着生命和吉祥。如日本汽车，销往不同国家，就有不同的标准。这种变通，是典型的因文化差异而做出的产品设计上的改变。

（3）文化的相对稳定性。一种文化现象一旦形成，就具有其极大的稳定性。并且对大多数在其环境中的人，都有着普遍的影响力，不因为某些伟人或者外来力量的加入而起明显变化。

（4）文化的可变性。相对文化的稳定性，文化又不是固定不变的，它会伴随着社会生产力和特征的变化而变化，表现在人们新的价值观念、审美观念、生活态度、消费观念等，这种变化有一定的偶然性和不确定因素，但它是有规律可循的。

特定文化环境必然对一定范围内的每一个成员产生直接或者间接的影响，从而形成一种可了解和有着共同特征的社会价值观、生活方式、风俗习惯、审美需求、消费观念等。具体地讲就是文化为人们提供了看待事物、解决问题的基本观点、方法和标准；同时建立起行为标准，用以指导人类的生产生活实践活动。

3.1.3 社会文化

文化属于历史的范畴，每一社会都有和自己社会形态相适应的社会文化，并随着社会物质生产的发展变化而不断演变。作为观念形态的社会文化，都是一定社会经济和政治的反映，并又给社会的经济、政治等各方面以巨大的影响作用。在阶级社会里，观念形态的文化有着阶级性。随着民族的产生和发展，文化又具有民族性，形成传统的民族文化。社会物质生产发展的历史延续性，决定着社会文化的历史连续性。社会文化就是随着社会的发展，通过社会文化自身的不断扬弃来获得发展的。

社会文化体现着一个国家或地区的社会文明程度。社会文化包括价值观、宗教信仰、民族传统、审美观等社会所公认的各种行为规范。

（1）价值观。所谓价值观念，是人们基于某种功利性或道义性的追求而对人们（个人、组织）本身的存在、行为和行为结果进行评价的基本观点。可以说，人生就是为了价值的追求，价值观念决定着人生追求行为。价值观不是人们在一时一事上的体现，而是在长期实践活动中形成的关于价值的观念体系。不同国家、不同民族和宗教信仰的人，在价值观上有明显的差异，消费者对商品的需求和购买行为深受价值观念的影响。

美国人喜欢标新立异，爱冒险，因此对新产品、新事物愿意去尝试，对不同国家的产品也抱着开放的心态；而日本民族相对保守持重，甚至许多年长者认为购买外国货就是不爱国。在时间观念上，发达国家往往比某些发展中国家更具有时间意识，"时间即金钱"，因此快餐食品、速溶饮料、半成品食品往往在发达国家受到欢迎。

（2）宗教信仰。宗教属于文化中深层的东西，对于人的信仰、价值观和生活方式的形成有深刻影响。宗教上的禁忌制约着人们的消费选择，企业必须了解市场上喜欢什么，忌讳什么，如果能迎合需要，就能占领市场，否则会触犯宗教禁忌，失去市场。

许多企业根据宗教习俗发展的需要，制造出了适应这些需要的畅销产品，受到人们的欢迎并取得了极大的成功。例如，比利时有个地毯商人根据穆斯林朝拜麦加这一宗教习俗，聪明地将一种扁平的指南针嵌入祈祷地毯。这种特殊的指南针不是指南或指北，而是直指圣城麦加。这样，伊斯兰教徒不管走到哪里，只要把地毯往地上一铺，麦加方向立刻就能找到。这种地毯一推出，在穆斯林地区立即成了抢手货，从而获得了极大的经济效益。

（3）民族传统。民族传统是指一个国家或整个民族的文化传统和风俗习惯，对人们的消费嗜好、消费方式起着决定性作用。消费者对图案、颜色、花卉、动物、食品等的偏好常常制约着其对产品的选择，由此在不同国家销售产品、设计品种及其图案、选择促销工具等都要充分考虑该国特殊的风俗习惯。中国人有赏菊之好，认为荷花出淤泥而不染，梅花高洁，而意大利人却认为菊花是不祥之兆，日本人忌讳荷花和梅花。

（4）审美观。人们在市场上挑选、购买商品的过程，实际上也就是一次审美活动。近年来，我国人民的审美观念随着物质水平的提高发生了以下变化：一是追求健康的美，体现在对体育用品和运动服装的需求消费呈上升趋势；二是追求形式的美，服装市场的异军突起，不仅美化了人们的生活，更重要的是迎合了消费者的求美心愿；三是追求环境美，消费者对环境的美感体验，在购买活动中表现得最为明显。

设计的核心是人，所有的设计其实都是围绕着人的需要展开的。设计承载了对人类精神和心灵慰藉的重任。产品是反映物质功能及精神追求的各种文化要素的总和，是产品价值、使用价值和文化附加值的统一。随着知识经济时代的到来，文化与企业、文化与社会经济的互动关系愈益密切，文化的力量愈益突出。

文化对于设计的影响是广泛而深远的，既有物质的，也有抽象的。文艺思潮、历史政治、地理环境、风俗习惯、个人修养的不同，都会使设计的形式和风格产生重大的差异。生活在一定时间和空间范围之内的设计师总是力图通过设计去体现和引导大众的需求和价值观念，从而使自己成为社会生活的一部分。文化上的差异也会导致社会对于设计评判标准的相对不同，从而使设计风格、设计思想之间产生差别。

例如，古希腊的神话是古希腊艺术的土壤。其建筑的样式是对人体的崇拜和模仿，以及对严密模数关系的追求，不仅反映出古希腊神话的平民人本主义世界观及其重要美学观念——"人体是最美的东西"，也反映出其受自然科学和相应理性思维影响的美学观念。设计往往能够反映出特定民族的精神特质，从精致考究的奔驰车、宝马车，我们可以看到德意志民族严谨正统的精神，和对工艺、技术的完美追求；法国雷诺公司开发的概念汽车，映射出法兰西民族的高贵典雅和浪漫情怀；美国的哈雷摩托车被称作"牛仔文化的演绎"，它很好地迎合了美国人追求自由、崇尚平等的文化观和价值取向。

设计与文化的关系，是错综复杂的，设计是文化的载体，受文化的影响与制约，是文化的缩影与见证，同时也部分地创造着文化，这是　个动态的、互动的过程。

3.2　企业文化

3.2.1　企业文化概述

企业文化是在一个企业中形成的某种文化观念和历史传统，共同的价值准则、道德规范和生活信息，将各种内部力量统一于共同的指导思想和经营哲学之下，汇聚到一个共同的方向。随着企业文化的不断建设和发展，它已成为社会公众认知的企业理念和企业形象，是社会公众认知企业的重要途径和企业传播的重要手段。

根据企业文化的定义，企业文化的内容是十分广泛的，但其中最主要的应包括如下几点：

（1）经营哲学。经营哲学也称企业哲学，是一个企业特有的从事生产经营和管理活动的方法论原则，它是指导企业行为的基础。一个企业在激烈的市场竞争环境中，面临着各种矛盾和多种选择，要求企业有一个科学的方法论来指导，有一套逻辑思维的程序来决定自己的行为，这就是经营哲学。例如，日本松下公司"讲求经济效益，重视生存的意志，事事谋求生存和发展"，这就是它的战略决策哲学。

（2）企业价值观。企业的价值观，是指企业职工对企业存在的意义、经营目的、经营宗旨的价值评价和为之追求的整体化、个异化的群体意识，是企业全体职工共同的价值准则，是企业或企业中的员工在从事商品生产与经营中所持有的价值观念。

（3）企业精神。企业精神是指企业基于自身特定的性质、任务、宗旨、时代要求和发展方向，并经过精心培养而形成的企业成员群体的精神风貌。

（4）企业道德。企业道德是指调整本企业与其他企业之间、企业与顾客之间、企业内部职工之间关系的行为规范的总和。它是从伦理关系的角度，以善与恶、公与私、荣与辱、诚实与虚伪等道德范畴为标准来评价和规范企业。

（5）团体意识。团体即组织，团体意识是指组织成员的集体观念。团体意识是企业内部凝聚力形成的重要心理因素。企业团体意识的形成使企业的每个职工把自己的工作和行为都看成是实现企业目标的一个组成部分，使他们对自己作为企业的成员而感到自豪，对企业的成就产生荣誉感，从而把企业看成是自己利益的共同体和归属。因此，他们就会为实现企业的目标而努力奋斗，自觉地克服与实现企业目标不一致的行为。

（6）企业形象。企业形象是企业通过外部特征和经营实力表现出来的，被消费者和公众所认同的企业总体印象。由外部特征表现出来的企业形象称表层形象，如招牌、门面、徽标、广告、商标、服饰、营业环境等，这些都给人以直观的感觉，容易形成印象；通过经营实力表现出来的形象称深层形象，它是企业内部要素的集中体现，如人员素质、生产经营能力、管理水平、资本实力、产品质量等。

（7）企业制度。企业制度是在生产经营实践活动中所形成的，对人的行为带有强制性，并能保障一定权利的各种规定。从企业文化的层次结构看，企业制度属中间层次，它是精神文化的表现形式，是物质文化实现的保证。

3.2.2 企业文化与产品设计

企业文化的本质内容是企业精神。企业精神包括坚定的企业追求（企业目标）、强烈的团体意识、正确的激励原则、鲜明的社会责任感、可靠的价值观和方法论。企业精神是企业文化的灵魂，企业文化是精神产品，企业文化的体现要以物质产品为载体。因此，用企业产品来诠释企业文化，企业文化来丰富产品内涵，使产品和企业文化之间形成互动影响，互为体现，互为促进。

企业文化与产品设计结合的作用，主要体现在以下几个方面：

（1）将精神文明向物质文明转化，实现物质文明和精神文明的双向发展。

（2）弥补了设计中文化领域的空白。

（3）有利于识别企业产品和促进产品的推广、扩大。

（4）丰富和深化产品的语言和含义。

（5）企业文化的统一性和独特性有利于产品设计的系列化和弹性化。

（6）达到和满足人的特定的文化心理需求。

（7）产品是企业的产品，产品中蕴涵着丰富的企业信息。

设计师应该本着严肃认真的态度，深入到企业中，去领会企业精神，去体会企业文化给企业带来的巨大和深远的影响，同时要对企业文化中最具代表意义的、最深邃的、最体现灵魂的思想和观点，用简洁、生动的设计语言提炼出来，将之概念化、抽象化，然后赋予企业产品以最具代表性的语态和形态。

将企业文化引入产品设计，从根本上可以考虑将其文化内涵变分为产品的各组成要素，也即将企业文化运用各种丰富生动、灵活多变的设计语言将其归纳为富于企业特征、体现企业精神的构成要素。如著名的 Philips 公司，在公司国际化发展的进程中，为了公司产品的统一，推出了产品外形的标准化、系列化，强调设计的一致性和连续性，色彩、标识、造型风格的整齐划一，使产品从外观形式上形成了独特的 Philips 风格。

在设计界，对于任何一种设计都认为是与特定的历史环境、经济科技发展状况、人类文明发展，以及人类文化发展相结合的。文化作为人文思想中的重要组成部分，在现今的设计领域与产品的结合更为密切，它是一个时代、一个民族、一种观念与信仰的体现物。企业文化同样如此。因此，在产品设计过程中或多或少地融入了人文的思想与潜在的文化意识，这一点在当今风格繁多的设计思想领域中已得到充分体现，并日趋发展。显然，产品设计在满足基本功能的基础上，转向文化精神功能发展，而企业文化的成长和逐渐成熟丰满，一旦与产品设计相结合，无疑又为产品设计增加了一个新的机遇和挑战。

3.2.3 导入企业文化的产品设计特征

导入企业文化的产品设计特征，体现为：

（1）系列化。包含企业文化特征的产品必定是在造型、功能、色彩、形态等要素的某一方面或某几方面体现出企业文化的信息传达，这就使得产品设计本身的拓展和外延的可能性有很强的操作性，并可以形成产品开发的系列化，也即设计的包容性和延展性。产品的系列化不仅满足了企业文化的传达需求，同时也有利于整个企业产品、企业文化的传播与交流，大大地缩短设计周期，提高设计效率，给设计师以最大的空间来思索和探究深层次的设计理念和方法。

（2）独特性。包含企业文化特征的产品的根本特点就是其个性化及创造性。企业文化的独特性就决定了产品设计的独特性。没有个性和创造的产品设计是没有任何意义的。

（3）可持续性。设计师要有可持续性的眼光，使企业文化的产品设计与时俱进，与企业同进，在实践中不断更新、整合设计，以体现企业的文化本质。

任何一个企业的产品设计都是企业文化的综合体现，它以视觉的形式与实用的功能体现了企业的精神和价值观，特别是企业对消费者的态度，这对树立企业的社会形象是极其重要的。因此，好的产品设计不仅有利于企业文化的传播，也对企业文化向更深处进化提供了精神力量与物质上的坚实基础。优秀的产品使企业在消费者心中建立良好的信誉，不仅提高企业的地位，而且使企业内部士气振奋，凝结企业员工的向心力和战斗力。其次，产品设计是一个不断追求、创新的过程，是企业中最具活力和最具创造力的活动，它使企业永远保持进取精神和青春活力，这对企业文化的不断向前发展、毫不懈怠的改善改进和积极向上的探索追求起到了巨大的推动和促进作用。

以企业文化为指导的产品设计，恰恰体现了产品设计的文化本质，并使设计上升到文化的高度，赋予产品以内在和气质的美感。产品设计与企业文化联系在一起，并不是偶然。企业文化以其先进性、时代性、深刻性和统一性迎合了产品设计的文化本质，产品设计以企业文化为其指导思想，将设计技术与文化相互融合，使产品富于文化色彩；另外，企业文化所要传达的企业价值观、哲学观，在产品中得到体现，产品成为企业观念与信仰的代表物，传达了企业思想与理念，更好地成为了公众消费的诉求对象。更进一步而言，产品的企业文化设计就是产品对企业信息传达的过程，结合企业文化的产品设计在文化精神的指引下，进一步完善自身的设计文化表达与自我深化。

3.3　工业设计的文化生成作用

3.3.1　文化与设计

设计与文化之间不可分割的联系，使得文化一直是设计界瞩目的话题。设计将人类的精神意志体现在造物中，并通过造物，具体设计人们的物质生活方式，而生活方式就是文化的载体。一切文化的物质层面、制度层面、行为层面、精神层面最终都会在人的某种生活方式中得到体现，即在具体的人的层面得到体现。所以说设计在为人创造新的物质生活方式的同时，实际上就是在创造一种新的文化。

既然设计是在创造新的文化，由于文化的延续性，就需要从文化的传统中找到创造的依据。这或许就是设计灵感的源泉之一和设计者关心文化的动机所在。

作为设计者应该以什么样的角度看待文化呢？

设计创造本不存在的具体器物，体现着人们对生活的不同认识和态度，并在体现这种精神因素的同时，以具体的器物存在设定人们的日常行为，从而引起人们生活方式的变化。可以说，文化的沿革正是经过有意或无意的"设计"而实际进行的。

人类社会的发展是建立在客观物质的基础之上，并以对客观世界的认识和改造为前提，因此人类社会的文化发展体现了客观的规律性。这种客观规律性正是通过人的主观意识活动来体现的。

设计作为人的主观意志的体现，一方面基于对客观世界物的因素的认识，这种认识来源于人类的科学和生产实践；另一方面基于对人的因素的认识，即对人的物质、精神需求的认识以及对人与环境的关系的认识。设计通过对物与人两方面的认识，然后将这种认识体现在具体的造物中，即将人的意志又相应地返回到实践中。

文化正是通过人有意识或无意识地对自己生活世界的设计，而不断发展并体现出不同的风格。以这种发展观看待文化，使文化与设计之间有了共同的语言，从而更符合我们从文化中汲取设计的营养的目的；使设计在文化发展中的作用得到体现，从而更能在我们的设计中体现对文化的发展——合乎历史逻辑的发展——从实践中来，到实践中去。

任何生活方式的变化都有其深层的思想精神因素，这种精神因素来自人们的实践，并决定于人类对自己的认识。因此，设计就扮演了这样一个角色——把人们的精神追求在造物中加以体现，把人们对物质的追求体现为富有文化艺术气息和理性意味的独特形式。这正是文化的发展在设计这一文化现象中的具体角色体现。设计的这一文化角色，体现了其在价值追求上与文化发展的一致性，即为了人的发展和完善。

在石器时代，自然崇拜是远古文化的主要特征。人们把凶猛的动物形象作为强者的象征；把动物的骨骼、羽毛及贝壳作为美的象征；在反映古人渔猎生活的壁画、器物彩绘中，主体是自然界的动物与植物，而人只是作为从自然界中受恩惠的形象，表达对自然的崇敬与依赖情怀。

在农耕时代，这一时期的造物，包括大型工程、建筑及日常用具。从博大精深的器物文明中，在反映出当时的技术水平和审美情趣的同时，也透射着对人的价值肯定和情感关怀。

工业时代，造物的发展使设计逐渐成为独立于制造的创造行为。但设计一开始只是作为解决制造问题与功能问题的工程设计，只关注对物的认识和改造。在工业社会早期，工程与功能的问题是造物的主要矛盾，人们无暇顾及深层的需求。没有对主体自身的关怀，设计只能是造物的附属。

当人类的认识和创造能力达到足够高度的时候，人类开始思考：人与自然是什么关系？人类往何处去？人们迫切需要在与自然的对话中找到真正属于自己的价值归宿。

人类对自然的认识和改造，不断从外部物质世界向文化中引入新质，但物质实践只能在技术的狭窄视野中以物的特性和标准作出判断，而缺乏人类自我的哲学精神的宽广视野和以人的终极价值为准则的权威判断力。设计即要在对人类自我精神的领悟中去拥有这种视野和判断力。人类社会存在的外部物质环境为人类的发展和归宿提供了各种可能性，而人类的前途到底是光明还是黑暗，人的最终归宿到底在哪里还要取决于人类对自身价值的认识和判断。设计对这种价值认识和判断的领悟应用于造物实践，不仅仅是对造物的关怀，更是对人类文明的关怀。

设计在联系人与物、人与自然的同时，也沟通着历史与现实、现实与未来。设计使人类从对物的实践中认识自我，推动着文化由物向人的回归的同时，也用人文精神设定物质实践的方向，推动文明在实践的革命中前进。

设计体现文化的发展，设计的主观意志应体现在对文化发展的客观规律的认识和把握上。

文化的发展遵循什么样的客观规律？文化的发展就是人类不断从实践中认识，不断发展的自我，并以这种对自我的认识来关怀自己的实践过程。这正是从事设计的人应有的文化发展观。

有了这样的文化发展观，现今已逐步回归到对人的关怀上来的设计，就应该能在整个人类文明发展、进化的大背景下，深刻理解自己的文化特质和历史使命；有了这样的文化发展观，现今的设计在向传统追寻文化血脉和灵感启迪时，就应该能从文化发展的动因上解读文化，从而具有相应的洞察力、理解力，在设计实践中体现为应有的创造力。这就是说，设计不应再把文化当作提高身价的装饰，只满足于从传统中套用文化符号，而是能够站在更高的地方，理解前人的文化创造，看到前人文化行为中的历史必然性，真正从文化现象中体会到当时的创造者对世界、对自己的理解。我们从文化中汲取的正是前人具体创作背后的这种对世界、对自己的理解，而不是具体的形式造化。

工业设计是涉及众多领域的综合性、创造性、高度整合的意识和行为，它不仅涉及自然科学及技术，还涉及社会科学与人文科学。其中设计哲学与设计文化学站在设计的最高点，从探讨作为人的工具的产品与人之间的基本关系入手，揭示出产品设计的实质，从而正确把握设计的方向，真正使工业设计达到设计的最高顶点，体现出设计人性化的光辉一面。从这一点而言，工业设计既不是艺术设计，也不是技术设计，而是产品的一种文化创造。

3.3.2　工业设计的文化生成作用

设计的文化生成功能，即指设计对人类文化的影响。人类生活在一个经过精细设计、而且被不断设计着的文化环境与文化氛围之中。设计的文化与文化的设计，作为设计文化的两个方面，相辅相成互相促进，不断提升着人类的文化水平。现有的文化从各个方面影响、制约着设计，设计又不断创造着具有新内容的文化。

把任何一件产品的设计，看作是新的文化的符号、象征与载体的创造，是理解"设计是新的文化创造"的前提。有了这一个前提，设计就不是一种单纯的"商业行为"，也不是单纯的"实用功能的满足"与"审美趣味的体现"，它是人类文化的创造。

工业设计的文化生成作用，体现在以下方面：

（1）创造新的物质文化。作为人类创造的物化形态，工业产品是人类文化的物化形式、静态形式。工业设计创造的物质文化比人类以前的任何物质文化，都更具理性与规范性。

工业产品作为人类物质文化的典型代表，其结构与文化的构成有着一定的对应关系，因而，产品设计是人类物质文化的创造。

如前所述，文化是包括物质文化层，制度文化层，行为文化层和精神文化层四个不同层面内容的整体。而物质文化特指可触知的具有物质实体的文化事物，包括人类创造的一切物化形态，如城市、建筑、飞机、铅笔、电脑、汽车等。一切的人类在生产生活中所依赖的用品，都体现着当时的物质文化成就，反映着当时的物质文化面貌，支撑着当时的社会发展基础。

（2）改变人类的生活方式。生活方式包括劳动生活方式、消费生活方式、社会、政治生活方式、学习和其他文化生活方式，以及生活交往方式等。生活方式的变化，标志着文化的发展。工业设计所创造的一切物质形态的产品都深刻地影响着人们的生活方式。

设计改变人们的生活方式，可以通过三种方式：一是通过新的科学技术设计发明新的产品，新的产品带来了人们新的使用方式和生活方式。比如，电话的发明让人们不受声音传播距离的限制，可以跨地域通话，从而将人们之间的距离大大缩小，电话成为现代家庭必备的设备，作为电话号码的一串数字进入了人们生活并和特定的人联系在一起，接电话、打电话和等电话成了人们生活中的常事。二是通过新的科技和设计改良产品的形态和使用方式，从而改变人们的生活方式。如电话进化到智能手机以后，基于科技创新和移动互联网，人们可以在手机端完成各种生活和工作所需，从而改变了人们的生活方式。三是通过设计提高产品的高附加值，提高产品的精神品味和象征价值，引导和塑造人们的精神品味、情感心理、个性风格，从而改变人们的生活方式。

（3）更新人类的精神观念。设计所创造的文化，强烈地作用于人的意识，促使人的精神观念不断地发展与更新。设计更新着人的精神观念，主要表现在消费观念与审美意识的扩展两个方面：

1）消费观念。消费观念是使用一种价值判断来衡量事物、指导消费的观念，它是价值观的一个组成部分。设计的特定背景，通过其特定的设计语言，传递着一定的观念，在风尚的影响下，可导致社会某一群体，甚至这个社会对某一类设计特征的偏爱。如近年被广大消费者所认可和接受的环保概念，在很多产品设计领域都有直接的案例表现。

2）审美意识的扩展。长期以来，人们的审美意识一直都指向艺术品，认为只有艺术品才能使人们产生美感。当技术发展成为人类社会前进的主导动力时，技术产品体现出的特有的审美要素与对人产生的审美意识的影响，使美学形态领域增加了技术美的概念。技术美的构成包括功能美、结构美、肌理材质美与形式美等。它们在产品的物质功能设计、操作功能设计、经济功能设计、结构设计、肌理与材质设计，以及形式设计等方面，体现出现代技术所创造的审美要素与审美特征。人类生活在几乎全部由工业技术品组成的生存空间中，技术品的审美要素与审美特征不断培养与强化着人的审美意识，使人们的审美意识从艺术领域扩展到技术领域。

随着现代科学技术的发展，现代人的生活方式发生了根本的变化，而现代设计的发展趋势更是依赖于科技的发展。同时，也促进了科技的发展，它受人们生活需求和欲望变化的牵制，同时也引导生活方式的转换。科技的进步为产品设计提供新材料和新方法，设计使科技成果成为生活财富为人们所享有。社会的发展、科技的进步、人类文明程度的提高，设计在满足市场需求的同时，也将越来越多的考虑满足与自然相协调，与人类的本性、本能需求相协调，从而使人类生活变得更完美。

设计文化，作为人类经验、教训的总结，是认识的升华、积淀，也是在历史的基础上对未来的向往；作为一种方式，它是人类文明、文化的具体化形态。设计的价值，在于促进和激发人类无尽的创造潜能，并使之转化为现实。

信息化社会给设计所带来的冲击，将会彻底改变设计文化的形态，并引起设计理念和设计方法的重构，但设计的本质不变，设计仍将始终致力于对人类生活方式和生存环境的创造。

3.3.3　工业设计中的文化元素

21 世纪是设计的时代，市场的竞争就是设计的竞争，而设计竞争的背后则是文化的较量。文化是现代工业设计的源泉，而设计本身又是一种文化现象，是文化的缩影和载体。这种文化既是对西方民族文化的理解，更是对中国传统文化的智慧、意境以及内在精神的深层次的领悟、继承和发扬。现代的工业设计与文化之间是一种互动的关系，我们应当在设计实践中，理性但又不缺乏创造性地应用文化，在对文化的继承、交融和创新中不断地发展现代的工业设计。

随着经济的全球化，东西方文化、民族风格不断接触交流，这必然会带来不同文化的冲突与磨合。不同文化在寻求相互认同的同时，仍然保留着各自的特色，在相互理解的基础上吸收、借鉴外来文化资源，其最终目的是为了发展自己的文化艺术。社会文化结构步入了一个多元文化并存发展的时期，许多工业设计作品展现出东西方文化相互融合的艺术效果，这是全球化背景下形成的一个显著的文化现象。这就对我国设计师提出了更高的要求——既要研究传统文化并领会其深刻内涵，又要感受西方的民族文化、设计语言和表达方式，将现代工业设计与各种文化元素交融、创新，形成一种有别于西方设计而又不失中国传统文化精髓的现代工业设计文化。人类的设计行为是一种感性与理性和谐结合的文化创造行为。

过去的工业设计紧随科技发展，是处于以机械工程为导向的设计时代，现代产品的时代则是以市场为导向、满足不同消费者需求的时代，而未来产品的时代将是基于不同文化背景，以文化为导向的设计时代。当前增加产品的文化价值保证产品的文化特色对于工业设计而言是至关重要的。

工业设计创造的是一种新的生活方式，提供新的产品以满足人们不断提高的生活需求。工业设计把市场需求和消费者的利益放在首位，从消费者的角度出发，是其开发、研究新的产品的一个重要的参考因素。好的设计将会给人们的生活带来前所未有的方便和惊喜。工业设计行业能够创造、实现产品中的文化价值，并向消费者传达文化价值。作为一种文化现象，工业设计必须具有高附加值的文化与艺术含量，这一点在产品设计中是不能忽视的。

工业设计发展的原动力在于人们对和谐的不懈追求。这种追求是自发的，是与生俱来的，因此，无论是消费者还是设计师都会遵循这一原则，并使设计的产品在市场上具有旺盛的生命力。未来的工业设计不管以什么风格、什么形式来实现为人类服务这一目的，它都无法脱离文化元素对它的影响。工业设计本身就是一种文化，我们要把这种文化渗透到产品开发和企业发展的理念中，对提高人们的生活质量，提高民族、社会的整体文化素质起到积极的作用。

社会文明不断提高，工业设计必须保持与文化元素的血脉联系才能得到持续性的发展，不然便成了无源之水，失去了创新的动力。懂得如何将积淀五千年的中国文化融入现代设计的潮流之中是中国工业设计者的必备前提。未来将是基于不同文化背景，并以文化为导向的设计时代。工业设计增加产品的文化价值，保证产品的文化特色尤为重要。要想使我国的工业设计具有创新性，能别具一格，具有世界竞争力，就须认真研究探讨中国文化，将其重新阐释并运用到工业设计中去。

4 工业设计与市场

企业要在市场中生存，需要合理地利用自身掌握的资源，在良好的企业管理机制下，创造出自己的核心产品，并向市场推销自己的产品，使自己的产品既要为企业实现最大利润，又要为社会创造最大的社会效益。在未来的时代中，成功的企业是最大限度地发挥工业设计的软作用的企业，是追求产品、企业、市场三位一体最佳化的企业。这一方面要求工业设计要使企业去主动地认识市场、分析市场，从而能够引领市场的发展方向，而不是被动地趋从于市场的潮流，并且还要求工业设计对企业进行全方位的参与，全方位的设计；另一方面要求企业要高度地重视工业设计，为工业设计的发展创造良好的内部环境。

工业设计是高新技术与日常生活的桥梁，是企业与消费者联系的纽带。同时，工业设计还能推动市场竞争，联结技术和市场，创造好的商品和媒介，拉开商品的差别，创造高附加值，创造新市场，促进市场的细分，降低成本。在全球化经济日益激烈的竞争中，工业设计正在成为企业经营的重要资源。

4.1 企业与市场

4.1.1 企业

企业是社会生产力发展到一定水平的成果，是商品生产与商品交换的产物。社会的生产力水平决定社会基本经济单位的组织形式。社会的基本经济单位在经历了原始社会的氏族部落、奴隶社会的奴隶主庄园、封建社会的家庭和手工作坊等形式的演进后，在资本主义社会诞生了企业这种现代形式。

企业是指把人的要素和物的要素结合起来的、自主地从事经济活动的、具有营利性的经济组织。这一定义的基本含义是：企业是经济组织；企业是人的要素和物的要素的结合；企业具有经营自主权；企业具有营利性。企业的基本职能就是从事生产、流通和服务等经济活动，向社会提供产品与服务，以满足社会需要。

工业设计对企业在市场竞争中具有不可忽视的作用。工业设计的精髓是以人为本，工业设计的条件是现代工业化，存在的条件是现代社会，服务的对象是现代人，从而满足用户与生产商的要求，使产品实现最大商业利润，最终被社会认可。由此可见，工业设计在企业中的特殊地位不言而喻。现在，工业设计已由设计产品发展到设计企业，引导市场的发展潮流。因此，可以说，工业设计对企业发展壮大具有重要的意义，它可以使企业步入发展的快车道，真正做大做强，在市场经济中立于不败之地。工业设计的水平是企业综合素质的体现，它与开发团队的品位、经验、知识结构以及企业产品策略、文化背景有关。一个真正的成功的优秀产品，会产生极大的影响力，给企业发展指出新的战略方向，给企业带来巨大的市场和商业利润。

4.1.2 市场

市场是商品交换的场所，市场是买方与卖方的结合，是商品供求双方相互作用的总和，市场是商品流通领域反映商品关系的总和。市场通常是山一群有不同欲望和需求的消费者所组成的。无论什么样的企业，什么样的产品，都是服务于市场，受市场所支配，受市场所制约的。市场的微观环境，由企业、供应者、营销人员、顾客、竞争者和公众所构成。这些因素同企业市场营销活动有着密切的联系，是企业内在的动力源，是企业发展的基本条件。

依据市场生命周期理论，市场可以分为初创、畅销、饱和、衰落四个阶段：

（1）市场的初创阶段。当某一新产品或经过改进后的原有产品最初被介绍到市场上时，这就开始了该产品市场的初创阶段。通常人们所理解的市场开拓就是指这一阶段上的市场开拓。在此阶段，市场的疆域较小，生产成本和市场成本都较高，市场增长的速度也较为缓慢。

（2）市场的畅销阶段。当产品被证明是令人满意的，早期采用者接踵而至，竞争者随之出现，一方面将更多的信息传递到消费者中；另一方面促进了产品的改进与定型，价格水平由居高不下降至正常水平，"创新者"和"早期采用者"重复购买。在此阶段，销售额上升最快，市场沿着两个方向扩张：一是疆域扩大，二是市场密度增大，即统一市场疆域内顾客人数增多或购买量增大。

（3）市场的饱和阶段。这个阶段表现出下列特征：目标市场的潜在消费者全部或大部分进入了市场；销售额由加速增长变成减速增长，最终停止增长；价格水平相对稳定；生产者的利润在该阶段上达到最高峰并开始下降；产品已达到一定的经济规模，成本的降低已达极限。通常人们把饱和市场的主要任务看做是维持现有市场而不是开拓新的潜在市场。

（4）市场的衰落阶段。新的替代产品开始在市场上出现，消费者在新的消费潮流影响下开始分化，一部分消费者转向新的市场，原有市场逐渐消失。

市场是连接生产与消费的纽带，它决定企业进行的是否是适从的有价值的企业生产。企业只有进行市场调查、市场预测，充分了解认识市场，再对市场进行分析研究，实现并利用好市场的交换功能，价值实现功能、供给功能、反馈功能、调节功能、服务功能，才能在真正的市场竞争中生存。

4.1.3 市场调查

随着时代的变化，社会经济向市场经济转移及扩大，企业内承担设计开发的设计人员的部分工作内容也随之产生了较大变化，对产品市场的研究与不断的再认识成为产品设计开发过程中的重要环节。工业设计在企业中的地位迅速提高，工业设计师的工作内容及所涉及的领域也在扩大，产品的开发设计过程中，设计师的作用得到充分发挥。以产品市场为中心展开的设计内容成为企业关注的重点。在进行产品设计时，首先就是市场调研，然后根据市场分析进行目标定位及确定什么样的产品可以打开市场，什么档次、什么功能的产品受欢迎。

在产品设计开发实施的过程中，产品设计师所解决的一些主要问题，如确立产品设计开发方向、建立产品设计概念、对产品设计方案的市场评价、消费者对产品设计方案的评价等，都需通过对产品市场及产品消费者的调查分析寻求明确的方向。因此，为产品设计开发所进行的市场调查，贯穿于产品设计开发的全过程。

产品设计开发中，不同类型的问题，所采用的调查分析方法有所不同：

（1）寻找产品设计开发的突破点、对产品市场现状的认识、市场目前的形势及企业的产品设计如何进入市场等问题，所采用的分析理论，主要有统计学中的标本抽样调查及统计分析。该调研是为了寻找和预演产品使用过程中的问题，为产品新功能的设计和改进提供依据。

（2）随着社会经济的发展，消费者的经济收入、生活习惯、消费心理等发生变化，对产品设计开发满足不同消费群体及消费层的需求，所采用的调查分析理论主要有"因果关系理论"、"动机调查"、"数量化分析"、"近似分析"等。对消费者的收入、生活意识形态及价值观等进行充分详实的调查研究，以找出未满足的消费群，并考虑其市场规模从而决定该产品开发的可行性。

（3）为了解产品市场发展趋势，确定企业今后的战略发展方向，引导产品市场的发展，采用对应关系理论、多元解析分析、预测分析、推论分析等。

（4）竞争对手调研的方法。对竞争环境有所了解，以找出自己产品的卖点。市场竞争是激烈的，只有找出竞争对手的优点及不足之处，才能确定自己的研发方向。有时设计概念的提出是从竞争对手的弱处产生的。这有助于企业通过产品的差异化建立自己的竞争优势。

（5）自身能力研究的方法。把企业的优势、弱势以及它所处外部环境提供的机遇和造成的威胁放在一起进行分析。这种分析可采用SWOT模式。

通过上述市场调研需完成以下目标：（1）掌握同类产品的市场信息；（2）发现潜在的市场需求；（3）产品的定位分析与预测；（4）找出本企业产品的卖点。

为了适应或满足产品的市场环境变化，企业在决定产品设计开发到产品进入市场要经历一段相当长的时间。这期间影响产品设计的因素很多，如现阶段社会经济各方面对产品市场及消费者的影响，产品技术发展趋势的相关因素以及影响程度，或由于企业的客观因素使得产品进入市场的时间推迟等，都会影响产品的设计开发达到预先的目标。产品市场环境产生变化的因素主要有：经济环境的变化、生活方式的变化、社会生活环境的变化等。经济环境的变化是影响产品购买的直接因素。产业结构的调整、国家产业大环境的变化会使人们的实际所得产生变化，家庭收入的增减导致消费的增减，这与人们购买产品的能力有密切的关系，同时还可能左右人们的消费方向，并对人们的生活意识产生作用。

人们的生活方式是伴随着社会经济发展而发生变化的，然而发生变化的趋势是在诸多客观因素的前提下慢慢形成的。作为产品的开发设计人员，又该如何把握发展变化的大趋势呢？为了更好地把握人们生活方式的变化，就要从消费者的个体特征、属性、社会行为、价值观等方面着手，用科学的方法分析理解人们的社会生活，通过产品市场的调查分析对人的生活方式进行分类，建立生活系统模型，研究产品的市场需求。

4.1.4 市场营销

4.1.4.1 市场营销概念

市场营销作为一种计划及执行活动，其过程包括对一个产品或一项服务的开发制作、定价、促销和流通等活动，其目的是经由交换及交易的过程达到满足组织或个人的需求目标。

市场营销是指在以顾客需求为中心的思想指导下，企业所进行的有关产品生产、流通和售后服务等与市场有关的一系列经营活动。

市场营销 MBA 的定义：指企业以顾客为中心，以市场为导向，从产品规划开始，综合利用各种营销手段，最终实现企业经营目标的全过程。

美国市场营销协会（AMA）于 1985 年对市场营销下了更完整和全面的定义：市场营销"是对思想、产品及劳务进行设计、定价、促销及分销的计划和实施的过程，从而产生满足个人和组织目标的交换。"这一定义比前面的诸多定义更为全面和完善。主要表现是：1）产品概念扩大了，它不仅包括产品或劳务，还包括思想；2）市场营销概念扩大了，市场营销活动不仅包括营利性的经营活动，还包括非营利性组织的活动；3）强调交换过程；4）突出了市场营销计划的制订与实施。

总之，我们还可以这样理解：

（1）市场营销是一种企业活动，是企业有目的、有意识的行为。

（2）满足和引导消费者的需求是市场营销活动的出发点和中心。企业必须以消费者为中心，面对不断变化的环境，做出正确的反应，以适应消费者不断变化的需求。满足消费者的需求不仅包括现在的需求，还包括未来潜在的需求。现在的需求表现为对已有产品的购买倾向，潜在需求则表现为对尚未问世产品的某种功能的愿望。企业应通过开发产品并运用各种营销手段，刺激和引导消费者产生新的需求。

（3）分析环境，选择目标市场，确定和开发产品，产品定价、分销、促销和提供服务以及它们间的协调配合，进行最佳组合，是市场营销活动的主要内容。市场营销组合中有四个可以人为控制的基本变数，即产品、价格、（销售）地点和促销方法。由于这四个变数的英文均以字母"P"开头，所以又叫"4Ps"。企业市场营销活动所要做的就是密切注视不可控制的外部环境的变化，恰当地组合"4Ps"，千方百计使企业可控制的变数（4Ps）与外部环境中不可控制的变数迅速相适应。这也是企业经营管理能否成功、企业能否生存和发展的关键。

（4）实现企业目标是市场营销活动的目的。不同的企业有不同的经营环境，不同的企业也会处在不同的发展时期，不同的产品所处生命周期里的阶段亦不同，因此，企业的目标是多种多样的，利润、产值、产量、销售额、市场份额、生产增长率、社会责任等均可能成为企业的目标，但无论是什么样的目标，都必须通过有效的市场营销活动完成交换，与顾客达成交易方能实现。

4.1.4.2　市场营销与产品设计的关系

对企业来说，市场营销与产品设计的相互促进成为核心竞争力。对产品设计师来说，必须具有把握市场和消费者需求信息的能力，必须具有识别企业长期战略和制定设计定位策略的能力，必须具有了解企业市场营销组合策略的能力。综合以上能力，才会有可以实现完整且成功的新产品开发过程。因此，具有商品化的设计思想和营销思维对产品设计人员是非常重要的。

在当今世界商品市场的竞争中，技术和设计成了商品占据市场及成为市场营销战略成败的关键因素。在技术、质量、功能等条件无明显差别的情况下，产品设计成了决定胜负的关键，世界正由"过去谁控制技术质量谁就控制市场"，逐步向"谁控制设计谁就控制市场"的方向发展。企业的新产品开发也由技术优先逐步转向设计优先。一个企业只有在设计上取得领先水平，才能有赢得市场的能力，成为市场营销战略中的决定因素。市场研究的目的就是为了把握设计与消费的结合点。设计为消费服务，意味着设计要研究消费、研究消费者，了解消费心理方式和消费需求，研究开发什么样的新产品，如何改进产品包装等等。企业只有在了解消费者和市场动向的前提下，才能制定市场营销策略，包括制定广告政策，销售政策，决定市场需求等等。

从市场发展的趋势来看，现代意义上的"市场营销"已不再是简单地等同于广告、销售或促销了。美国营销学专家菲利普·科特勒认为：企业营销是个人和群体通过创造及同其他个人和群体交换产品和价值，来满足需求和欲望的一种社会的和管理的过程。简单地说，企业营销是企业从市场调查入手，了解消费者的需要，确定目标市场，进行产品定位，进而完成产品的开发、价格的确定、销售渠道的选择、促销策略的制定等一系列活动，引导产品流向消费者或用户的一项复杂严密的系统工程。从这个角度出发，产品的设计只是企业营销过程中进行产品开发的一种主要手段，或者说是市场营销过程中的一个主要环节。换句话说，成功的设计应以市场为导向，将产品的设计完全融入产品的企业市场营销中。

具体而言，产品设计与企业营销融为一体的主要措施有：

（1）充分掌握市场信息，把握市场动向。了解市场信息以及把握消费需求，是企业或设计师应该掌握的最基本的信息，如果企业或设计师并不知道主体市场现有产品的销售情况就进行新产品设计，无疑是空中楼阁，更谈不上设计出能推动流行的产品。

（2）在产品设计之前，必须对自身企业及企业的销售产品进行营销分析。

（3）由市场决定设计方案。一般来说，在设计定位之后，应详细考证目标市场的人文环境、经济水平、消费状况、气候条件及消费者的喜好。通过以上调研情况给新产品设计的风格定位、选材及价格定位。

（4）合理的媒体宣传引导。这是新产品走向市场的催化剂，合理的媒体宣传引导会扩大流行范围，实现产品设计的最终目标。

4.2　工业设计的市场作用

4.2.1　工业设计促进消费

对于消费者来说，消费者购买某种产品主要取决于消费者对功能的需求。需求是指人们为延续和发展生命所必需的对客观事物的欲望。人的一生有多种需求，但是对于消费来说，仅仅把消费的原因归结为消费者的需求是不够的，市场上的商品林林总总，可以满足消费者需求的产品有很多，拿手表来说，有难以计数的款式。消费者所选的特定的商品，有它自身的推动因素，尽管这些推动因素有很多种，形成的过程也十分复杂，但是有某种因素会起主导作用，这种因素就是动机。动机是人们基于某种愿望而引起的一种心理活动，它是直接驱使人们进行某种活动的内在动力，体现了客观需求对人的激励作用。而购买动机，就是为了满足一定的要求，引起人们购买某种商品或劳务的愿望或意念。所以，购买行为的产生和实现是建立在需求的基础上的，对产品功能等的需求是消费者购买的内因。而产品功能之外的其他特性，如产品的造型和品牌等是促使消费者产生购买欲望的外部因素，这些外部因素造就购买动机的形成。即：消费需求—购买动机—购买行为—需求满足—新的需求。

工业设计产品的造型、材质、色彩、装饰等，是人对产品的最直观的了解，是促成消费的最大动机。

4.2.2   工业设计引导消费

工业设计对消费的引导作用体现在如下几方面：

（1）工业设计研究消费者的需求，开发产品，促进产品销售。

工业设计对大工业产品或系统进行规划，解决产品的需求问题。工业设计思想指导下的规划、研发分为两种类型：完全创新研发和差异化创新研发。这两种研发方式对开辟新市场有不同的作用。完全创新型研发设计立足于引导新型产业的发展，开发全新的产品，占据空白市场。因为实际中这种产品市场可能不存在，企业在推行此类型的业务时，要承担巨大的风险，而一旦定位准确，高回报的可能性极大。工业设计正是准确研究这种需求的发起者和实施者。Sony 公司通过市场调查研究，在毫无市场先例的情况下推出了 Walkman 产品，获得了巨大的成功。差异化创新型研发在现有业已存在的市场中开发某种立足求新的产品，并突出产品的个性差异化概念，其目的是为了吸引消费者眼球，挤进原有市场，抢占市场份额。如奇瑞公司在中国家用轿车市场上另辟蹊径，推出专门为年轻人设计的小型车奇瑞QQ，并以其低端的价格、可爱的笑脸造型赢得了消费者的喜爱。正是由于工业设计的前期调查，使产品在创意阶段，就为满足消费者的某种显性的或隐性的需求而进行设计。工业设计在研发过程中倡导了以人为本的思想，这和单纯的工程研发是不一样的。从市场学角度上来讲，这种产品规划主要是对核心产品的规划，也就是对产品的功能的规划。

（2）工业设计改良调整产品，使产品再生。

改良可以调整产品与用户需求不相契合之处，使产品满足消费者的需要。创新研发设计的目的就是为了发掘新的销售市场。不管企业前期市场调查再广泛，再准确，也不可能完全保证产品的成功。新式产品投入市场后可能成为"热销产品"或"问题产品"。经验证明，产品直接成为"热销产品"占有大部分市场的可能性少之又少。当"问题产品"出现时，就需要企业根据市场反应，分析作出是否投资的决定，以让工业设计部门研发改良产品来提升市场占有率。很多成功的创新性产品都是从这样的"问题产品"开始的。在通常的情况下，企业会尽量使一个具有增长潜质的"问题产品"发展为"热销产品"以夺得市场，这便是公司对其产品的一般发展策略。针对这一策略要求，工业设计部门在产品推出之初，就和其他市场分析部门一道对产品保持密切的跟踪调查，关注产品在市场中的反应，并利用市场的反馈信息摸清用户的需求及产品存在的问题。在以市场为导向的原则下，针对市场的实际需要，在企业允许的最大范围内对产品加以改进，发扬产品优点，引导消费，同时从使用者的角度弥补现有产品的不足，消除企业和消费者在产品认识上的差距，改良开发出市场满意的产品，赢回企业以前的研发成本投资，并为公司创造利润。

（3）工业设计开发推出产品系列，使研发效益最大化。

设计师针对消费者喜好，开发出产品的不同系列，延长单一产品在激烈的市场竞争中的短暂生存时间，使单位成本投入产出最优化。在生产力发达、物质丰富的社会里，在科技进步、市场需求变化以及企业间竞争三种合力作用下，产品的生命周期越来越短。据美国学者塔弗勒的研究资料表明，1920年以前，美国家用消费品从投入期到衰退期需要30年，到1939年就已经缩短为10年，1959年以后缩短为3年，甚至一年，而到2005年，多数消费品的流行时间只有几个月。

为了延长产品在市场中的生命，工业设计部门需准确把握产品在市场中所处的生命阶段，根据市场变化不断对其进行局部改良，如增加产品的个别功能，更换产品颜色，调整产品外观等，再次勾起消费者对产品的兴趣。这种重新激发消费者的热情来延续产品生命的方法称为延续型设计，其再次将市场细分，利用产品系列来满足不同人群对不同类型产品的需求，开拓市场空白，并优化资源配置，达到公司成本效益最大化。

4.2.3　工业设计提升产品价值

4.2.3.1　工业设计增加产品价值和提高产品价格

产品价值由主体价值和附加价值（以下简称附加值）构成，提高产品附加值是提高产品整体价值，增强产品市场竞争力的一种十分有效的途径。在需求多样化、产品更新换代速度快、竞争日趋激烈的市场条件下，如何通过提高产品附加值来增强产品的市场竞争力，是现代企业所面临的一个重要课题。

产品附加值独立于产品主体价值之外，能够给产品价值带来增值，给客户与厂商（泛指有形产品制造商和无形产品供应商）带来额外利益的满足，并可以激发客户购买欲望、购买行为以及厂商产销的积极性。

从政治经济学角度来看，商品的价值取决于投入到产品中的社会平均劳动时间的多少。但从消费心理学的角度来分析，消费者认为的产品价值是消费者自己所认为该产品所包含的社会平均劳动时间。从这个角度来讲，这种产品价值是一个主观的概念，包含了消费者许多心理的因素。由于商品只有出售给消费者才可以实现其价格和价值，而消费者是否愿意购买成为关键。在价格制订时，须注意制订出的价格是否符合消费者的心理，如果一种商品本身价值虽然不大，但迎合了消费者某种心理需要，价格即使定得高，消费者也乐意购买。但如果消费者认为某种价格购买某种商品不值得，即使这个价格是低于产品成本的，消费者也会拒绝购买。这说明，消费心理学意义上的产品价值，是以消费者心理上是否乐意接受为出发点的，是随消费者的购买心理状态的变化而变化的。

工业设计可通过品牌的力量来提高产品的价值。工业设计可以建立起良好的品牌，而良好的品牌是良好质量和良好设计的代名词，深受消费者的喜爱，也是促成消费者产生购买的主要动机之一。

4.2.3.2　品牌与产品价格间的关系

讨论品牌和产品价格的关系，中间须加入一个辅助数，这个辅助数就是产品价值。品牌与产品价值之间，产品价值与产品价格之间相互影响，导致的最终结果是品牌间接地影响了产品的价格，产品价值在品牌与产品价格之间的关系中起着桥梁的作用。

品牌与产品价值的关系，分为以下三种情况：

（1）品牌建立的阶段，产品价值提升品牌价值。

在品牌刚刚投入市场时，消费者对品牌还不是很了解，对其并没有充分的信任，但产品本身是消费者确实可以体验和感觉到的。在这个阶段，良好的产品质量和设计，即高的产品价值可以提升消费者对品牌的认知和信赖，从而建立起对品牌的信任，即产品价值提升品牌价值。

（2）品牌发育到一定阶段，品牌价值与产品价值等值。

随着品牌的建立与传播，品牌的影响力越来越大。到一定程度以后，品牌不再单单依附于产品，而是与产品一样有相同的力量，在消费者心中有一定的影响力。这时，品牌可以促进产品的销售，同时良好的产品质量还可以为品牌赢得美誉。在这个阶段，品牌与产品一起合力开拓市场，公司不仅会因产品优良的品质赢得顾客美誉，而且还以独特的品牌形象和品牌个性赢得顾客的好感和认同。根据市场现状，在目前市场上大部分消费者熟知的产品与其品牌属于这种关系类型。

（3）品牌成熟后，品牌价值可以赋予产品价值。

品牌由初始阶段从属于产品，经过品牌的定位和一定时间的使用后，品牌逐渐确立自己的个性和形象，这时品牌的地位和作用就会逐渐强化，成为公司的一面旗帜，发挥其市场的号召力。品牌成为公司经营理念的集中体现，会产生一种被称为品牌文化的东西。

如 Nokia 已经成为手机行业最强研发实力，最强设计的象征，它的"科技改变生活"的理念已经深入到全球每一个手机使用者的心中。消费者发现一款 Nokia 品牌的产品，就会对这款手机的质量和功能放心，因为 Nokia 给人在使用过程中的美好感觉已经深入到消费者的心目中，这时品牌的力量对产品的销售起到极大的推动作用。

优秀的品牌对企业发展的促进作用是巨大的，即使产品再优异，但产品总是有生命周期的，而品牌却可以超越产品生命周期的限制而持久存在。

4.2.3.3　工业设计与品牌提升之间的关系

产品品牌的提升，意味着产品价格的提升。优良设计的产品可以从诸多方面满足使用者的功能和心理需求，赢得消费者口碑，提升公司品牌价值。消费者对产品的评价是主观的，这种评价并不取决于他们对成本与价格之间关系的估计，而是以产品在其心中的感受、估价和产品的实际价格的比较值为基础的，但消费者对产品的需求并不仅仅停留在功能上。消费者在使用产品的同时，还期待着产品能为其生活带来诸如愉悦、美的感受、品质、地位等审美和象征意义上的关怀和体验。在生活中，能充分满足使用者功能和社会需求，而价格适中的产品在消费者心中就会留有良好的印象。因此，在企业生产中，从提高产品的美誉度的角度出发，在工业设计上投入较少的成本，就会使产品在美感、创意、思想等人文社会元素价值上得以大幅度地增加。这些产品的外在表现，以及由其所反映出的产品的内在品质和企业的人文精神，较明显地强化了产品在消费者心目中的印象，增加了使用者对产品的愉悦感，塑造了产品和企业的魅力。这种印象增加了消费者对企业的信赖值，也就提升了企业的品牌美誉，创造了公司的设计品牌。

工业设计是提升企业品牌形象，创造特色品牌，增加产品价格，获得品牌效益的重要渠道之一。相反的，如果为了短期利益，缩减产品策划和设计资源，就会错过运用工业设计提升竞争力的机会，制造出来的低质量、低附加值的产品最终损害企业在消费者心目中的形象和自身的长远利益。

企业在经营中，必须注重产品品牌的提升。产品品牌的提升主要包括两个方面：一是营销支持提升产品影响力；二是研发支持提升产品品质。

（1）营销支持。营销支持主要是利用广告等营销手段对企业产品进行宣传。这些营销手段，包括广告、定价、渠道和产品表现等。

按照品牌学的理论，营销支持对品牌的建立和维护有重要作用。通常，营销支持只能使消费者认识产品，这在产品推广的初级阶段起作用。企业要维护其品牌，必须一贯地进行品牌的营销支持。例如，可口可乐等一些品牌历经百年仍未衰落，主要靠的就是公司强大的营销支持。

（2）研发支持。营销支持固然重要，但主要还是起到了维护品牌的作用。提升品牌强势地位的唯一方法就是生产适合消费者需求的高质量的产品。这需要工业设计师在内的所有研发力量的共同努力。在产品的开发过程中，工业设计涵盖了从产品策划定位、最佳的工程实现、模具开发到产品外观定型等所有环节。这些环节中，企业对工业设计师的投资相对来说并不高，但工业设计师的脑力劳动却可对以后产品的生产产生直接的影响。一个早期的设计构思足以影响后期的工程设计的细节、原型制造的难度、生产程序复杂程度，以至物流分销的策略等。

一个企业若能在前期能有效地控制设计元素，就能在后期相应的大规模地节省成本。反之，如果一个企业在前期不重视产品设计，则可能会在后期的生产中造成严重的工艺及质量问题，为企业造成重大损失和浪费。工业设计是提升和维持产品品牌的关键，恰当利用工业设计研发，可以提升品牌，创造产品高价格；不恰当利用，会有企业经营失败的风险。

5　工业设计方法论

　　现今，工业设计的飞速发展正在逐步将技术与艺术紧密结合起来，在技术与艺术结合的过程中，设计科学得到"软"化，而艺术得到物化。技术与艺术的结合正是工业设计方法论中首先研究的问题。第二次世界大战后，随着科学技术的发展，产业结构、生活消费结构、社会结构、自然环境及人的意识形态等都发生了巨大变化。传统的功能主义的设计样式和设计原理发生了变化，即形成了多元化的设计，功能不再是单一的结构功能，而呈现为复合形态，即物质功能、信息功能、环境功能和社会功能的综合。工业设计发展的历程表明：没有功能，形式就无从产生。因此，正确处理功能与形式的关系是工业设计方法论研究的第二个基本问题。

　　工业设计研究的对象是"人—机—环境—社会"。工业设计不仅研究人—机的关系，而且涉及整个人类的人造环境。不仅对机器、设备和产品进行设计，还需将环境（人造环境和自然环境）作为一个整体来规划设计。工业设计应注重人类社会和生存环境在总体上的和谐，这是工业设计发展的大趋势，也是工业设计方法论的第三个基本问题。

5.1　创新思维与创新技法

5.1.1　创造性思维方式

　　古往今来，人类所有文明成果都来源于人脑的创造性思维。创造性思维方式可以作为人类社会发展中最关键、最重要的思维方式，是所有哲学、经济、文化、宗教、军事等各个学科发展中起主导作用、起决定作用的思维方式。创造性思维方式是从创新思维活动中总结、提炼、概括出来的具有方向性、程序性的思维模式，为创新思维提供方向。设计中的创造性思维指的是：根据设计项目内容的要求，以一切已知的信息和经验为基础，在良好的创造性思维品质支持下，运用各种思维形态和思维方式进行有效的综合处理，按照美的形式法则，创造出具有新颖性、辩证性和综合性的新观点、新方法和新设计。

　　创造性思维是一种开创性的探索未知事物的高级复杂的思维，是一种有自己的特点、具有创见性的思维，是扩散思维和集中思维的辩证统一，是创造想象和现实定向的有机结合，是抽象思维和灵感思维的对立统一。创造性思维是创新人才的智力结构的核心，是社会乃至个人都不可或缺的要素。创造性思维是人类独有的高级心理活动过程，人类所创造的成果，就是创造性思维的外化与物化。创造性思维是在一般思维基础上发展起来的，是人类思维的最高形式，是以新的方式解决问题的思维活动。创造性思维强调开拓性和突破性，在解决问题时带有鲜明的主动性。这种思维与创造活动联系在一起，体现着新颖性和独特性的社会价值。创造性思维是以感知、记忆、思考、联想、理解等能力为基础，以综合性、探索性和求新性为特征的高级心理活动。创造性思维并非游离于其他思维形式而存在，它包括了各种思维形式，它们相互联系、相互结合，共同使用。

5.1.1.1 发散思维和收敛思维

发散思维是对同一问题从不同层次、不同角度、不同方向进行探索，从而提供新结构、新点子、新思路或新发现的思维过程。收敛思维是尽可能利用已有的知识和经验，将各种信息重新进行组织整合，从不同的角度和层面，把众多的信息和解题的可能性逐步引导到条理化的逻辑序列中，寻求相同目标和结果的思维方法。

A 发散思维

发散思维是由美国心理学家 J. P. 吉尔福特在《人类智力的本质》中作为与创造性有密切关系的思考方法提出的。它具有流畅性、灵活性和独特性的特点。

（1）流畅性是思想的自由发挥，指在尽可能短的时间内生成并表达尽可能多的思维观念，并较快地适应、消化新的思想观念，是发散思维量的指标。例如，在思考"取暖"有哪些方法时，我们可以从取暖方法的各个方向发散，有晒太阳、烤火、开空调、电暖气、电热毯、剧烈运动、多穿衣等，这些都是同一方向上数量的扩大，方向比较单一。

（2）灵活性是指克服人们头脑中僵化的思维框架，按照某一新的方向来思索问题的特点。灵活性常常通过借助横向类比、跨域转化、触类旁通等方法，使发散思维沿着不同的方向扩散，以呈现多样性和多面性。

（3）独特性表现为发散的"新异"、"奇特"和"独到"，即以前所未有的新角度认识事物，提出超乎寻常的新想法，使人们获得创造性结果。

发散思维的具体形式包括用途发散、功能发散、结构发散和因果发散等。

（1）用途发散是以某个物品为扩散点，尽可能多地列举材料的用途。例如，把回形针经过材料发散可得到各种用途：把纸和文件别在一起；拉开一端，能在水泥板或泥地上划印痕；可变形制作挂钩等。

（2）功能发散是以某种功能为发散点，设想出获得该功能的各种可能性。例如，对"物质分离"进行功能发散，可采用过滤、蒸发、结晶等方法来实现。再如对"照明"采用功能发散，可得到许多结果：开电灯、点蜡烛、点火把、用手电筒、用镜子反射太阳光等。

（3）结构发散是以某个事物的结构为发散点，尽可能多的设想出具有该结构的各种可能性。例如，由三角形结构发散，可以得到三角尺、三角窗、三角旗、屋顶的三角结构、金字塔等。

（4）因果发散是以某个事物发展的结果为发散点，推测出造成该结果的各种原因，或以某个事物发展的起因为发散点，推测可能发生的各种结果。例如对玻璃杯破碎进行因果发散、找寻原因，可得到：手没抓稳，掉在地上碰碎了；被某种东西敲碎了；冬天冲开水时爆裂了；杯子里的水结冰胀裂了，等等。

举例如下：

"孔"结构在工程实例中广泛应用，利用发散思维，可用"孔"结构解决很多问题，例如：

（1）整版邮票用直线"齿孔"把一枚一枚分割开来，零售时就方便多了，另一个优点是带齿孔的邮票比无齿孔的邮票美观。

（2）钢笔尖上有一条导引墨水的缝，缝的一端是笔尖，另一端是一个小孔，最早生产的笔尖是没有这个小孔的，既不利于储水，也不利于在生产过程中开缝隙。

（3）高帮球鞋两边开通风孔，有利于运动时散热。

采用发散思维，可以尽可能多地提出解决问题的办法，最后再收敛。通过论证各种方案的可行性，最终得出理想方案。

B　收敛思维

收敛思维是指在解决问题的过程中，尽可能利用已有的知识和经验，把众多的信息和解题的可能性逐步引导到条理化的逻辑序列中去，最终得出一个合乎逻辑规范的结论。

收敛思维是将各种信息从不同的角度和层面聚集在一起，进行信息的组织和整合，实现从开放的自由状态向封闭的点进行思考，以产生新的想法，形成一个合理的方案。收敛思维具有封闭性、综合性和合理性的特点。

发散思维所产生的众多设想或方案，一般来说多数都是不成熟或者不切实际的。因此，必须借助收敛思维对发散思维的结果进行筛选，这需要按照实用、可行的标准，对众多设想或方案进行评判，得出最终合理可行的方案或结果。

收敛思维的具体形式包括目标识别法、层层剥笋法、聚焦法等。

（1）目标识别法就是确定搜寻目标，进行观察，做出判断，找出其中的关键，并围绕目标定向思维。目标的确定越具体越有效。

（2）层层剥笋法就是在思考问题时，最初认识的仅仅是问题的表层，随着认识的深入，逐渐向问题的核心一步一步逼近，抛弃那些非本质的、繁杂的特征，揭示事物表象下的深层本质。

（3）聚焦法是指人们思考问题时，有意识、有目的地将思维过程停顿下来，并将前后思维领域进行浓缩和聚拢，以便帮助我们更有效地审视和判断某一件事、某一问题、某一片段信息。聚焦法带有强制性指令色彩，对思维能力有两方面的影响：其一，可通过反复训练，培养我们的定向、定点思维的习惯，形成思维的纵向深度和强大穿透能力，犹如用放大镜把太阳光持续地聚焦在某一点上，就可以形成高热；其二，由于经常用某一片段信息、某一件事、某一问题进行有意识的聚焦思维，自然会积淀起对这些信息、事件、问题的强大透视力，最后顺利地解决问题。

5.1.1.2　横向思维与纵向思维

横向思维是一种共时性思维，它截取历史的某一横断面，研究同一事物在不同环境中的发展状况，并通过同周围事物的相互联系和相互比较中，找出该事物在不同环境中的异同。纵向思维是一种历时性的比较思维，是从事物自身的过去、现在和未来的分析比较中，发现事物在不同时期的特点及前后联系，从而把握事物本质的思维过程。横向思维与纵向思维的综合应用能够对事物有更全面的了解和判断，是重要的创造性思维技巧之一。

A　横向思维

横向思维是由爱德华·德·波诺于 1967 年在其《水平思维的运用》中提出的。横向思维从多个角度入手，改变解决问题的常规思路，拓宽解决问题的视野，从而使难题得到解决，在创造活动中发挥着巨大作用。横向思维具有同时性、横断性和开放性的特点。

（1）横向思维的过程，首先把时间概念上的范围确定下来，然后在这个范围内研究各方面的相互关系，同时性的特点使横向比较和研究具有更强的针对性。

（2）横向思维对事物进行横向比较，即把研究的客体放到事物的相互联系中去考察，可以充分考虑事物各方面的相互关系，从而揭示出不易觉察的问题。

（3）横向思维突破问题的结构范围，是一种开放性思维，思维过程中将事物置于很多的事物、关系中进行比较，从其他领域的事物获得启示从而得到最终的结果。

举例如下：

彼特·尤伯罗斯（Peter Uberroth，1937—）因成功组织了1984年的洛杉矶奥运会，被世界著名的《时代周刊》评选为1984年度的"世界名人"。尤伯罗斯运用横向思维，通过拍卖奥运会的电视转播权、出售火炬传递接力权、引入新的赞助营销机制等方式，扩大了收入来源。在开源的同时，尤伯罗斯全力压缩开支，充分利用已有设施，不盖新的奥林匹克村，招募志愿人员为大会义务工作。凭借着天才的商业头脑和运作手段，尤伯罗斯使不依赖政府拨款的洛杉矶奥运会盈利2.25亿美元，成为近代奥运会恢复以来真正盈利的第一届奥运会，尤伯罗斯也因此被誉为奥运会的"商业之父"。

B 纵向思维

纵向思维被广泛应用于科学和实践之中。事物发展的过程性是纵向思维得以形成的客观基础，任何一个事物都要经历一个萌芽、成长、壮大、发展、衰老和死亡的过程，并且在这个发展过程中可捕捉到事物发展的规律性。纵向思维就是对事物发展过程的反映。

纵向思维具有历时性、统一性和预测性的特点。

（1）纵向思维是按照由过去到现在，由现在到将来的时间先后顺序来考察事物。历时性揭示事物发展的过程，在考察事物的起源和发生时具有重要作用。

（2）纵向思维是在事物的历史发展中考察事物，考察的事物必须是同一的，具有自身的稳定性和可比性，而不可将被考察对象在某一阶段特有的性质或特点加入思考，如果违反纵向思维的同一性，思维的结果就会失真。

（3）纵向思维对未来的推断具有预测性，纵向思维的预测结果可能符合事物发展的趋势。在现实社会中，通过对事物现有规律的分析预测未知的情况相当普遍。纵向思维方法在气象预测、地质灾害预测等领域广泛应用，对于指导人们的行为、决策和规划起着较大作用。

纵向思维的关键是进行纵向挖掘，它包括向下挖掘和向上挖掘两种基本形式。向下挖掘就是针对当前某一层次的某个关键因素，努力利用发散和联想并按照新的方向、新的角度、新的观点进行分析与综合，以发现与这个关键因素有关的新属性，从而找到新的联系和观点的方法。向上挖掘就是针对当前某一层次出现的若干现象的已知属性，按照新的方向、新的角度、新的观点去进行新的抽象和概括，从而挖掘出与这些现象相关的新因素的方法。

苏联发明家根里奇·阿奇舒勒（G. S. Altshuller）通过对大量专利的分析发现：任何系统或产品都按生物进化的模式进化，同一代产品进化分为婴儿期、成长期、成熟期、退出期四个阶段，提出产品的分段S曲线。

通过确定产品在S曲线上的位置，称为产品技术成熟度预测。该预测结果可为企业决策指明方向：处于婴儿期和成长期的产品对应其结构、参数等进行优化，使其尽快成熟，为企业带来利润；处于成熟期与退出期的产品，企业赚取利润的同时，应开发新的核心技术并替代已有的技术，推出新一代产品，使企业在未来市场竞争中取胜。

5.1.1.3   正向思维与逆向思维

正向思维是按照常规思路，遵照时间发展的自然过程，以事物的常见特征、一般趋势为标准的思维方式，是一种从已知到未知来揭示事物本质的思维方法。逆向思维是在思维路线上与正向思维相反，在思考问题时，为了实现创造过程中设定的目标，跳出常规，改变思考对象的空间排列顺序，从反方向寻找解决办法的一种思维方法。正向思维与逆向思维相互补充、相互转化，在解决问题中共同使用，经常取得事半功倍的效果。

A   正向思维

正向思维法是依据事物的发展过程建立的，是人们经常用到的思维方式。正向思维法虽然一次只对某一种或一类事物进行思考，但它是在对事物的过去、现在充分分析的基础上，推知事物的未知部分，提出解决方案，因而它又是一种不可忽视的领导工作、科学研究的方法。

正向思维具有如下特点：在时间维度上与时间的方向一致，随着时间的推进进行，符合事物的自然发展过程和人类认识的过程；认识具有统计规律的现象，能够发现和认识符合正态分布规律的新事物及其本质；面对生产生活中的常规问题时，正向思维具有较高的处理效率，能取得很好的效果。

常用到的正向思维方法有缺点列举法和属性列举法等。缺点列举法就是在解决问题的过程中，先将思考对象的缺点一一列举出来，然后针对所发现的缺点，有的放矢地进行改进，从而实现问题的解决。属性列举法是一种化整为零的创意方法，它将事物分为单独的个体，各个击破。

B   逆向思维

逆向思维法利用了事物的可逆性，从反方向进行推断，寻找常规的岔道，并沿着岔道继续思考，运用逻辑推理去寻找新的方法和方案。逆向思维法的特点主要有普遍性、批判性和新颖性。

逆向思维在各种领域、各种活动中都有适应性。它有多种形式，如性质上对立两极的转换：软与硬、高与低等；结构、位置上的互换、颠倒：上与下、左与右等；过程上的逆转：气态变液态或液态变气态、电转为磁或磁转为电等。不论哪种方式，只要从一个方面想到与之对立的另一方面，都是逆向思维。

逆向思维的具体方式包括反转型逆向思维法、转换型逆向思维法和缺点逆用思维法。反转型逆向思维法是指从已知事物的相反方向进行思考，产生发明构思的途径。"事物的相反方向"主要是指事物的功能、结构、因果关系等三个方面作反向思维。例如，吸尘器的发明采用了功能反转型逆向思维方法。转换型逆向思维法是指在研究问题时，转换解决问题的手段，或转换思考角度，使问题顺利解决的思维方法。缺点逆用思维法是一种利用事物的缺点，化被动为主动，化不利为有利的思维发明方法。这种方法并不以克服事物的缺点为目的，而是将缺点加以利用，从而找到问题的解决方法。例如，金属腐蚀会对金属材料带来极大破坏，但人们利用金属腐蚀原理进行金属板表面的蚀刻，就是缺点逆用思维法的一种应用。

5.1.1.4   求同思维与求异思维

A   求同思维

求同思维是指在创造活动中，把两个或两个以上的事物，根据实际的需要，联系在一起进行"求同"思考，寻求它们的结合点，然后从这些结合点中产生新创意的思维活动。

求同思维的思维方向是沿着单一的方向，思维过程追求秩序，要求严谨的思维缜密性，能够以严谨的逻辑性环环相扣，以实事求是的态度，从客观实际出发来揭示事物内部存在的规律和联系，并且要通过大量的实验或者实践对结论进行验证和检验。

运用求同思维可以按照以下步骤进行：

第一步：在各种不同的场合中找出两个或者两个以上的事物；

第二步：这些事物存在着共同特征或联系；

第三步：根据实际需要，从某个"结合点"出发，对这些事物进行"求同"，产生新的创意。

求同思维进行的是异中求同，只要能在事物间找出它们的结合点，基本就能产生意想不到的结果。组合后的事物所产生的功能和效益，并不等于原先几种事物的简单相加，而是整个事物出现了新的性质和功能。

举例如下：

在欧洲中世纪，古登堡发明了活版印刷机。据说，古登堡首先研究了硬币打印机，它能在金币上压出印痕，可惜印出的面积太小，没办法用来印书。接着，古登堡又看到了葡萄压榨机，那是两块很大的平板组成，成串的葡萄放在两块板之间便能压出葡萄汁。古登堡仔细比较了两种机械，从"求同思维"出发，把两者的长处结合起来，经过多次试验，终于发明了欧洲第一台活版印刷机，使长期被僧侣和贵族阶层垄断的文化和知识迅速传播开来，为欧洲科学技术的繁荣和整个社会的进步做出了巨大贡献。

B 求异思维

求异思维法是指对某一现象或问题，进行多起点、多方向、多角度、多原则、多层次、多结局的分析与思考，捕捉事物内部的矛盾，揭示表象下的事物本质，从而选择富有创造性的观点、看法或思想的一种思维方法。

在求异思维中，常用到寻找新视角、要素变换、问题转换等具体方法。

（1）新视角求异法是指对一个事物或问题，要力争从众多的新角度去观察和思考它，以求获得更多的对事物的新认识，萌生和提出更多解决问题的新方法。

（2）要素变换求异法是指从解决某一问题的需要出发，思考如何通过采取措施改变事物所包含的要素，从而使事物随之发生符合人的需要的某种变化。

（3）问题转换求异法是指在思考过程中，把不可能办到的问题转换为可以办到的问题，或者把复杂困难的问题转换为简单容易的问题，或者把生疏的问题转换为熟悉的问题，从而找到解决问题的恰当可行或效率更高、效果更好的办法。

举例如下：

在日本，松下电器的熨斗事业部很有权威性，因为它在20世纪40年代发明了第一台电熨斗。虽然该部门不断创新，但到了80年代，电熨斗还是进入滞销行列，如何开发新品，使电熨斗再现生机，是当时该部门很头痛的一件事。

一天，被称为"熨斗博士"的事业部部长召集了几十名年龄不同的家庭主妇，请她们从使用者的角度来提要求。一位家庭主妇说："熨斗要是没有电线就方便多了。""妙，无线熨斗！"部长兴奋地叫起来，马上成立了攻关小组研究该项目。

攻关小组首先想到用蓄电池，但研制出来的熨斗很笨重，不方便使用，于是，研究人员又观察、研究妇女的熨衣过程，发现妇女熨衣并非总拿着熨斗一直熨，整理衣物时，就把熨斗竖立一边。经过统计发现，一次熨烫最长时间为 23.7 秒，平均为 15 秒，竖立的时间为 8 秒。于是根据实际操作情况对蓄电熨斗进行了改进，设计了一个充电槽，每次熨后将熨斗放进充电槽充电，8 秒钟即可充足，这样使得熨斗重量大大减轻。新型无线熨斗终于诞生了，成为当年最畅销的产品。

5.1.2 思维定势

在长期的思维活动中，每个人都形成了自己惯用的思维模式，当面临某个事物或现实问题时，便会不假思索地把它们纳入已经习惯的思想框架进行思考和处理，这就是思维定势。思维定势有如下两个特点：一是形式化结构，思维定势不是具体的思维内容，而是许多具体的思维活动所具有的逐渐定型的一般路线、方式、程序和模式；二是强大的惯性或顽固性，不仅逐渐成为思维习惯，而且深入到潜意识，成为处理问题时不自觉的应用。

思维定势有益于日常对普通问题的思考和处理，但不利于创造性思维，它阻碍新思想、新观点、新技术和新形象的产生，因此在创造性思维过程中需要突破思维定势。思维定势多种多样，不同的人有不同的思维定势，常见的思维定势有从众型思维定势、书本型思维定势、经验型思维定势和权威型思维定势。

5.1.2.1 从众型思维定势

从众型思维定势是没有或不敢坚持自己的主见，总是顺从多数人的意志，是一种广泛存在的心理现象。在生活中，从众型思维定势普遍存在，例如我们走到十字路口时，看到红灯已经亮了，本应该停下来，但看到大家都在往前冲，自己也会随着人群往前冲。从众型思维定势对于一般的生活、工作是可以接受的，但对于创造性思维来说却必须警惕和破除。破除从众型思维定势，需要在思维过程中不盲目跟从，具备心理抗压能力；在科学研究和发明过程中，要有独立的思维意识。

5.1.2.2 书本型思维定势

书本知识对人类所起的积极作用显而易见。现有的科学技术和文学艺术是人类两千多年来认识世界、改造世界的经验总结，大部分通过书本传承下来，因此书本知识是人类的宝贵财富，必须认真学习与继承，只有这样才能站在巨人的肩膀上继续前进。对于书本知识的学习需要掌握其精神实质，活学活用，不能当教条死记硬背，不能作为万事皆准的绝对真理，否则将形成书本型思维定势。

书本型思维定势就是认为书本上的一切都是正确的，必须严格按照书本上说的去做，不能有任何怀疑和违反，是把书本知识夸大化，绝对化的片面有害观点。随着社会的不断发展，书本知识未得到及时和有效地更新，导致书本知识与客观事实之间存在一定程度的滞后性。如果一味地认为书本知识都是正确的或严格按照书本知识指导实践，将严重束缚、禁锢创造性思维的发挥。

为了破除思维定势，我们需要在思维过程中认识到现有知识不是绝对真理，认识到任何一般原理都必须与具体实践相结合，认识到对任何问题都应该了解相关的各种观点，以便通过比较进行鉴别。

5.1.2.3 经验型思维定势

经验是人类在实践中获得的主观体验和感受，是通过感官对个别事物的表面现象、外部联系的认识，属于感性认识，是理性认识的基础，在人类的认识与实践中发挥着重要作用，是人类宝贵的精神财富。但经验并未充分反映出事物发展的本质和规律，在思维过程中，人们经常习惯性地根据已有经验去思考问题，制约了创造性思维的发挥。经验型思维定势是指人们处理问题时按照以往的经验去办的一种思维习惯，实际上是照搬经验，忽略了经验的相对性和片面性。

经验性思维有助于人们在处理常规事物时少走弯路，提高办事效率，但在创造性思维运用过程中阻碍了创新。应采用一些措施破除经验型思维定势，要把经验与经验型思维定势区分开来，提高思维灵活变通的能力。

5.1.2.4 权威型思维定势

认定权威是判定事物是非的唯一标准，一旦发现与权威相违背的观点，就唯权威是瞻，这种思维习惯或程式就是权威型思维定势。权威型思维定势是思维惰性的表现，是对权威的迷信、盲目崇拜与夸大，属于权威的泛化。权威型思维定势的形成来源于多个方面：一方面是由于不当的教育方式造成的，在婴儿、青少年教育时期，家长和老师把固化的知识、泛化的权威观念采用灌输式教育方式传授下来，缺少对教育对象的有效启发，使教育对象形成了盲目接受知识、盲目崇拜权威的习惯；另一方面是社会中广泛存在个人崇拜现象，一些人采用各种手段建立或强化自己的权威，不断加强权威定势。

5.1.3 拓展思维视角

思维定势束缚了创造性思维的发挥，从这个意义上讲思维定势是一种消极的因素，它使大脑忽略了思维定势之外的事物和观念。而根据社会学、心理学和脑科学的研究成果来看，思维定势又是难以避免的，解决思维定势常见的方法是尽量多地增加头脑中的思维视角，拓宽思维的广度，学会从多种角度观察同一个问题，即扩展思维视角。

5.1.3.1 改变思考方向

大多数人对问题的思考，首先是按照常情、常理、常规去想，或者是顺着事物发生的时间、空间顺序去想。常规的思考方向由于是沿着事物发展的规律进行，容易找到切入点，解决问题的效率比较高，但也往往容易陷入思维误区，制约创造性思维，因此需要改变原有的思考方向，以获得更多的思维视角。

常见的改变思考方向的方法有：

（1）变顺着想为倒着想。当顺着想不能很好解决问题时，倒着想就是一种新的选择。例如，原联邦德国一造纸厂，因工人疏忽，生产过程中少放了一种胶料，制成了大量不合格的纸。用墨水笔在这种纸上写字，墨水很快就被吸干，根本形成不了字迹。报废会造成巨大损失，肇事者拼命地想，也没办法。一天，他漫不经心地将墨水洒在了桌子上，他随手用这种纸来擦，结果墨水被吸得干干净净。"变废为宝"的念头在他头脑中一闪而过，终于，这批纸被当做吸墨水纸全部卖了出去。这是逆向思维中典型的"倒着想"。

（2）从事物的对立面出发。鉴于事物对立双方是既对立又统一的，不可以改变这一方时，可改变另一方。例如，加拿大人格德在复印时不小心把瓶子里的液体洒在文件上，被浸染过的那部分复印后一团黑。由此，他想到是否可以选一种液体浸染文件，避免文件被偷偷复印，后来他多次试验，发明了一种浸泡文件后就不能再复印的液体，成功解决了机密文件被人偷偷复印的问题。

（3）换位思考。换位思考是指思考者改变自己的位置，从其他角度看问题。例如，过去冰箱都是冷冻室在上面，冷藏室在下面。日本夏普公司进行了换位思考，发现用户对冷藏室用得较多，还是放在上面方便。于是设计时换了个位置。但由于冷空气往下走的特性，改变设计后冷冻室的低温不能很好地利用，比较费电。研究者又思考，如果想办法让冷空气往上走不就解决问题了吗？于是，在冰箱内安上排风扇和通风管，把下面的冷空气提升到上面的冷藏室。经过条件转换思考，新型电冰箱既使用方便，又保留了原来省电的优点，受到了用户的欢迎。

5.1.3.2　转换问题

在工程实践中，问题是多种多样的，但彼此之间有相通的地方。对于难以解决的问题，与其死盯住不放，不妨把问题转换一下：

（1）把复杂的问题转换为简单的问题。在解决复杂问题时化繁为简，就会产生新的视角。例如，爱迪生让其助手帮助自己测量一个梨形灯泡的容积。事情看起来很简单，但由于灯泡形状不规则，计算起来相当困难。助手接过活，立即开始了工作，他一会儿拿标尺测量，一会儿又运用一些复杂的数学公式计算。可几个小时过去了，他忙得满头大汗还是没有计算出灯泡的容积。当爱迪生看到助手面前的一摞稿纸和工具书时，立即明白了是怎么回事。于是，爱迪生拿起灯泡，朝里面倒满水，递给助手说："你去把灯泡里的水倒入量杯，就会得出我们所需要的答案。"助手顿时恍然大悟。

（2）把自己生疏的问题转换为熟悉的问题。对于从未接触过的生疏的问题，可将其转化为自己熟悉的问题，以利于问题的解决。例如：发明钢筋混凝土的既不是建筑业的科学家，也不是著名的工程师，而是一个和建筑不搭界的园艺师，他就是法国的约瑟夫·莫尼哀。他为了设计一种牢固坚实的花坛，把花坛的构造转换成植物的根系，把根系再转换为一根一根的钢筋，用水泥包住钢筋，就制成了新型的花坛。这样不仅花坛造出来了，而且还发明了钢筋混凝土，引起了建筑材料的一场革命。

（3）把直接变为间接。在解决比较复杂困难的问题时，直接解决往往会遇到极大的阻力。这时就需要扩展思维视角，或退一步来考虑，或采取迂回路线，或先设置一个相对简单的问题作为铺垫，为实现最终目标创造条件。例如，以前机械表主要是通过用手上紧发条提供动力的，而美国的飞利浦先生研究了一种不提供外力就能够自己走的表。他考虑到，除了人的外力之外，外界环境能给他提供什么能量呢，经过分析，最值得关注的就是环境温度变化。什么东西能感受温度的变化并把它转化为能量呢？这就是我们目前广泛应用的双金属片，装在手表中的双金属片可以感受温度的变化，时而收缩，时而膨胀，就可以上紧发条，产生动力。飞利浦先生在 2002 年获得该发明专利权。

5.2　TRIZ 创新方法

创新就是从新思想、新概念开始，通过不断地解决各种问题，锻炼思维模式，积累经验，最终使一个技术上、管理上的新项目、新措施得到实际应用，并产生良好的经济价值和社会价值。目前，我国企业自主创新能力不足、国际竞争力不强等问题依然突出。造成这种局面的关键问题在于企业缺乏新产品开发及制造技术创新的能力，迫切需要获得具体技术支持，使技术人员能够在产品的概念设计、方案设计阶段高效率、高质量地提出创新设计方案，从而提高企业的新产品开发能力和经济效益。发明问题解决理论（TRIZ）是解决上述问题的一种有效方法。

TRIZ 不仅提供了分析工程问题所需的方法，包括功能分析、资源分析和物场分析等，同时还提供了相应的问题求解工具，包括解决技术矛盾的发明原理、解决物理矛盾的分离原理、科学原理知识库和发明问题标准解法等。TRIZ 针对复杂问题的求解流程又提出了发明问题解决算法（ARIZ），同时，TRIZ 还包括了一些创新思维的方法等。

创新方法决定了创新效率。据调查资料显示，TRIZ 目前已经在欧美和亚洲发达国家和地区的企业得到广泛的应用，大大提高了创新的效率。据统计，应用 TRIZ 的理论与方法，可以增加 80%～100%的专利数量并提高专利质量，提高 60%～70%的新产品开发效率，缩短 50%的新产品上市时间。目前，TRIZ 被认为是可以帮助人们挖掘和开发自己的创造潜能，最全面系统地论述发明创造和实现技术创新的新理论。

5.2.1 TRIZ 的核心思想

自 20 世纪 50 年代末 TRIZ 之父阿奇舒勒创立 TRIZ 以来，TRIZ 的发展已经有 60 多年的历史。在这 60 多年中，人类文明的进步，特别是科技的发展不断为人类发展注入新的活力。作为一门理论，TRIZ 在科学实践中发挥着越来越重要的作用。从 TRIZ 体系来看，里面的内容繁杂、涉及面广。那么 TRIZ 是否有一种核心思想贯穿整个理论呢？

先来看几个例子。

例 1：如何将玉米加工成美味可口的爆米花呢？早期的爆米花在加工时，是将玉米（许多谷物都可以）置于特殊的容器中加热，使得玉米处在高温高压的状态下，锅内的温度不断升高，且锅内气体的压强也不断增大。当温度升高到一定程度，玉米粒便会逐渐变软，玉米粒内的大部分水分变成水蒸气。由于温度较高，水蒸气的压强很大，使已变软的玉米粒膨胀。但此时玉米粒内外的压强是平衡的，所以玉米粒不会在锅内爆开。打开盖子时，玉米被突然暴露在常温常压下，锅内的气体迅速膨胀，压强很快下降，使得玉米粒内外压差变大，导致玉米粒内高压水蒸气也急剧膨胀，然后"砰"的一声巨响，瞬间爆开，形成了爆米花。

例 2：再看工业领域的一个专利，关于管道内部滤网的清洗。管道过滤网通常用于水、油、气管道和各种设备上，是不可缺少的过滤装置。其作用是清除管内的杂质，保护各类阀门和水泵等设备的正常运转。但使用一段时间后，污物会牢固地聚集在滤网的表面及网孔内，严重影响过滤效果，直接将滤网拿出也很难清洗干净。该专利采用的方法是使管道内滤网内表面和外表面形成压力差。当压差达到预设值时，就启动自清洗循环，突然产生一股吸力强劲的反冲洗水将过滤网上的污物清洗干净，并直接排出。

虽然这两个案例来自于不同的领域，解决的也是不同的问题，但是它们应用的却是同一个原理——瞬间压力差。

来自不同领域的不同问题，有时却可以用相同的原理去解决。这个发现让阿奇舒勒备受鼓舞，他决定从专利中找出解决问题时潜在的、最常用的方法。基于这样的一个思想，阿奇舒勒和他的团队对世界上不同工程领域的专利进行了归纳和总结，提取出了专利中问题解决最常应用的一些方法和原理。

TRIZ 的第一个核心思想就是：不同行业遇到的问题，采用相同的原理加以解决。

阿奇舒勒在研究专利的过程中，还有另外的一个发现和想法：技术系统或产品的进化和发展不是随机的，而是遵循着一定的客观规律。也就是说，不论我们设计的产品是桌子、冰箱还是切割工具，这些系统改进和发展的过程是类似的，比如说功能会越来越丰富，自动化程度会越来越高等。这也是为什么很多时候，各个国家的发明家分别对某一产品进行改进的时候，最后会得到相同的改进方案，正是因为产品发展的规律性的存在。

于是阿奇舒勒将技术系统进化和发展过程中遵循的规律和改进顺序进行了归类，集合成一条条的进化法则和进化路线，每条法则代表着技术系统在某一方面的发展趋势。这样工程师在设计产品的时候，可以根据这些法则来预测产品下一步的发展方向，依据路线的提示去进行产品的改进和设计。这些法则就是TRIZ中的技术系统进化法则。

例如：结构动态性进化路线。结构动态性进化路线描述的一个进化规律是：产品在进化发展的过程中，结构上的柔性和动态性是会逐步增强的，具体是沿着这样的一个顺序在向前发展：刚性体→铰链→多铰链→弹性体→粉末→液体/气体→场。

比如：键盘的发展。最常用的键盘是一体化的键盘，后来有了折叠键盘。美国海军陆战队最早采用折叠键盘，因为它携带很方便。随后有了硅胶键盘，现在随处可以看到这种完全柔性的硅胶键盘，它可以卷起来储放。然后是触摸式液晶输入屏，由介于固体与液体之间的液晶分子组成。再就是应用场实现的键盘。2005年，德国汉诺威展会上展出了一款以色列发明的键盘，整个键盘是由红外投影直接投射在桌面上，操作者可直接在虚拟键盘上进行输入。由此可见，键盘的结构形态就是在按照上述进化路线不断发展变化的。进化法则是为我们提示产品发展方向的一个很有效的工具。

因此，TRIZ的第二个核心思想就是：产品或技术系统的发展不是随机的，而是按照一定的规律发展和进化。发明原理和技术系统进化法则是TRIZ体系中最初形成的两项内容，体现了TRIZ的两条核心思想，也是TRIZ体系中所有工具的精髓所在。

5.2.2　TRIZ的理论体系

TRIZ告诉我们：产品或技术系统的进化有规律可循，生产实践中遇到的工程矛盾往复出现，彻底解决工程矛盾的发明原理容易掌握，其他领域的科学原理可解决本领域技术问题。

TRIZ的核心是消除矛盾及技术系统进化的原理，并建立了基于知识消除矛盾的逻辑化方法，用系统化的解题流程来解决特殊问题或矛盾。图5-1绘出了TRIZ的理论体系。

TRIZ的主要组成部分如图5-2所示。TRIZ大大超过了以往那些激发创造力的传统的创新方法，有助于解决以技术矛盾与物理矛盾为特征的复杂的发明问题。通过一系列系统化解决问题的流程，帮助研发人员得到最有效的解决方案。

那么究竟如何应用TRIZ来解决工程问题呢？

TRIZ解决问题的一般流程是：首先将一个待解决的实际问题转化为问题模型；然后针对不同的问题模型，应用不同的TRIZ工具，得到解决方案模型；最后将这些解决方案模型应用到具体的问题之中，得到问题的解决方案。

当一个技术系统出现问题时，其表现形式是多种多样的。因此，解决问题的手段也是多种多样的。关键是要区分技术系统的问题属性和产生问题的根源。根据问题所表现出来的参数属性、结构属性、资源属性，TRIZ的问题模型可划分为四种形式：技术矛盾、物

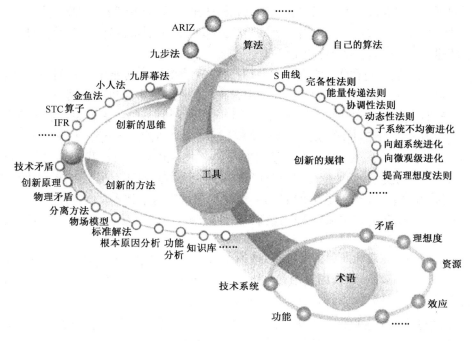

图 5-1 TRIZ 的理论体系

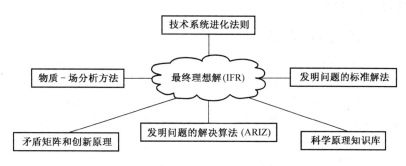

图 5-2 TRIZ 的组成部分

理矛盾、物场问题、知识使能问题。

下面分别介绍这四种问题模型和解决方法。

（1）技术矛盾问题，指技术系统中两个参数之间存在着相互制约，简要地说，是在提高技术系统的某一个参数（特性、子系统等信息）时，导致了另一个参数（特性、子系统等信息）的恶化而产生的。我们把实际问题转化为技术矛盾之后，利用矛盾矩阵，可以得到推荐的发明原理。以这些发明原理作为启发，就容易找到针对实际问题的可行解决方案。

（2）物理矛盾问题，指在技术系统中的某一个参数无法满足系统内相互排斥的、不同的需求。解决物理矛盾的途径是使用分离原理。使用分离原理有四种具体的方法：空间分离、时间分离、条件分离和整体与部分分离。在分离方法确认以后，可以使用符合这个分离方法的发明原理来得到具体问题的解决方案。

（3）物场问题，指实现技术系统功能的某结构要素（两个物质一个场的结构信息）

出现了问题。针对要解决的实际问题，可以先构建出问题的初始物场模型；然后，针对不同的问题，在标准解法系统中找出针对该问题的那些物场的标准解法；最后，根据这些标准解法的建议，得到具体的问题解决方案。

（4）知识使能（也称作"How To"或者"实现功能"、"功能化"）问题，指通过寻找实现技术系统功能的方法与科学原理指出解决的问题。通常，也可以用一个最精简的完整句子"SVO（主语+谓语+宾语）"的模式来描述一个完整的解决方案（技术系统功能的实现）。例如，"电阻丝加热水"，这里电阻丝是主语，加热是谓语，水是宾语。当我们以"加热水"这个信息来定义一个系统要实现的"技术功能"时，我们必须要寻找"所有可能的S"——技术资源信息，即由两个信息的关联构建出所有可能加热水的知识（解决方案、科学原理、效应、技术手段等），让"加热水"这个技术功能得以实现。

综上所述，当我们在实际工作中遇到具体的问题时，就可以利用这四种形式，来寻求解决问题的方法与途径。

从理论上讲，在遇到技术难题时，我们可以采用这四种形式中的任意一种来寻找解决方案。但是，由于不同的形式，解决问题的出发点是不同的。因而，当我们面对一个具体问题的时候，就应该对问题进行分析，考察问题的属性，探究问题的根源，看看哪一种TRIZ的解题形式与方法更适合于去解决这个问题。只要具体问题具体分析，灵活地应用不同的方法，就可以得到各种不同的备选方案，然后再从中选择最好的解决方案。

5.2.3　TRIZ 的基本概念

TRIZ的基本概念包括技术系统、功能、矛盾、理想度等。

5.2.3.1　技术系统

技术系统是相互关联的组成成分的集合。同时，各组成成分有其各自的特性，而它们的组合具有与其组成成分不同的特性，用于完成特定的功能。技术系统是由要素组成的，若组成系统的要素本身也是一个技术系统，即这些要素是由更小的要素组成，称之为子系统。反之，若一个技术系统是较大技术系统的一个要素，则称较大系统为超系统。这是技术系统的层次性。层次性是指任何系统都有一定的层次结构并可分解为一系列的子系统和要素。其中子系统仍是一个具有独特功能的有机体，而要素则是没有必要再行分解的系统组成部分。反过来说，任何系统都可以看成是某个更高级、更复杂的大系统，功能越来越齐全，越来越高级，结构越来越复杂。任何系统都具有层次结构。另外，系统具有相对性和独立性，不同层级具有各自的性质，遵循各自的规律，层级间相互作用、相互转化。

例如，汽车是一个技术系统，它的子系统有汽车发动机、汽车轮胎、外壳等，同时我们还可以把整个交通系统看做是它的超系统。如果汽车发动机是一个技术系统，它的子系统就有变速齿轮、引擎、传动轴等，汽车则是它的超系统。

5.2.3.2　功能

19世纪40年代，美国通用电气公司的工程师迈尔斯首先提出功能的概念，并把它作为价值工程研究的核心问题。

功能的由来有两种：一种是人们的需求，另一种是人们从实体结构中抽象出来的。人们的需求是主动地提出功能，结构中抽象是被动地挖掘出功能。如汽车、飞机的出现，最初不是人们想要利用其运载人或物，而是随着时代的发展，人们逐渐发掘出其功能。因此，广义的功能定义为：研究对象能够满足人们某种需要的一种属性。

例如，冰箱具有满足人们"冷藏食品"属性；起重机具有帮助人们"移动物体"的属性。

企业生产的实际上是产品的功能，用户购买的实际上也是产品的功能。如用户购买电冰箱，实际上是购买"冷藏食品的功能"。

在 TRIZ 中，功能是产品或技术系统特定工作能力抽象化的描述，它与产品的用途、能力、性能等概念不尽相同。功能一般用"动词+名词"的形式来表达，动词为主动动词，表示产品所完成的一个操作；名词代表被操作的对象，是不可测量的。

例如：钢笔的用途是写字，而功能是储送墨水；铅笔的用途是写字，而功能是摩擦铅芯；毛笔的用途是写字，而功能是浸含墨汁。

任何产品都具有特定的功能，功能是产品存在的理由，产品是功能的载体；功能附属于产品，又不等同于产品。

5.2.3.3 矛盾

TRIZ 中的技术问题可以定义为技术矛盾和物理矛盾。

技术矛盾是指为了改善系统的一个参数，导致了另一个参数的恶化。技术矛盾描述的是两个参数的矛盾。例如，改善了汽车的速度，导致了安全性发生恶化。这个例子中，涉及的两个参数是速度和安全性。

所谓物理矛盾，就是针对系统的某个参数，提出两种不同的要求。当对一个系统的某个参数具有相反的要求时，就出现了物理矛盾。例如，飞机的机翼应该尽量大，以便在起飞时获得更大的升力；飞机的机翼又应该尽量小，以便减少在高速飞行时的阻力。钢笔的笔尖应该细，以便使钢笔能够写出较细的文字；同时，钢笔的笔尖应该粗，以便避免锋利的笔尖将纸划破。

通过上面实例可以看出，物理矛盾是对技术系统的同一参数提出相互排斥的需求时的一种物理状态。无论对于技术系统宏观参数，如长度，导电率及摩擦系数，还是对于描述微观量的参数，如粒子浓度，离子电荷及电子速度等，都可以对其中存在的物理矛盾进行描述。物理矛盾反映的是唯物辩证法中的对立统一规律，矛盾双方存在两种关系：对立的关系及统一的关系。一方面，物理矛盾讲的是相互排斥，即同一性质相互对立的状态，假定非此即彼；另一方面，物理矛盾又要求所有相互排斥和对立状态的统一：即矛盾的双方存在于同一客体中。

物理矛盾和技术矛盾相互是有联系的。例如，为了提高子系统 Y 的效率，需要对子系统 Y 加热，但是加热会导致其邻接子系统 X 的降解。这是一对技术矛盾。同样，这样的问题可以用物理矛盾来描述，温度既要高又要低。高的温度提高 Y 的效率，但是恶化 X 的质量；而低的温度不会提高 Y 的效率，也不会恶化 X 的质量。所以技术矛盾与物理矛盾之间是可以相互转化的。在很多时候，技术矛盾是更显而易见的矛盾，而物理矛盾是隐藏得更深的矛盾。

5.2.3.4 理想度

阿奇舒勒在研究中发现，所有的技术系统都在沿着增加其理想度的方向发展和进化。对于理想度的定义，阿奇舒勒是这样描述的：系统中有益功能的总和与系统有害功能和成本的比率。理想度的表达式为：

$$I = \frac{\Sigma U_F}{\Sigma H_F + \Sigma C}$$

式中，I 为理想度；ΣU_F 为有用功能之和；ΣH_F 为有害功能之和；ΣC 为成本之和。

这个公式，比较好地反映了某种产品或技术系统的经济效益、社会效益以及成本等综合因素的作用情况。

由上式可以得出结论：技术系统的理想度与有用功能之和成正比，与有害功能之和成反比，理想度越高，产品的竞争能力越强。可以说，创新的过程，就是提高系统理想度的过程。因此，在发明创新中，应以提高理想度的方向作为设计的目标。

提高理想度可以从以下 4 个方向来做努力：

（1）增大分子，减小分母，理想度显著提高；

（2）增大分子，分母不变，理想度提高；

（3）分子不变，分母减小，理想度提高；

（4）分子、分母都增加，但分子增加的速率高于分母，理想度提高。

最终努力方向是让理想度 I 趋于无穷大。那么，最理想的系统是什么样子的呢？根据公式，应该为：ΣU_F 趋于 ∞，ΣH_F、ΣC 趋于 0。用语言来表述，一个最理想的系统应该并不实际存在，却能执行其所有功能。实际上，我们并不需要系统本身，需要的是功能。

5.2.4　创新的级别

发明的独特之处在于战胜矛盾。但在公认的发明当中，也有相当数量的发明是简单、毫无新意和类似于设计的。例如，在苏联专利 355668 中，建议用环氧树脂和炭黑的混合物制取可以导电的胶。为了提高胶的电导率，就必须最大限度地增加炭黑的含量；而为了提高胶的黏性，又必须减少炭黑的含量。矛盾没有解决，只是选择了可接受的折中方案。那么，这是不是发明呢？从解决发明问题的观点出发，它当然不是发明；而从法律的角度看，它是可以称作发明的。

对这些不是发明的发明进行的专利保护，有很深的历史渊源和经济原因。专利权将生产和销售商品的权力赋予某个人或是一些人，并禁止其他商家生产这些商品。直到现在，商业利益仍在专利权中占有首要地位。

TRIZ 理论将发明分为五个等级：

第 1 级是最小型发明。指那种在产品的单独组件中进行少量的变更，但这些变更不会影响产品系统的整体结构的情况。该类发明并不需要任何相邻领域的专门技术或知识。特定专业领域的任何专家，依靠个人专业知识基本都能做到该类创新。据统计，大约有 32% 的发明专利属于第 1 级发明。

第 2 级是小型发明。此时产品系统中的某个组件发生部分变化，改变的参数约数十个，即以定性方式改善产品。创新过程中利用本行业知识，通过与同类系统的类比即可找到创新方案，如中空的斧头柄可以储藏钉子等。约 45% 的发明专利属于此等级。

第 3 级是中型发明。产品系统中的几个组件可能出现全面变化，其中大概要有上百个变量加以改善，它需利用领域外的知识，但不少要借鉴其他学科的知识。此类的发明如原子笔、登山自行车、计算机鼠标等。约有 19% 的发明专利属于第 3 等级。

第 4 级是大型发明。指创造新的事物，需要数千个甚至数万个变量加以改变的情境，它一般需引用新的科学知识而非利用科技信息。该类发明需要综合其他学科领域知识的启发方可找到解决方案。大约有4%的发明专利属于第4级发明，如内燃机、集成电路、个人电脑等。

第5级是特大型发明。主要指那些科学发现，一般是先有新的发现，建立新的知识体系，然后才有广泛的运用。大约有0.3%的发明专利属于第5级发明，如蒸汽发动机、飞机、激光等。

照相机、收音机、核反应堆也属于第5级发明。绝大多数专利属于第1、第2和第3级，而真正推动技术文明进步的发明是属于第5级的。但这一级的发明数量相当稀少，属于能够改变世界的发明。

5.2.5 TRIZ 对于企业创新的作用

为什么这么多企业都趋之若鹜地应用 TRIZ 呢？因为 TRIZ 是科学的、完善的、经过反复验证的和可实施的一种创新理论与方法。它的核心思想是，产品或技术的发展是遵循着一定的客观规律的，掌握这些规律，就能抓住产品的未来，抢占市场的先机；世界上的问题千形万态，但是解决问题的原理却是有限的，掌握了这些原理和方法，可以在遇到问题的时候沿着正确的方向去思考，高效高质量地去解决。实践证明，经过科学的组织、规划、培训和辅导，只要是有志于创新的人士，都可以学会并熟练应用这种方法。

因此，对于工程师个体而言，学习 TRIZ 理论可以帮助其突破思维定势，训练个人形成创新思维，挖掘自身的创新潜力，进一步提升创新能力。在实践工作中能够运用方法有效解决技术矛盾，实施产品创新，并能准确预测新产品的发展方向，从技术层面获得组织及企业的认可，真正实现创新的方法加上创新的知识，产出高质量的创新成果。

对于企业而言，TRIZ 将给企业的技术创新带来革命性的进展。企业员工学习和掌握了 TRIZ 方法后，企业能够构建出自己的创新体系，包括企业的创新发展战略、创新的能力、创新的组织结构、掌握创新方法的人员、创新的工作风格以及创新的企业文化，将创新活动与企业内部的制度结合在一起，以保证创新活动能够得以长期持续有效地开展。三星电子推进 TRIZ 非常成功。1997 年，三星电子成立价值创新计划，同时引入 TRIZ，邀请十多名前苏联 TRIZ 专家在研发部门进行 TRIZ 培训。1998 年，仅三星先进技术研究院因实施 TRIZ 就节省了巨额的研发费用，三星电子第一次进入美国发明专利授权榜前 10 名；随后至今，三星电子的美国发明专利授权量和排名稳步上升。1998 年至 2004 年，三星电子共获得了美国工业设计协会颁发的 17 项工业设计奖，连续 6 年成为获奖最多的公司。TRIZ 在半导体和打印机项目中的成功应用，为三星电子产生的经济效益超过 1000 万美元，并产生 12 项发明专利。

5.3 功能主义设计思想

功能主义一词早在 18 世纪就已出现，当时指的是一种哲学思想。然而，随着工业革命带来的设计史上的巨大变革，现代主义设计开始萌芽、发生和发展，功能主义也随之被赋予了新的意义。作为现代主义设计的核心与特征，它以崭新的面貌在 19 世纪 40 年代确立了其历史地位。第一个在艺术理论中使用"功能主义"术语的，是意大利建筑师阿尔贝托·萨托里斯。1923 年，他在《功能主义建筑的因素》一书中阐述未来主义时，提出了功能主义概念。功能主义就是要在设计中注重功能性与实用性，即任何设计都必须保障功能及其用途的充分体现，其次才是审美感觉。

今天，与第一代大师们讨论的"功能"相比，它的意义绝不仅仅只是为满足标准化大工业生产的需要，满足低廉的造价，新材料的使用，提供完善的使用。今天的"功能"应符合人类追求体力解放与精神自由的双重要求，应研究科学技术对人和人生存方式的影响，应面对高科技的发展和知识经济结构社会给设计带来的又一次新的革命和挑战。

现代设计采用新的工业材料，讲究经济目的，强调功能要素，其高度功能化、理性化的特点非常易于吻合国际交往日益频繁的商业社会。无论建筑、家具、用品、平面设计或字体设计，功能主义提供了虽然单调但却非常有效的设计基础，在网络时代的信息社会里，这一点显得尤为重要。全球经济一体化，设计资源的共享，知识经济时代的到来，这一切无疑为功能主义得以继续发展提供了广阔的时代背景。

5.3.1　功能主义的内涵

现代人称为"设计"的造物行为之所以区别于远古先辈的造物行为，是因为现代造物行为是在社会发展到当今大规模生产时的一种社会行为，相较远古时代人们朴素和个人化的造物行为，现代造物行为具有更高级的形式和程序，设计者的行为结果往往不是为了满足他自己的需要而进行的，而是为了满足社会需要而进行的。功能主义设计思想很好地体现了这一宗旨，具体表现在：

（1）崇尚理性的设计理念。

人类经过长期的劳动，感性经验不断累积，逐渐形成了科学系统，于是产品设计中也有了更多的理性参与，但这还是无意识的理性构成，甚至出现反理性的现象。例如，17、18 世纪出现的巴洛克和洛可可风格，过度繁琐的装饰甚至损坏了产品的功能。到了近现代，理性主义理论的发展大大影响了产品设计的形态，功能主义思想在这种情况下，更关注产品设计中的理性因素了。这种崇尚理性的设计理念现在看来都具有一定的先进性，它虽然隐于无形之中，却决定着设计成果的前途和命运。

（2）为大众服务的意识。

现代设计的产生基于大工业的生产方式和以大多数人为消费对象的设计思潮。20 世纪现代设计兴起的背景之一，就是在民主化运动进程中，提出为大众服务的口号，要求设计民主化。生产力的逐步发展、生产方式的逐步改进以及社会分工的逐步完善等因素，促使社会变成了一个庞大的市场，也正是由于生产力水平的提高，社会关系的重大变化，使得设计开始重视产品的广大使用者，只有抓住这些人的"心思"，商家才有利可图。随着社会的发展，人们主张创造新的、方便大众的生活方式，这也正符合了在"大众"这样广大的社会群体中出现的"新大众"群体的需求。

（3）正确认识技术的思想。

功能主义思想的另一个重大突破在于它能够正确认识技术，使技术与艺术结合，这一点最突出地反映在对新材料的开发上。而功能主义对于新材料的开发，又在建筑和家具领域尤为突出。

今天的人们谁也不会认为钢铁和玻璃材料构建的建筑物有什么特别之处，但在 1851

年的炫耀英国工业革命伟大成就的世界博览会上，由建筑师、园艺家帕克斯顿以玻璃和钢材组合起来作为展览空间的庞大外壳"水晶宫"般的展览厅，使人们惊叹。这个外形如简单的阶梯状的长方形，各面只显出铁架和玻璃，没有任何多余的装饰，完全体现了工业生产和机械的本色。透明如水晶般的建筑物彻底改变了人们认为只有红砖和石材结构才可以构筑建筑的观念。这个世界上第一个用钢铁、玻璃建造的空间，另一个引人注目的成就是真实地反映了金属和玻璃材料本身的特性，尊重材料的品格，注重形式与功能的统一。

（4）文化特征。

在人类的社会生活中，各种现象无不与文化相关联。从衣食住行到人际交往，从风土民俗到社会体制，从科学技术到文学艺术，一切由人所创造的事物，都是一种文化现象。社会文化是产生和吸收设计的环境，而设计则是社会文化的一个有机组成部分，它在文化的参与和制约下展开和完成，并体现出当时文化的风貌。设计依赖于文化，又开拓文化。不同的文化反映出不同的价值和审美观念，它们在工业产品、建筑、服饰、环境建设等设计过程中起到不可忽视的作用。

功能主义设计也不例外。在它所处的时代背景下，社会文化对功能主义设计的影响主要有以下表现：影响设计原则；影响设计师和消费者的思维方式；影响设计的形式体系；影响设计的评价标准。设计无时无处不受文化的影响。设计从来就不是纯个人行为，而是文化建设，是社会性的行动，是一种群体行为。

5.3.2 功能的分类

功能是产品与使用者之间最基本的关系。每一件产品均具有不同的功能，人们在使用一件产品的过程中，是经由功能而获得需求的满足的。

功能的分类可以从不同的角度出发，如图 5-3 所示。

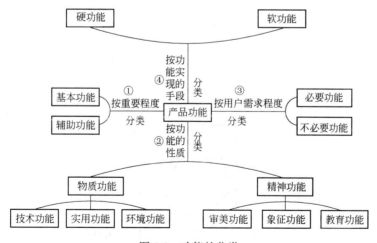

图 5-3 功能的分类

按重要程度，功能可分为基本功能和辅助功能。基本功能是设计对象最重要的功能，也是用户最关心的功能。

按性质，功能可分为物质功能和精神功能。物质功能指设计对象的实际用途或使用价值，它是设计者和使用者最关心的东西，一般包括设计对象的适用性、可靠性、安全性和维修性等。精神功能则是指产品的外观造型及产品的物质功能本身所表现出的审美、象征、教育等效果。精神功能的创造与表现是工业设计的目的之一。设计对象的物质功能和精神功能是通过基本功能和辅助功能实现的。所以在设计产品时，不仅要满足用户的物质功能要求，还要根据不同产品的具体情况，切实考虑精神功能的体现。

按用户的需求，功能可分为必要功能和不必要功能。必要功能是指用户所需要，并承认的功能，如果产品满足不了用户的需求，则它的功能不足；反之，如果有些功能超过了用户需要的范围，则是多余的。

按实现的技术手段，功能可分为硬功能和软功能。硬功能类似于我们平时所说的硬件，是指通过真实存在的机构、实体等实现的功能；而软功能类似于我们平时所说的软件，它是随着数字化时代的到来而出现的，是指可通过产品内部程序的设定、应用等实现的功能。

5.3.3　功能论指导下的产品设计（案例）

功能是一个整体，是产品设计的各个方面的因素共同产生出来的一种整体效用，既包括物质因素，也包括心理因素，是一个从内到外、从功效价值到审美价值的整体。图 5-4 所示为多功能饮水机的功能集成创新过程。

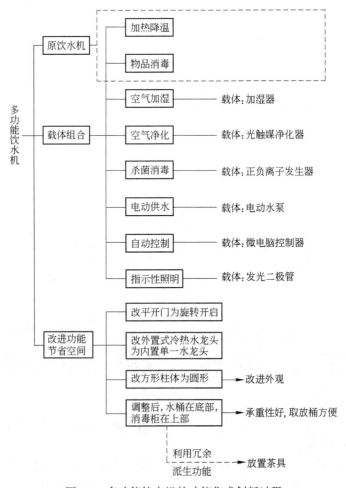

图 5-4　多功能饮水机的功能集成创新过程

A 功能分析

饮水机是由饮水桶、内置式冷热水罐（加热制冷器）、外置式冷热水龙头、消毒柜、机壳等几部分组成，基本功能是给饮用水加温、降温和物品消毒。

（1）分析需要剔除和改进的功能要素。

1）饮水机功能单一，占用空间较大。一米多高的设备只有给饮用水加温、降温和物品消毒的功能，没有充分利用有限空间，造成了现有功能载体的浪费。

2）从外观设计角度，用户普遍认为，方形柱体设计呆板生硬，缺乏美感。

3）饮水机夜间使用很不方便。用户还需要打开卧室的照明，才能完成倒水，再加上机械式的按键使用起来费力、不灵敏，很容易烫伤身体。

4）由于饮水桶安装太高，用户在装卸时会显得非常费力。

（2）剔除和改进的措施。

1）解决空间布局和空间浪费问题。设计人员采用合并同类的概念，考虑到一些相互隔离的产品的结构、电源、外壳等功能载体部分可以"资源共享"，因此给饮水机增加几种概念上相似、技术上相关的功能，把多种产品的功能集成在饮水机这个主体产品上，使原饮水机由单一功能发展成多种功能的紧凑实用型产品。这样，不但可以有效地节约材料和加工成本，而且节省了有限的使用空间。

2）外观功能、结构特性等方面发生重大变化。把饮水机方形柱体调整为圆形柱体，使饮水机、饮水桶和其他设备内外一致、上下一致、浑然一体。

3）原饮水机消毒柜的平开门开启后占用一定的空间，容易刮碰。现在设计的玻璃旋转门，是在消毒柜的外圈轨道内旋转开启的，可以分别进行左旋、右旋，并可将其全部转到消毒柜的背面，因而具有开启角度大、不占空间、取用方便、新颖时尚等特点。

4）剔除外置式冷热水龙头，用内置式单一水龙头取代，减少占用外部空间。另外，用软键式轻触开关代替机械式开关，避免频繁开启造成开关的损坏。

5）结合人体工程学原理，设计人员把饮水桶与消毒柜的位置重新调整。饮水桶设置在饮水机的底部，安放水桶省力省事，而且重心下移，稳定性好，较好地解决了饮水机的承重问题。消毒柜设置在饮水机的上部，取用水具方便，而且饮水机的顶端为放置茶具等其他轻巧器具创造了条件，增加了使用功能。

B 功能组合设计过程

（1）把加湿器同饮水机组合。

饮水机和加湿器在功能关系上没有直接的联系。但是，设计人员通过联想思维、功能载体组合的方法，使它们之间发生联系。

加湿器的工作方式中有其不利的条件。一般家庭没有专门的水处理设备，只好用凉开水或直接使用自来水，作为加热使用的原料。然而，自来水中的杂质容易随加湿器雾化的气体逸出，水中的污垢会损害加湿器的换能片。

空气和水同是生命存在的必要条件。设计人员从饮水机使用纯净水联想到加湿器也需要较纯净的水。饮水机中的水加热沸腾后形成的水蒸气作为冗余功能载体看待，只要通过合理利用，同样能够对室内空气进行全面处理。由此，单一功能的饮水机可以集成空气加湿这一新功能。

那么怎样利用桶装水把饮水功能和加湿功能结合起来？这是个非常关键的问题。加湿器制造领域中，光触媒空气净化，正负离子杀菌消毒，空气加湿等技术已经相当成熟。它们能够模仿自然的净化过程，对室内空气进行处理，把清新湿润的空气和有益健康的负氧离子引入到干燥封闭的室内。

于是，设计人员把加湿器领域的技术移植到饮水机中，把光触媒空气净化器、正负离子发生器同饮水机组合，给饮水机增加了空气净化、杀菌消毒、加湿的功能，从而创造性地提升了饮水机的使用价值，扩大了饮水机的使用范围。

（2）其他的组合。

把电动水泵组合到饮水机上，用电动水泵供水代替自流式供水，向上端的加湿器及饮水机冷热水罐供水。

调整饮水机的操作方法，把微电脑控制器组合进来，设置微电脑控制程序，变手动操作为自动控制运行。

针对饮水机夜间使用很不方便的缺点，设计人员把数码显示屏（高亮度蓝屏）组合到饮水机上，设立了发光二极管和光敏开关，为饮水机的软键开关、内置式水龙头和消毒柜内进行指示性照明，既方便使用，又美观大方。

经过功能集成创新之后的多功能饮水机突出了人性化、个性化的特征。其人性化特征主要体现在实用功能上，强调"友好的人机界面"，使用户使用时感觉舒适、方便；其个性化特征主要体现在外观造型功能的设计上，既注重标新立异和与众不同，又满足了用户，尤其是年轻人追求时尚、崇尚个性的心理。

功能集成创新将市场看作各种功能市场的组合，某一功能市场中可能有不同产业的替代品相互竞争，功能组合会创造产业市场之外的新的功能市场空间，创新性的功能组合可能超越产业边界，或改变产业之间的关系。

功能集成创新可以利用现有的技术对功能进行创新，也可以借助技术创新的成果对功能集成系统进行激进型的创新。企业需要分析技术需求，选择合适的技术能力整合模式。从技术关联的角度进行功能集成创新的技术选择，有助于实现技术需求。较多的功能集成创新可以建立在通用型技术关联基础上，某些企业的新技术可以顺利地扩展到相关领域，使不同产业原本无关的企业之间产生相互依赖性。而互补性技术关联使各自对应的技术相互融合和发展，产生新的组合，促使功能集成创新的技术能力整合。

5.4　为幸福设计的积极设计方法

5.4.1　幸福体验设计

柳波默斯基将幸福理解为"欢乐的体验、满足感和积极的快乐感"，"意识到生活是美好的，有意义的和有价值的"。因此，幸福包含直接的、特定的、情感的成分，这些成分在不同的环境中由许多愉快的经历构成。

幸福是人们对生活满意的长期、全局性、认知性的体验。换句话说，我们对幸福的追求需要在日常生活中获取积极的体验，并且对生活的感受是积极的和有意义的。

在工业设计领域，对幸福概念的引入创造了一个令人兴奋的但又具有挑战性的任务——设计幸福。我们认为通过人工的协调活动产生积极、快乐的生活经历，幸福可以被设计。设计幸福包含两方面工作：首先，设计师需要深刻理解什么是积极的经历，以及该如何通过设计活动来创造经历。第二，如何通过产品策略来创建和调解经历。

交互设计通常专注于如何设计"东西"可以创建和形成的体验。

体验是人们经历的包含景象和声音、感受和想法、动机和行为密切交织在一起的一段时间或一段情节，他们会保存在记忆中，标记、重温并影响别人。一个体验就是一个故事，产生于人与人的交互行为中。一段经历之后，人们开始体会经历的意义，认真的反思：什么时候？在哪里？是什么？详细的体会经历的时空的结构和内容。此外，人们可以判断他们的经验是积极的或消极的。此外，情感是一个体验的关键成分，每次体验都有一个"情感线程"，正是这种情感将体验与快乐联系起来。

对于积极感的问题，最关键的是积极性产生自哪里。它实际上是人心理需求的满足（或沮丧）后呈现的一种体验的正（或负）的能量感。

在交互设计的实际工作中，设计师常面对如下六个需求：自主权，能力，关联性，流行或名气，激励和安全。当这六个需求被满足时，人们的生活往往具有潜在的积极性，具有意义和真正快乐的"来源"。事实上积极的体验常常由一个特别突出的需要来体现，因此，需求提供了体验的类别，如"能力体验"或"关联性体验"等。

体验和事物之间的区别并不那么明确。徒步穿过喜马拉雅是体验，那么什么是平板电视，汽车，或智能手机？他们是体验的基础或手段吗？因此，人工制品包含两个要素：有形（材料表征）属性和一组体验。举例来说，某个智能手机重 142 克，有一个 3.7 英寸的 AMOLED 显示屏和卡尔蔡司光学 8 兆像素摄像头，所有这些都存在于一个无缝的聚碳酸酯的物体；一个可能有意义的时刻，例如，当你探索一个新的城市时，保持与朋友和家人的联系。因此，材料和体验是一枚硬币的两面。物质是有形的技术装置，而体验则是通过与这种装置互动后产生的有意义的、积极的时刻。如果将产生快乐作为一个产品的主要目标，设计师们应该把他们的工作重点从物质表现转换到创建体验。

当谈到产品时，设计师和消费者主要考虑产品的物质属性。他们也可能会考虑无形的属性，如可用性和外观，但这些属性与物质属性保持密切的联系（如特定的材料方面、功能、颜色）。从这个角度来看，无论设计还是消费似乎最重要的因素是物质的、材料的世界。然而，有学者指出："大部分人们的消费可以更好的理解为概念上的消费，心理上的消费有时能够独立起作用，在某些情况下甚至能够胜过实物消费"。学者艾瑞里和诺顿使用巧克力饼干的例子来解释这种现象，从物质的角度来看，我们可以寻找一些特征解释这些偏好，如 cookie 包含的脂肪或糖分、数量和它的大小。然而，品尝饼干的体验可能更复杂："今天我有多少饼干呢？"，"如何吃饼干才能每周减去两磅？"，"如果我拿了最后那块曲奇我的同事会怎么想？"，"这个饼干是有机的吗？"，"饼干中有什么成分是利用第三世界的劳动力生产的吗？"。这些问题产生了消费体验，所有好的或坏的故事可能通过吃饼干来讲述。饼干设计师会很自然地关注面团配方、质量、巧克力、甜度和嘎吱嘎吱声。如果得到正确的配方，饼干仅仅是不可抗拒的，但品尝饼干体验到的一些经历是留给消费者最好的体验。

体验设计师会把顺序反过来。设计师会首先思考消费者通过吃饼干而产生的故事。设计师可能设计一个看起来坏了一半的 cookie，慢慢灌输吃饼干时的感觉：帮助用户创建一个饼干糖梯度，这样下一口就变得更健康一点。设计师还可以设计一个饼干盒，提供了一个更好的借口吃最后一块等。通过物质层面上的饼干，用户可以逐渐产生为心理消费准备的概念。设计师可以先通过设计故事，从这种事件产生的体验来开始。通过这个小饼干的例子，你可以明显感到考虑产品的体验方面通常比传统的设计带来了更广泛的联系。

总之，我们用积极的设计方法是为人们提供更多的日常机会产生积极、有意义的体验。体验的积极性的实现是需要通过基本的心理需求及其物质的满足，通过物质材料来设计和形成的。

5.4.2　产品与幸福的关系

多年前，荷兰的电视广告对全国性彩票的宣传方式往往是这样一种特征：一位普通人中了彩票大奖后享受着昂贵奢侈的产品。这种信息的传达方式是直截了当的：金钱就会带来幸福，因为金钱确保你能够用你现在银行的余额购买你以前只能在梦想中得到的产品。多年来，尽管这些活动形式变化多样，然而在过去的十年，传达的信息始终如一。令人惊讶的是，最近的活动传达了一个非常不同的信息：参与这种有趣活动的人正在帮助别人。例如，最新的宣传方式是一个年轻人帮助她的外祖母实现了梦想。新的信息传达方式变得更加细致和真实：金钱会带来幸福，因为金钱能够提供给你一种追求有意义的目标的手段、方法，你同时也能够用金钱帮助你所爱的人做同样的事情。换言之，吸引我们购买彩票的定位不再是物质产品，而是一种有意义的希望。

这种在彩票广告中所体现的新的人类幸福的定位绝不是一种巧合，而是一种循序渐进但始终坚持从物质化走向后物质评价体系的改变，这种改变正发生在西方社会（在 1971 年这被称为"无声的革命"）。后物质价值观更加注重人类理想的满足，诸如归属感和自我表现这些特质。进而产生了一种幸福和物质财富间更加直接的关系：物质财富确保人们能够追求幸福，而不是直接创造幸福本身，这正是新的彩票商业广告所传达的信息。这种从物质到更多的个人价值的转变正是心理学家认定的人类繁荣的条件，许多研究已经肯定了幸福并不是一个人的财富所能带来的，而是由这些财富如何被利用所决定的。

考虑到消费类产品也是一种财富资源，物质财富是幸福来源的观点也就产生了一些对设计的不同观点，比如，时髦的电话作为一种财富资源过去常常被用作听音乐、组织工作，或是通过关切的短信表达体贴。现在，设计电话能够提供快乐、对人的指导甚至是培养美德将会使之变得更有意义。

我们希望去改进的概念是：如果产品的功能被看做一种财富，将其定位于有意义的目标，那么这些产品就会对使用者的幸福带来有益的帮助。幸福不是产品本身决定的，也不是由产品的物质价值所产生，而是由我们怎么做产品（我们用产品做了什么）决定的。图 5-5 的例子阐明了设计能够确保、鼓舞及参与有意义的活动，能够激发灵感并使人兴奋，我们相信为幸福而设计是可能的。

想象一下，在一个深秋的下午，你在一个公园散步。许多树木已经没有了叶子，远方，你突然看到一个长满树叶的树，当你走近时会发现树叶里挂满写着谢谢的字条："感谢我的母亲"，"感谢我的妻子"。一个楼梯引导着你，每一步台阶都有不同的语言刻着"谢谢……"，直到树的顶部。在顶部你可以找到材料制作属于你自己的感谢信，并将其绑到树上。

近年来，从心理学、哲学、经济学、政治出发对幸福的研究成果越来越多，这种关注

图 5-5　感谢树

已经进入到设计的舞台。首先，我们不认为现有的一般产品、奢侈品或其他物品有助于个人的幸福。有些人有了智能手机、电视、洗碗机、汽车或电脑也不一定快乐，同样，有些人离开这些资源也不一定不快乐。当然，我们不能认为（因为有时是在积极心理学的领域完成）这些产品没有任何的作用。如何设计增加人们的幸福感，带给人们充实而满足的生活？如何明确设计意图，以增加个人和社会的幸福感？这些问题表明设计师需要一个新的视角，不仅仅是要做有意义的设计，同时也要有助于改善人们的生活质量，减少不可持续甚至破坏性的（长期或短期）消费。我们已经看到了越来越多的设计实现了这些需求。

5.4.3　积极设计框架

积极的设计理念专注于增加人们的主观幸福观，因此也就提高了人们对自我生活的长久的满足感。积极的设计理论目标不再单单是一个产品的物质属性，而是由目标对主观幸福感的影响决定。积极地设计框架包含三个主观幸福元素（目标），如图 5-6 所示。

图 5-6 中的三个基石代表了积极设计的组成部分：为快乐而设计、为个人的意义而设计、为美德而设计，每个元素都独立的激发着消费者的主观幸福感。事实上主观幸福感的三个成分，即快乐、个人意义和美德正是积极性设计的必要因素。他们体现在生活的各个领域，例如健康、工作和人际关系。

5.4.3.1　为快乐而设计

第一个因素定位于享受式的快乐，即主观幸福感的产生是通过获取某个人记忆中的快乐来实现。重点在于此时此刻积极影响的存在增多且负面影响减少。产品能够唤起积极的感觉（使快乐和舒适最大化）。设计能够成为快乐的直接来源，例如一个人能够感受到手工皮包的精美细节而产生快乐。相互衔接的各种方法和框架确保了设计师能够激发和产生特别的用户体验（如图 5-7 所示的留声机设计）。通过考察用户体验的细微差别，一些设计师目前已经总结了 25 种人机交互中出现的积极情感，并利用叙事性方法去设计，包含许多更小的和情景化的记忆体验，这些体验组合形成了整体的用户叙事体验。

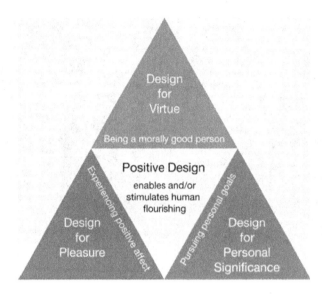

图 5-6　积极设计框架

图 5-7　留声机

5.4.3.2　为个人意义而设计

第二个因素定位来自于个人的意义感，关注不在于记忆的影响，而在于一个人的目标和愿望，例如人们获取了毕业证书，剪好了一个树房，拥有一个宫殿或跑完了马拉松全程。个人的意义也来源于意识到一个人过去的成就或来源于朝着目标进步的感觉。

产品能够提供人们达到目标的养料。例如，音乐工具帮助音乐人发现他们的天分，跑鞋帮助运动员提高了个人技术。产品也能够唤起使用者当前的目标，或象征着过去目标的完成（一个节省能源的恒温器象征着人们达到了一种过着环境友好的生活方式）。

对于许多音乐爱好者来说，听爵士乐是一个深刻的且令人回味的经历。珍妮和安娜·斯特克伦博格为一个 85 岁的爵士乐 DJ 做了一个幸福设计。对这个老人来说，听爵士乐和分享音乐是快乐的源泉和需求。两位设计师共同设计的"爵士浴"采用公共安装，只要路过的行人站在喷头下，不同流派的爵士乐以独特的方式从喷头倾泻而下。"爵士浴"说明个人意义可以增加设计的价值，如图 5-8 所示。

5.4.3.3　为美德而设计

幸福成分中的第三个方面定位于美德行为，设计转移到道德层面："我的行为是否值得尊敬?"这个特别的问题意味着如何规范地区分什么是好的（例如，能力的发展，利他主义），什么是坏的（例如，失去尊严，施虐的快感）。这种区别是独立的，不取决于我们可能享有的或为之努力的一切。正是基于一种理想的行为模式或是一种美好的感觉，设计引导人们为一种高尚的生活而努力。

美德是理想化的人类价值，并且可以以多种方式来实施。设计本身就支持人们为美德而努力。例如，眼镜可以方便人阅读和学习，感谢卡可以帮助我们表达感激。在消极的一面，产品也能够刺激不道德的行为，如使用污染技术或产品的生产会刺激不可持续的消费等。

在过去的几年中，各种研究行为的方法和技术已被引入设计来激发人们的道德心。屡获殊荣的"鸟巢式温控器"（见图 5-9），提供了一个道德方

图 5-8　爵士浴

面的积极设计例子：这是一种通过自动控制家里的仪器来适应气候的装置，目的是尽量减少能源消耗，同时又能确保用户拥有温度舒适的家。经过第一次的使用来掌握用户的行为和偏好，例如，用户在白天和夜晚对家中温度的要求是不同的，系统程序根据用户个人的时间表调试温度，从而节约能源。通过这种环保行为为社会做出贡献。此外，对个人的意义来说则是节省了电费。

图 5-9　鸟巢式温控器

5.4.4　积极设计方法

上述三个因素的设计目的是产生或提高消费者的主观幸福感，无论是通过增加福祉或解决（或减少）威胁幸福的因素。人们可以使用上述框架来指导现有的设计如何激发幸

福感。例如，以小提琴为例，演奏可以带来乐趣（我喜欢拉小提琴），带来一种成就感（培养我的小提琴演奏技巧），并促进良性行为（培养自身对道德的表达，对美的鉴赏）。在积极的设计中，平衡、可操作性的设计带来快感，美德和个人意义是设计的主要方向。在本节中，我们将讨论积极设计的四大特点：可能性驱动，力求均衡，适应个人的配合，积极推动用户参与。

图 5-10 中的健康手表是一个帮助老年妇女平衡自己的心理和身体健康的产品。一方面，用手表跟踪用户的身体活动和心率加速速率，另一方面，它提醒用户进行锻炼。具体来说，它可以提醒人们通过有意识的呼吸来放松身体，提示她们每天的经历对身体的影响，或者提醒她们更留意她们的周围环境。

图 5-10 健康手表

5.4.4.1 可能性的驱动

使用"积极"这个词指向设计表明有某种"负面"的设计相对应。"积极"表示设计以人类繁荣为目标，是指积极心理学。其次，方向驱动方法也必须追求过程本身。这种方法的创造力存在于设计本身，其重点是支持现有的可能性和创造新的可能性，而不是减少或消除一些预先存在的负面因素。换句话说，重点不是减少缺陷，而是在于刺激卓越。方向驱动设计方法将刺激或添加舒适感，而针对问题进行的设计只能减少或消除不适。显然，设计产生快乐不同于设计消除痛苦。

5.4.4.2 力求均衡

通常会出现这样的情况，即快乐的做事与实现长期目标的意图相冲突：人们可以在实现目标中享受乐趣（如吃糖，玩电脑游戏），或者追求目标并牺牲乐趣。有些观点认为对快乐的追求与目标的实现相冲突。设计可以通过协调这种冲突来促进平衡。用糖果罐来举例，通过设计约束用户一次只吃一块糖，就有助于平衡快乐（我爱糖果）和追求目标（我想减肥）的矛盾。积极设计能够产生一个最小冲突下的平衡的生活。

5.4.4.3 个人的适合

以用户为中心，深入了解用户的环境，生活方式，优势，价值观和目标，是一个设计成功的关键。考虑到这一点，设计师可能会选择提供有针对性的解决方案，吸引较少的用户。或者他们可能向用户提供基本的解决方案，同时可以辅以每个人认为合适的特别需求。

5.4.4.4 活跃的用户参与

用户的积极参与会刺激积极设计的良性发展。幸福干预是有效的，但成功很大程度上取决于参与者是否愿意追求自己的幸福，实际上是致力于投资个人努力。用户的积极参于会有助于设计方案：他们可能提供的手段使设计优化，并能促进用户自我思想和行为的发展。例如当下的"回声"APP，它是一个 Android 和 iPhone 应用程序的"技术媒介反射"。使用"回声"APP，通过快照和个人生活事件文本描述用户每天的生活，一段时间后，系统会提示用户反思过去的事件。通过这种方式，该 APP 鼓励用户从他们过去的经历中获得一些回忆和经验，用以提升主观幸福感和生活满意度。

6 产品设计

中国经济的繁荣发展给工业产品设计带来了新的契机，设计正受到前所未有的关注和重视，创意时代的到来已成为事实。随着物质财富和精神财富的日益丰富，产品设计的目标就自然转变为：以对消费者的精神需求为前提，以产品的物质功能为设计焦点，最终实现对消费者生活的再设计。产品设计已演变为对生活方式的设计，从某种意义上说，设计已成为提高生活质量及生活品位的一门艺术。

6.1 产品与产品设计

6.1.1 产品的内涵

人们通常理解的产品是指具有某种特定物质形状和用途的物品，是看得见、摸得着的东西。产品的实质是为人类生活和工作提供服务的工具，它与人类有着密不可分的关系，并相互影响。产品设计，是解决产品系统中人与物、环境之间的关系。产品设计的创造性、复杂性与不确定性决定了必须从不同的角度来理解设计过程，以获得其全面的认识。现代市场营销理论认为，产品是指能够提供给市场，被人们使用和消费，并能满足人们某种需求的任何东西，包括有形的物品、无形的服务、组织、观念或它们的组合。产品概念包含核心产品、有形产品、附加产品和心理产品四个层次，如图 6-1 所示。

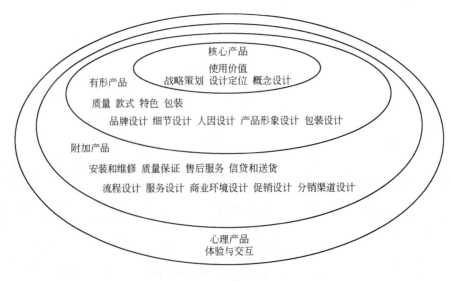

图 6-1 整体产品概念

核心产品也称实质产品，是指消费者购买某种产品时所追求的利益，是顾客真正要买的东西，因而在产品整体概念中也是最基本、最主要的部分。消费者购买某种产品，并不是为了占有或获得产品本身，而是为了获得能满足某种需要的效用或利益。如买自行车是为了代步，买汉堡是为了充饥，买化妆品是希望美丽、体现气质、增加魅力等。因此，企业在开发产品、宣传产品时应明确地确定产品能提供的利益，产品才具有吸引力。

有形产品是核心产品借以实现的形式，即向市场提供的实体和服务的形象。如果有形产品是实体物品，则它在市场上通常表现为产品质量水平、外观特色、式样、品牌名称和包装等。产品的基本效用必须通过某些具体的形式才得以实现。产品的有形特征主要指质量、款式、特色、包装。如冰箱，有形产品不仅仅指冰箱的制冷功能，还包括它的质量、造型、颜色、容量等。

附加产品是顾客购买有形产品时所获得的全部附加服务和利益，包括提供信贷、免费送货、保证、安装、售后服务等。附加产品的概念来源于对市场需要的深入认识。因为购买者的目的是为了满足某种需要，因而他们希望得到与满足该项需要有关的一切。美国学者西奥多·莱维特曾经指出："新的竞争不是发生在各个公司的工厂生产什么产品，而是发生在其产品能提供何种附加利益（如包装、服务、广告、顾客咨询、融资、送货、仓储及具有其他价值的形式）。"由于产品的消费是一个连续的过程，既需要售前宣传产品，又需要售后持久、稳定地发挥效用，因此，服务是不能少的。可以预见，随着市场竞争的激烈展开和用户要求不断提高，附加产品越来越成为竞争获胜的重要手段。

心理产品指产品的品牌和形象提供给顾客心理上的满足。产品的消费往往是生理消费和心理消费相结合的过程，随着人们生活水平的提高，人们对产品的品牌和形象看得越来越重，因而它也是产品整体概念的重要组成部分。

6.1.2　产品设计的价值

随着商品经济的发展，产品设计经历了跨越式的发展，人们更是从琳琅满目的各色商品中感受到了产品设计对生活的巨大冲击力和推动力。产品设计已经渗透到了人类生活的每一个方面，产品设计美化着生活，引导着生活，也潜移默化地影响着人们的生活。每一个蓬勃发展的事物都有其强大的需求主体，那么产品设计的价值是什么呢？

6.1.2.1　企业需要产品设计

随着现代工业的兴起产生了产品设计，而企业又是现代工业兴起和发展的主体，那产品设计就必然和企业有着千丝万缕的联系。

任何一个企业不能只在材料和技术上创新，还要注意把新材料和新技术进一步转化为新产品、新性能以及新的使用方式，注意使用方式和审美功能上的创新与开发，而这一切都是产品设计所要做的工作。材料成本、人工费用、设备折旧、运输管理都是有形的产品"硬"价值，产品的新颖性、实用性、舒适性及产品的整体优良设计则是"软"价值。这种软价值所占的比例很高，就有关资料表明：在创新产品中，设计占产品总价值的比例为5%，因为新产品的技术含量高；但在改良产品中，设计的价值约占总价值的15%，在以设计占领市场的名牌产品中，设计的价值占到80%以上。

产品设计也使企业有了最直接的和消费者对话的基本要素——产品，企业需要不断进行产品创新，才能保持企业的长久生命力。苹果公司近十年取得的一系列商业成就，一个很重要的因素要归功于产品设计与创新。企业在发展过程中，需要产品设计，企业也正是通过产品设计来达到它的社会效益和经济效益，在市场的激烈竞争中，产品质量是企业成功的关键，而好的设计也正是质量的一个部分，设计赋予产品审美和象征意义的价值，满足了用户的需要，达到了企业的目的。

6.1.2.2　消费者需要产品设计

消费者的实用需求是与产品的基本功能和物质利益相联系的需求，如优质、可靠、便于维护和便于使用等。产品设计就是获取消费者的需求信息，进而使产品更符合广大消费者的需求，使所设计的产品让消费者更加满意并乐于购买。

消费者的心理需求可以说是一种情感需求的表现，它来自消费者获得愉悦、尊重与地位及表现自我的愿望，例如丹麦弗雷泽-汉森公司长期生产高档椅子，人们就把汉森公司的椅子当作一种地位和品位的象征，而瑞典 IKEA 公司则是一家专门生产大众廉价家具的公司。历史上有经典的例子，汉森公司生产了一种椅子和 IKEA 公司的一款椅子造型极为相似，虽然椅子坐上去极为舒服，细部处理也极为完美，并按最高技术标准进行了检测，价格也很合理，可就是销路不佳，究其原因，是它使人们太容易联想到 IKEA 公司的椅子了。公司所形成的风格不会因一两件产品而改变，当汉森公司生产出这款产品时，也许有很多人都认为这不是它的产品，而可能是 IKEA 的产品。对于高档消费者而言，这种产品当然是没有销路的。与享受相联系的购买决策具有一定的主观体验和情绪化色彩，而在这种选择过程中，消费者更容易受到市场的影响，这也为产品设计的创新创造了广阔的天地，当一种新产品设计出来时，它所代表的是一种潮流和时尚。

产品就是要为使用者和消费者着想，设计师应考虑设计的作品是否实用安全，携带方便，乘坐舒适，尺寸得当等。产品设计应尽最大的努力满足人们的实用和心理需求，尽量表达产品信息，真正为人服务。

6.1.2.3　社会发展进步需要产品设计

产品设计往往以一种美观和谐的姿态展现于人们眼前，而这种美观与和谐则是产品本身的自然流露，即产品本身所包含的人文意识。产品设计所奉行的原则是为人服务的原则，在人机交流和操控上，强调逻辑操作，同时尽量将产品的高科技特征隐藏在人性化的简洁设计中，减轻操作的复杂程度，以协调一致的细节处理，达到设计上的统一。一些传世的设计经典，它所代表的就是美观和实用的统一和谐，而它的存在也正是社会精神财富的体现，这一切都是产品设计的结果。

在现代工业的大发展过程中，社会环境必然要遭到前所未有的破坏，而这种现象在工业革命发展的初期就初显端倪，现代社会更有愈演愈烈之势，产品设计可系统有序地探索人类发展与社会文明的关系，有效合理地缓解高科技下工业化社会与生态环境的冲突。在产品设计中应考虑新产品再生产全过程及使用全过程中对自然环境的影响，还应考虑产品废弃和处理的事实，尽可能有效地利用地球资源和能源，社会的可持续发展要求产品应当具备相应的可持续性。

6.2　产品设计程序

一个新产品的设计开发，大概可分为三个阶段：设计问题概念化，设计概念可视化，设计商品化，如图 6-2 所示。

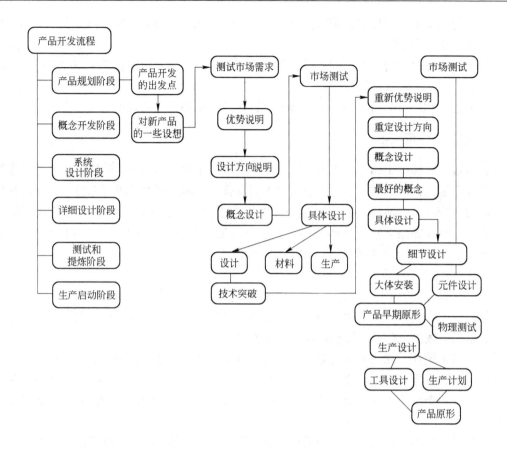

图 6-2 产品开发过程及不同阶段的设计活动

6.2.1 设计问题概念化

首先针对将要设计发展的产品作全盘性的了解，透过信息收集与市场调查的方法，去探询市场上同类产品的竞争态势，销售状况及消费者使用的情形，还有市面上的流行事物。在分析评估后，再加上对产品发展策略的考量，以企划出新产品的整体"概念"。

这样的概念通常以文字格式来做叙述，会将"市场定位"、"目标客户层"、"商品的诉求"、"性能的特色"与"售价定位"作定义式的条例描述。概念的形成过程需要信息、经验与转换的能力，也就是如何将信息情报转换，产生市场上有意义的创意方向。

通过设计研究即通过调查和材料分析，从设计角度研究与产品相关的市场、流行趋势、使用行为、社会文化以及色彩材质等各方面的信息，并进一步制订产品的设计策略。若客户的产品开发计划中，已提供以上各方面的信息，设计研究工作更倾向于设计开始之前对产品和设计要求的理解。

设计研究的具体内容包括：

（1）市场分析。市场分类及构架，销售渠道，竞争者调查，市场基准，品牌分析，定义市场机会。

（2）趋势分析。最新流行趋势，趋势引导者，风格导图，色彩和材质分析，本地与全球市场。

（3）使用者调查。好恶，需求，潜在期望，行为导图，目标人群访问，入户访问，跨文化比较，使用者描述。

（4）社会文化分析。技术和人群，环境研究和观察，专家访谈，基于中国市场的资源和经验。

（5）色彩和材质分析。色彩流行趋势，材质流行趋势，交叉知识。

6.2.2 设计概念可视化

此阶段设计师的工作是将市场的信息转换成可视化的具体形态，通常是透过图面或模型，将概念表达设计出来；设计的想法是否能符合目标客户层的需求，抓住消费流行的趋势。图面或模型是其他部门进行沟通与评选最方便的方法，还可以再通过市场调研的方法，将这些具体的结果直接询问目标客户层以收集消费者的喜爱反应，再将所进行的调查，评选结果加以统计分析，作为最终决策的依据。

具体工作内容如下：

（1）在设计要求的基础上，通过头脑风暴、情景模拟等方法，发散性地生成多个设计方案雏形，并视具体产品类别，由手绘草图或简单二维渲染图表现。这一阶段的目标是探讨设计解决方案的可行性，明确产品的发展方向。

（2）细节设计。在已确认的方向上对设计方案的诸多细节进行深入探讨，包括色彩和材质的可能性，界面以及尺度的合理性，结构和工艺方式的可行性。最终用二维渲染深入表现产品的各个主要视图，并在需要的情况下，辅以三维电子模型或快速实体模型作为表达。

（3）设计完善。在三维程序中量化完善设计方案，创建产品三维电子模型，再次确认产品结构方式的可行性，并初步讨论生产以及表面处理的工艺方式。在最后的提案中，将展示三维模型赋予色彩和材质的渲染图，并定义配色方案，完成产品表面二维设计的图稿。

（4）设计模型。设计模型是检验设计成果及其品质的有效方法，其直观程度要大大优于最好的渲染图。另外，设计模型也是对产品后续实现的有效指正。

成熟的设计模型通常由专业的模型制造商完成，但不可或缺的是设计师对模型品质的掌控。从最初的数据交接，到成型工艺的探讨，乃至模型表面处理的每一个细节，都需要有设计师与专业模型工人的通力合作，方能保证最终的模型可以完全呈现设计的品质。

（5）结构设计。结构设计是由设计向产品的过渡。在设计公司，结构设计的工作最多的是站在设计的角度，为设计师的创造提供解决方案，使设计想法得以实现。结构设计是从设计到产品的转折。

在项目过程中，工程师一方面全面了解客户的进度控制，成本限制，现有材料，目标人群，生产工艺以及限制性，可靠性，安全性诸多方面的要求；另一方面深入理解设计细节以及实现设计品质的方法。工作重点是通过最合理的方式，在条件限制下实现产品设计，为设计师、客户以及生产商构筑技术沟通的平台。

6.2.3 设计商品化

从市场调查转换成具体的设计成果，最重要的目的便是要赶快将消费者所喜爱的设计方向与具有竞争潜力的商品，大量生产出来并加以销售。量产工作的完成需要机构设计，原型样品的检讨确认与模具的设计开发之间的相互配合，才可将设计付诸实现。由于有上下工程的关联性，因此设计师所设计的成果，能否具有生产可行性，并且能否顺利地被后续工程人员直接加以应用，便是一项非常重要的任务。

商品化对设计师而言是非常关键的，其目的是将创意的结果转换成符合生产条件的过程。不能生产的创意，便不能称之为"好的设计"。量产上市的产品一开始便应该计划好通过其设计的特色建立其产品形象，并与销售相搭配，让设计更接近市场与消费者。新产品上市后通过营销所产生的消费效应，又可能会形成下一个概念化的因果互动与转换的改变开始。

6.3 产品设计——创新

创新是现代设计的灵魂，以知识为基础的产品创新竞争是 21 世纪初全球制造业竞争的核心，是商业成功的关键因素。一个新产品在功能、原理、布局、形状、结构、人机、色彩、材质、工艺等任一方面的创新，都会直接影响产品的整体特性，影响产品的最终质量和市场竞争力。只有创新活动才能为社会提供种类繁多、功能丰富、造型美观、价格经济、性能有效的新产品，才能在产品的性能、质量、造型、价格、市场服务等方面产生质的飞跃。

产品创新设计是指充分发挥设计人员的创造力，利用人类已有的相关科学技术成果、理论、方法和技术等，构思创新产品概念，并进一步应用新技术、新原理和新方法进行产品设计和分析，开发具有新颖性和实用性产品的实践活动。产品创新设计是以用户需求为目标的整体工程，它是功能创新、原理创新和结构创新等多维交织的组合创新。由于创新设计能够有效满足客户对产品求新和多样化的需求，提高产品市场竞争力，因此，产品创新设计已成为企业的重要发展趋势。产品概念设计是产品创新设计的早期阶段，它是产品设计过程中最重要、最复杂，同时又是最活跃、最富于创造性的设计阶段。这一设计阶段决定的产品成本平均高达 80%，并且产品的创新性及其所具有的竞争能力基本上也是在这一设计阶段就被确定下来的。因此，这一阶段是产品创新设计过程中最重要的部分。要在产品概念设计阶段辅助设计人员发挥创造力，需在了解设计人员创造力主要影响要素的基础上，面向产品概念设计过程中，建立规范的创造性设计思维过程和相应的创新策略与方法。

随着人们对现代产品在创新性、经济性、审美价值体现、环保等方面要求的提高，设计者必须重新审视设计对象，介入产品形成的全过程之中，实现产品的各种功能（物质功能、精神功能、信息功能、环境功能、社会功能），满足市场竞争的要求。如图 6-3 所示，理想的设计便是这些要素组成的最佳状态解。

6.3.1 影响设计人员创造力的因素

产品创新设计过程是设计人员借助一定的设计规则与创造性思维策略，对某种需求功能创造性设计方案的实现过程。在这个过程中，设计人员的创造力起着至关重要的作用。根据创造力投资理论，设计人员的创造力是由智力、知识、思维风格、人格、动机和环境

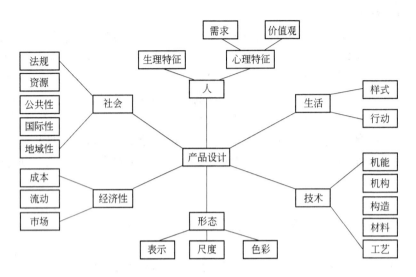

图 6-3 产品设计各组成因素

等成分联合产生的，影响个体设计者创造力的因素总结为十个关键因素：创造性行为、智力、思维风格、知识、动机、个性品质、环境、信息、设计技术及计算机支持工具进行分析，建立了面向个体设计者的创造力模型，如图 6-4 所示。

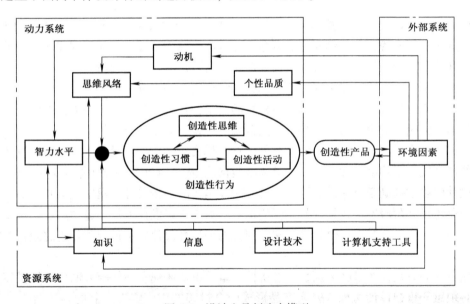

图 6-4 设计人员创造力模型

（1）创造性行为是整个创造力模型的核心，研究如何激发设计人员的创造性行为是建立和分析创造力模型的目的。创造性行为由创造性思维、创造性活动及在不断的创造性活动中形成的创造性习惯组成。创造性思维是一种能激发创造力的思维方式，能够引导设计者从不同角度、不同层面思考设计问题。

（2）智力构成了创造性行为的基础。健康的神经功能，特别是大脑的功能是创造力发挥的最基本前提。智力将影响个体设计者对问题情境的感知、表征、定义和再定义以及选择问题解决的策略等过程。

（3）智力的发挥水平受思维风格的影响。思维风格代表一种倾向而不是能力本身，处于能力与人格之间。思维风格的形成会受到动机、个性品质、经验知识等因素的影响，创造型的设计者常常具有创造型思维风格。

（4）动机是指个体设计者的创新愿望，是驱使个体设计者从事创造性活动的动力。这是产品设计人员应具有的最基本素质。

（5）个性品质对创造力的发挥有着重要的影响，其中对模糊的容忍力、冒险性、毅力和坚持性、成长的愿望和自尊这五个因素尤为重要。团队合作可以弥补个体个性的差异。

（6）环境包括受教育程度、组织环境、家庭经济及物质条件、社会文化环境等。这些环境因素对个体设计者的动机、智力、个性品质以及经验知识都有着重要的影响。

（7）信息是有一定含义的、有逻辑的、经过加工处理的、对决策有价值的数据流。信息是设计者进行决策的基础，对灵感的激发，想象力的扩展有着不可忽视的作用。信息可以是和产品设计相关的，如用户信息、市场信息及同类产品信息等；也可以和产品设计无关，如词汇、图片、动画等。

（8）知识是人们通过对信息进行归纳、演绎、比较等手段，使有价值的部分得以沉淀，并与已存在的人类知识体系相结合的产物。知识能够给创造性思维提供可供加工的信息，帮助设计者了解其在设计领域中所处的位置；但知识也可能会使设计者陷入已有的知识框架，抑制其创造力的发挥。创造型的设计人员不仅注重知识总量的积累，更注重知识结构的优化，避免产生知识经验的路径依赖性。

（9）设计技术包括设计问题、设计约束、设计策略、设计方法等几个方面，它们都会影响设计者的创造力。例如，定义不良的问题比定义良好的问题更容易促使设计者进行创造性思维，适量的设计约束会为设计者提供更大的设计空间，适当的设计策略和设计方法会更容易激发设计者的创造力。

（10）计算机支持工具是影响创造力的另一个重要因素。它主要完成人类感知范围以外的逻辑推理、检索查询、大规模运算、海量知识存储、数字化表述与操作等工作，辅助设计人员充分运用其创造性思维、高层决策、经验学习、分析与综合、未知领域探索与知识挖掘等技能，实现创造性行为。

6.3.2 产品创新设计思维过程模型

产品创新设计过程是从需求分析出发，综合对用户需求和生产条件等分析所获取的设计任务和产品工程特性，经过对设计问题的不断细分和定义，并根据不同的创新设计问题，采用相应的系统化创新求解策略，调用相应的创新资源，辅助设计者产生一个或多个概念产品，以达到产品创新的目的。产品创新设计思维过程如图6-5所示，包括准备、沉思、启迪/豁朗和验证四个阶段，具体包括需求分析与机会识别、问题发现、问题定义与表征、概念生成、方案设计与多学科优化和方案评价六个部分。其中影响产品创新的关键在于需求分析、概念生成、方案评价三个方面。产品创新过程是多种创新思维、创新策略、创新工具和创新资源综合作用的结果，也是一个发散思维和收敛思维交叠更替的过程。

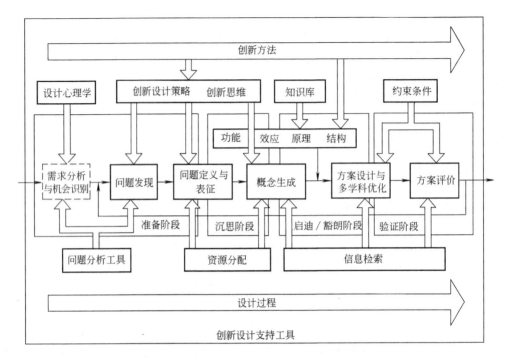

图 6-5　产品创新设计思维过程模型

6.3.3　用户需求获取与分析

由于企业处于生存、竞争和发展的多重压力之下，企业迫切需要根据自身的特点，挖掘市场的各种需求，将市场需求与本企业的技术能力相匹配，并开发出畅销对路的新产品。用户需求反映了用户对企业、产品总的要求，是产品概念设计的起点，是产品创新的源泉和动力。产品创新设计过程在很大程度上依赖于对用户需求的全面认识、准确获取和系统分析。目前，在获取用户需求中常用的市场调研技术有以下一些方法：

（1）用户问卷调查。通过走访、邮件或网络等方式，使用户按照产品详细问卷调查表进行选择和填写，或在无详细提示的条件下自由提出自己的需求想法。通过这种文本方式，企业可获取一定数量的用户需求。

（2）用户小组讨论。组织不同用户参加专门的讨论，通过小组成员之间的互相交流，提出产品的不足以及改进的想法和需求。

（3）产品使用现场调查。与用户在现场直接面对面交流，获取用户对产品的最真实的感觉和意见。

（4）用户对产品的投诉、意见反馈等。

以上市场调研方法能够在一定程度上获取用户对产品的基本需求与规范需求，但对于创新设计而言，这些方法缺乏对用户的激励机制，难以获取具有创新意义的深层次需求。鉴于此，本书依据系统探求法中的 5W2H 法来寻求对用户需求的有效获取。

系统探求法是常用的一种创造性思维技法，它围绕问题展开有针对性的系统提问，来引导设计人员进行需求分析。5W2H 法就是其中的一种，它从七个方面提出疑问，分别是

Why、What、Who、When、Where、How to do、How many，各取首位字母，归纳为 5W2H。

本书在分析用户对产品的认知心理的基础上，应用 5W2H 法对用户需求展开提问，同时又对其进行扩展，从相反的角度进一步引发用户展开需求想象，为全面获取用户现实需求和创新需求创造了条件。具体方法如下：

首先，采用 5W2H 法从正面对需求问题展开提问，比如关于产品功能需求方面：

What：您认为该产品应具备什么样的功能？具体要求是什么？

Why：为什么需要这样的功能？

Who：谁来使用该产品？谁来使用这些功能？

When：何时用到该产品？何时用到这些功能？

Where：在什么条件下使用该产品？在什么条件下使用该功能？

How to do：如何才能更好地使用该产品？怎样才能充分利用这些功能？

How many：您知道多少具有类似功能的产品？

然后，从反面分别对需求问题进行探讨：

What not：产品中什么样的功能是您不需要的？

Why not：为什么不需要这样的功能？为什么不增加一些其他功能呢？

Who not：谁不适合使用该产品？谁不能使用这些功能？

When not：什么时候用不到某一功能？什么时候不适宜使用该产品？

Where not：该功能不适宜在哪里使用？

How to do not：怎样做不需要该功能？

How many not：有多少功能不能满足要求？

利用 5W2H 法构造用户需求调查表时，应按照产品用户需求组成要素逐个展开（表6-1）。需要注意的是，调研人员在问题准备阶段，要熟知本企业产品以及市场同类产品特征，了解产品发展的基本状况，以便使问题的设计能有效地引导用户对产品需求产生丰富的想象。

表 6-1　用户需求调查表

需求组成要素		正　面　提　问							反面提问
一级	二级	What	Why	Who	When	Where	How to do	How many	…
功能方面	安全	…	…	…	…	…	…	…	
	高效	…	…	…	…	…	…	…	
	⋮								
物理方面	形状	…	…	…	…	…	…	…	
	颜色	…	…	…	…	…	…	…	
	⋮								
⋮	⋮								
心理方面	时髦	…	…	…	…	…	…	…	
	整洁	…	…	…	…	…	…	…	
	⋮								

6.3.4　创新概念生成

概念生成阶段是根据用户的需求和约束条件，借助各类设计资源和创新策略，实现新产品抽象概念方案的产生阶段，其中包括创新问题定义与表征、创新问题求解、创新方案结构设计等阶段。

6.3.4.1　创新问题定义与表征

当从需求分析中得出相应的设计任务或设计需要解决的问题后，应当决定如何理解该任务或问题。设计人员一般可以选择以下两种角度中的一种着手解决问题：

（1）扩大的问题。扩大的问题指设计人员通过询问自己"解决这个问题的目的是什么?"，"有没有其他途径达到同样的目的"等问题，将思考的范围进一步扩大化，利用发散思维等方法寻找多种问题的解决方案。从这个角度出发，将有助于设计者思考和寻找不同的解决问题的方法并确定最优解。

（2）缩小的问题。缩小的问题指设计者着手解决问题的时候，通过询问自己"什么阻止了我解决这个问题?"、"如何排除这种障碍解决这个问题?"等，将重点放在某个方面并寻求针对该方面问题的答案。缩小的问题有助于设计者将注意力集中在某个具体问题上并加以解决。

进一步地扩大或缩小问题，有助于设计者找到一个合适的角度看待理解设计任务，进而使设计者选择合适的创新策略和方法。

问题定义直接影响下一步解决问题采用的策略方法是否合适，并最终关系到正确解决方案的生成。例如，空间站上由于失重导致钢笔、圆珠笔无法正常书写，针对于此，美国人把问题描述为：如何消除失重对钢笔、圆珠笔的影响（缩小的问题），使设计者面对一系列复杂的技术问题，最终耗资千万美元而设计出价格昂贵的自动气泵水笔；但苏联人却将问题描述为如何解决空间站上的书写问题（问题的目的，即扩大的问题），可以很容易发现使用铅笔显然是这个问题合适的解。可见问题的定义在产品设计中是至关重要的，它决定了设计者能否在下一步的设计工作中采用正确的途径。对问题定义的恰当与否，将可能导致设计者创新性的天壤之别。因此，设计人员应当在仔细考虑好问题本身、问题所处的环境、影响问题的各种因素后，再决定采用何种问题描述形式。

6.3.4.2　产品创新设计中的创新求解策略

根据创造性概念设计认知过程模型，可知设计问题分类及创新求解策略决定着产品创新效率，是创新活动中的关键环节。恰当的设计策略可以加速问题的解决，而不恰当的设计策略会限制创造性思维的发挥，阻碍问题的解决。因此，对创新设计问题进行分类（如图 6-6 所示）并根据设计问题类型的不同建立与之相适应的求解策略，非常重要。

6.3.4.3　面向问题的创新求解策略

面向问题的创新目标是提高现有产品或系统的性能，解决现有产品或系统中制约主要功能的问题，朝着理想化的目标前进。这类创新是设计案例中所占比例极大的一类，因此，设计人员需要着眼于产品中的某一部分或某一具体技术问题，采用一种成本较低的具有创新性的解决方案来提高产品的性能。对这类创新问题采用的策略是解决最小化问题，解决系统中的冲突（有时也称作矛盾），对系统仅作渐进式的改进，比较适合于产品的改

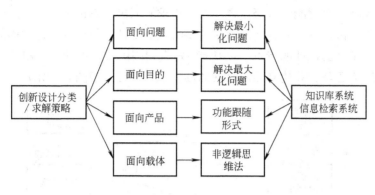

图 6-6　创新设计的分类和策略

进设计。

面向问题的创新求解过程主要包括两个阶段：第一个阶段是通过需求分析、问题表征、功能分解及功能结构构建来挖掘现有产品中存在的问题，作为产品改进方向；第二个阶段是应用创新理论中的矛盾矩阵、分离原理、物场模型等工具逐个解决第一阶段的系统问题，如图 6-7 所示。

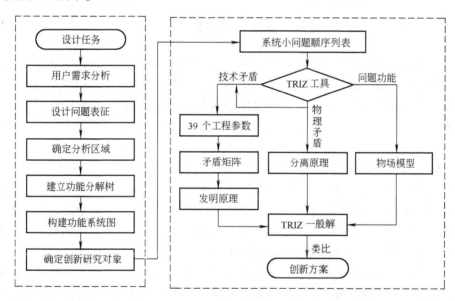

图 6-7　面向问题的创新求解过程

6.3.4.4　面向目的的创新求解策略

面向目的的创新目标是设计一个全新产品或系统，可能现有产品或系统的主要功能改进已经达到极限，因此不局限于现有产品或系统的问题，而是跳出现有系统，思考设计最终的目的是什么，是否有其他方法可以更好地达到此目的，采用的策略是解决最大化问题和对系统的工作原理进行改变。全新产品的开发与现有产品的改进设计存在很大的不同，因为现有产品的设计对象是确定的，用户需求相对明确，实现功能所采用的原理基本不变或者变动很小；而全新产品的开发由于各种信息的不明确，使得产品设计过程存在较多的不可预知性，存在很多可能的解释途径，具有需求不明确、知识拓展、信息模糊、需要创造性思维等特点，因此需要一种能够适应这些特点的支持全新产品设计过程的创新设计方法。本书结合全新产品设计的特点，以功能–效应–作用原理–结构（FEBS）映射法作为实施该策略的有力工具，并建立面向目的的创新求解过程，如图 6-8 所示。

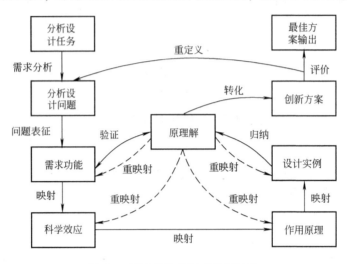

图 6-8　面向目的的创新求解过程

为实现某个需求功能，首先需要搜索科学效应以得到支持功能的科学效应集，使设计思路在不同学科之间发散。然后进行作用原理构造，依据对效应或效应组合的输入输出的描述，并与设计约束相结合，寻求符合具体应用条件的作用原理，进而构造具体行为。至此，原理设计结束，结构设计开始，表现为根据作用原理搜索设计实例集。实例是实现功能、效应及作用原理的载体，其中包含着实现技术功能所需的结构特征标志，并可从中归纳出原理解。接着将原理解实现的功能与需求功能相比较，验证它是否能满足需求功能。如果需求功能得以满足，设计者可通过类比将实例中的知识情景向当前问题迁移以获得创新设计方案，否则依次进行实例重映射、作用原理重映射、效应重映射及功能重映射。这四个重映射过程的实质是搜索域渐增的知识循环搜索过程，充分体现了创新设计过程中设计者的心理循环特点，最终可确定需求功能的创新方案集。

对于需要进行功能分解的复合功能求解问题，由于概念设计初期产品功能信息残缺不全，仅通过抽象的功能层分解来获取完备的功能结构是不合理的，因此功能分解、功能求解及子功能解的组合三个子过程首尾相接、交替进行、互为因果，最终在生成合理完整的功能结构的同时也派生出相应的可实现的整体结构方案解。面向目的的创新求解过程实现了从需求功能向创新方案的转化，而科学原理知识的有效组织与管理则是实现该过程的根本保证。

6.3.4.5　面向产品的创新求解策略

面向产品的创新目标是现有产品的主要功能不作改变，着重在产品的次要功能和附加功能上的开发和改进，往往应用于现有产品已在市场上有很好的信誉，但仍需进一步提高产品竞争力的情况。这类创新问题采用的策略是着眼于产品本身和功能跟随形式的方法。研究表明，既包含了一些新属性，又具有消费者熟悉的产品的新产品，更受消费者欢迎。

创造性模板法通过对现有产品的属性或组件进行操作以创造新的产品，并未改变现有产品的主要功能，从而没有破坏消费者已有的知识结构，所获得的新产品更容易被消费者接受。因此，本书以创造性模板法作为实施该策略的方法，并建立面向产品的创新求解过程，如图6-9所示。

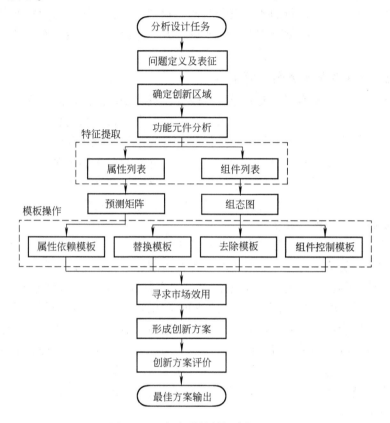

图 6-9　面向产品的创新求解过程

设计者确定设计任务，并对任务进行分析，若是对已在市场上取得良好成绩的现有产品进行创新设计以进一步提高市场份额，则不需要把市场调研作为新产品想法的源泉，因为用户仅能够对现有的产品存在的不足提出意见，而很多潜在需求隐藏在表面现象之下，用户无法对尚不存在的产品表达需求意见。因此，设计者需要着眼于产品本身，通过挖掘产品本身的信息来确定现有产品的创新方向，将设计任务具体化为可操作的设计问题，并进行设计问题表征，以明确问题模式。

根据问题模式确定创新区域是提高创新效率的前提。由于现有产品功能结构日趋复杂，对产品的所有功能元件进行分析是不必要的，只需对处于产品边界的辅助功能模块进行功能元件分析，以保证在不改变产品主要功能的前提下，实现次要功能和附加功能的快速开发。通过功能元件分析确定了各个辅助功能模块的构成元件，接着进行特征提取，即确定不同层次的产品的内部属性和外部属性，内部组件和外部组件，并形成属性列表和组件列表。由于属性依赖模板是在属性空间内操作的模板，因此，在进行该模板操作前，需要利用预测矩阵构建一个属性空间，以帮助设计者预测产品的未来发展趋势，并在两个先前独立的变量间建立关联。而替换模板、去除模板及组件控制模板是在组件空间内操作，因此，需要借助动态图进行模板操作。

通过模板操作获得的创新概念（预发明结构），是否可以形成创新方案，还需要依据功能遵循形式的原理为创新概念寻求一个新的效用，并通过市场调研确定这种新效用的可行性，若调查结果显示这种新的效用很受欢迎，则创新概念可转化为创新方案。通过选用不同的模板，可获得不同的创新方案，需要进行方案评价，并将最佳方案进行输出，进入实施阶段。

6.3.4.6　面向载体的创新求解策略

当产品的主要功能和实现功能的原理不改变，只改变产品的形态以创造新的产品，主要目的在于满足用户文化和精神上的需求，这类创新设计属于面向载体的创新。一个具有创新的产品形态，除了能给人以新颖和独特的感觉外，往往能体现出设计师巧妙的构思和强烈的创新精神，蕴涵着机智与知识的内涵。具有创新的产品形态总是以其独特的外形形态和艺术魅力吸引人，因此，产品形态的创新设计是产品在市场竞争中的重要因素。强调产品形态设计的创新并不是一味地求异求怪，它必须建立在科学合理的基础之上，通过创造性思维，进行大胆的探索和实践。

设计者要创造出多变的产品形态和新颖的设计风格，关键就是要了解消费者的爱好、习惯、生活方式及价值观念等。通过市场调查及需求分析，确定产品形态创新的设计要求及约束信息，建立创新问题并形成问题模式。根据问题模式，设计者选择非逻辑思维方法，包括个体激励与群体激励两类。也可以同时利用两类方法激发创新思维，通过个体激励法获取的创新概念可以输入群体激励法的信息池中为他人提供刺激信息，而群体激励法中的信息也可以促进个体设计者的创造力发挥，两种方法相互促进，提高了创新概念的数量和质量。由于产品的形态设计还涉及人机工程学、产品语意学、美学等方面的知识，因此，设计者需要充分运用相关知识和逻辑思维才能实现从创新概念到创新方案的进化，最后对所获方案进行验证。

6.3.4.7　创新方案结构设计

经过上述创新策略的选择，借助各种创新技法和创新资源，可产生面向不同目标的创新方案。然而，这些方案还都是概念性的想法，要将这些想法变成具体产品，还需要对这些方案进行结构设计。产品创新中的结构设计是在产品功能设计的基础上，确定整个概念产品的特征结构、形状尺寸。在这一过程中，并不涉及各个零部件的细节性设计，其主要任务是考虑功能需求在几何与结构层次上如何得到满足，将相应的功能输入输出变量、环境要求、工作条件等按照一定的规则或原理转变成装配结构中的主要几何参数和材料参数等设计变量，为后续的详细设计提供基础。从功能的角度看，实现功能的物理结构是功能载体。对应于总功能的功能载体是整个产品，对应于子功能的功能载体可以是零部件或零部件的一部分。因此，功能载体并不等同于零件或装配件，零件或装配件是从制造的角度看待结构。功能载体可以是一个具体的零件，如轴、轴承、弹簧等；可以是设计目录中的机械结构，如连杆机构、齿轮机构、联轴器等；也可以是市场上产品目录中现成的产品，如传感器、电动机等；还可以是一个设计形状特征。

产品的结构设计首先寻找承载功能的功能载体，再通过考虑功能载体之间合理的空间连接、相互配合之后形成零件粗略尺寸以及在装配空间的整体布置以及它们之间的连接关系。整个设计过程包括两个阶段：面向功能的结构设计，即将功能映射为原理构件；面向制造的结构设计，即将设计视角从功能转向制造实现。

在面向功能的结构设计阶段，其主要关心的是功能面和功能联结，着眼于产品功能的实现。因此，仅把与功能面相关的信息抽取出来形成一个抽象的结构功能载体，而功能联结的集合则是原理构件的抽象配合关系；其中，功能面指原理构件上系统功能要求的关键表面，如车床的导轨表面，轮毂与轴的配合面，球铰的球面，齿轮的渐开线齿面等；功能联结指实现预期功能要求的原理构件之间的一种配合特征单元，它使得原理构件之间能够相互协调共同完成预期的功能需求。在面向制造的结构设计阶段，必须在满足需求模型中指定的与形状相关的约束条件下，在功能载体的基础上进行零部件粗略的几何形状设计，确定结构的材料，并将功能联结作为零部件之间装配关系设计的基础，识别有重叠的结构，将其合并或去除，再添加连接功能面的自由面，从而形成实体零件。

6.4 产品设计——色彩

随着科学技术的发展、人们生活水平的提高和产品设计风格的不断演变，产品色彩变得越来越重要，它也越来越受到消费者和生产者的重视，色彩牵涉的学问很多，包含了美学、光学、心理学、生理学、社会学和符号学等。如何应用色彩丰富的内涵和表现力，设计出既符合人的生理与心理要求，又能准确地表达设计意念的一流的产品色彩，在当今时代是设计者和企业共同关心的课题。

6.4.1 色彩基础理论

6.4.1.1 色彩的三要素

根据色理论的分析，任何颜色都具有三种重要的性质，即色相、明度、纯度，并称为色彩的三要素。色彩三要素是用以区别颜色性质的标准。

（1）色相。色相指色彩的相貌，如红、黄、蓝等能够区别各种颜色的固有色调。在诸多色相中，红、橙、黄、绿、青、蓝、紫是7个基本色相，将它们依波长秩序排列起来，可以得到像光谱一样美丽的色相系列，色相也称色度。

（2）明度。明度指色彩本身的明暗程度，也指一种色相在强弱不同的光线照耀下所呈现出的不同明度。光谱7色本身的明度是不等的，亦有明暗之分。每个色相加白色即可提高明度，加黑色即可降低明度。在诸多色相中，明度最高的色相是白色，明度最低的色相是黑色。

（3）纯度。纯度指色彩的饱和度。达到了饱和状态的颜色，即达到了纯度要求，为高纯度。分布在色环上的原色或系列间色都是具有高纯度的色。如果将上述各色与黑、白、灰或补色相混，其纯度会逐渐降低，直到鲜艳的色彩感觉逐渐消失，由高纯度变为了低纯度。

6.4.1.2 色彩认知

认知是一种心理作用，是指人们对事物的认识过程。认知是一种复杂的过程，通过这个过程，人们对感官的刺激加以挑选、组合，产生注意、记忆、理解及思考等心理活动，并给予解释，成为一种有意义和连贯的图像。

从理性的角度来说，从光进入眼中到产生色的意识的过程，可以分为三个阶段。第一阶段是物理性的阶段，也就是光的性质和量的问题。第二阶段是生理性的阶段，也就是由视觉细胞产生光和色的对应，然后传到大脑中。第三阶段是心理性的阶段，也就是接受光时，心理的意识变化，如图6-10所示。色的感觉，就是光作用在眼睛感觉器官上的刺激结果。在认知对象或客观性事实的过程中，由神经所产生的反应，就称为知觉。

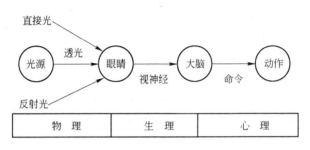

图 6-10　色彩认知过程

色彩对我们的知觉有各种不同的作用，所引起的程度、过程和结果，由于色彩刺激的种类不一，其影响的状况也各不相同。简单地划分它们的性质，可以有：

（1）色彩的视认作用，例如明视度、可读性以及注目性等。

（2）色知觉的判断作用，例如，色彩的轻重感知判断，温度感知判断，伸缩或远近感知判断，积极性和消极性感知判断等。

6.4.1.3　色彩的视觉感知

产品有不同的材料和加工方法，会在视觉和触觉上给人以不同的形象感，从而影响产品的外观。比如用人造革做成的驾驶座，人造革细密的纹理，圆滑的线条，以及光泽、弹性感、触感等，便是形象美的重要因素。下面是排除特殊材质的，反常规质感表达的一些色彩带给人们的视觉感知。

（1）冷暖感觉。人们看到橙色，常常会联想起火与温暖的阳光，有热的感觉；看到白色、青色，会联想到冰与雪，有冷的感觉。人对色彩所传递的冷暖主观感觉相差3~4℃。相同的两个房间，一间刷成蓝绿色，一间刷成红橙色，就会感到蓝绿色的房间似乎温度低些，红橙色的房间温度高些。

（2）面积感觉。在计算发光能力和反射能力时，常用光通量来度量，光通量就是在单位面积内通过光线的多少。也就是说，单位面积内通过光线愈多，光感愈强。色彩是不同波长的光，由于波长不一，强弱不一，要保持等量光通过，则面积不同。基于这个原理，色彩在人们心理中造成不同色感，便有不同的面积感觉。即光作用于眼睛，转化为色时，面积成为色彩不可缺少的因素，人能感觉的色彩，肯定具有一定的面积，是两者互为存在的条件。

（3）质地感觉。任何一种物体，其表面总会体现出它特定的质感和大致的色彩。经过长期的实践，人们将某一种色彩与质感联系起来，看到某一种色彩，就有一种相对固定的物质概念。如黄金、白银的光色显得高级华丽，木材的质地、纹理、光色显得朴素，塑料质地细密、光滑。前述是材料的本身质感，但在配色应用中，人们取材于自然，模仿自然，常用色彩来表现不同的质地感觉，如在包装装潢中，常用金色、电化铝等来表现金色质地感觉。

（4）进退感觉。色光的波长各不相同，红色的波长最长，紫色的波长最短。因此，紫色光线通过人眼球的水晶体时的折射率比红色光线大，红色光线在视网膜的后部成像，紫色光线在视网膜的前部成像。这样就会造成错觉，即波长长的暖色有前进感，波长短的冷色有后退感。同理，暖色带有扩散性，冷色有收敛性（缩小感）。

不同的色彩配置在一起，总感觉有些色彩如红、黄、橙在往前跑，它们的位置离我们近一些。而有些色彩如紫、绿、蓝则向后退，使人感到离我们远一些。配色中，可以利用色彩的进退感来加强层次的变化，从而产生凸凹感，使造型形象更为丰富。例如，利用深色在白色的对比下有收缩、后退感的特性，用窄的深色带来加强平面凸凹层次效果。

（5）轻重感。轻重是物体的物理量，而物体表面的色彩则在一定程度上给人造成心理上的量感。

在产品造型设计中，一般宜上部用明度、纯度略高，而下部用明度、纯度较低的色彩，使产品显得稳定。色彩明度、纯度恰当的上下反置，又可造成视觉的轻巧感。但要注意防止失当，而成头重脚轻的不稳定感觉。对于吊灯、吊扇等则宜用轻感的色彩，以显得灵活、轻盈和高雅。

（6）软硬感觉。软硬是物体质感的一种表现，它与物体的形状、表面质地有关，同时它的色彩也体现出软硬感觉，这主要与色彩的明度与纯度有关。

软与轻的关系有所呼应。软的物体形状多曲线或有弹性，色彩变化应柔和，对比度小，一般采用中等纯度和高明度的色彩，如淡黄、嫩绿或淡灰色等表现软。

硬与重密切相关。一般硬的物体外形多直线或折线，色彩一般以单一的灰暗色表现硬。白色和黑色有坚硬感。

色彩对于有效地发挥产品的功能效用，也起着一定的作用。例如机械设备都有一些信息显示仪表和操作控制件，为了使操作者易于辨读和引起注意，经常用红、黑、绿等颜色加以涂饰，从而使这部分器件的功能得以充分发挥。在科学进步、商业发达的时代，绝大多数的产品都已呈现普及化的现象，消费市场正迈向成熟期的阶段。完善的色彩规划可以创造产品独特的形象，满足今日消费者个性化、差异化、多样化的需求。色彩规划的走向不仅要符合未来的色彩趋势，符合美学需求，还需整合营销策略，全面吸收相关信息，考虑公司的整体形象，最终赋予产品最适合的色彩。

6.4.2 影响产品色彩的因素

6.4.2.1 物理因素

A 固有色

产品表面之所以表现出不同色彩，是由产品反射与吸收光的固有特性所决定的。在一束全色光的照射下，如一产品，它对红色光具有理论的全反射特性，而对其他色光具有理论的全吸收特性的话，则该产品将会呈现出红色。这种反射出来的色光在人们头脑中产生一种产品本身固有色彩的观念，所以被人们称为该产品的固有色。

根据产品的吸收与反射的情况，可以将产品分为彩色产品和消色（非彩色）产品两类。凡是对色光作选择性反射或吸收的产品，都是彩色产品。消色产品即没有色彩的产品，如白色的、黑色的、各种灰色的产品。这种产品的特点，是对任何波长的单色光的反射能力都一样，没有选择性。

B　光源色

光源有自然光源与人造光源两类。自然光源如太阳光和月光，人造光源如灯光、火光、电焊光等。

相同的产品在不同的光源下将呈现不同的色彩。例如，一张白纸在正午阳光下呈白色；在白炽灯下带有黄色；在日光灯下看上去偏于青色；在早晨阳光照射下呈橙黄色；在傍晚夕阳下呈浅红色；在红光下呈红色；在绿光下呈绿色，可见由于光源色的变化，受光产品所呈现的色彩也会随之发生变化。

C　环境色

环境色是指产品所处的环境的色彩。环境色通常不是单一的，如室内除了家具的色彩，还有墙壁、地面的色彩等。产品在不同色彩的环境中，都会受到邻近物体色彩的影响，使其表面色彩发生变化，特别是表面光滑的产品和色彩较淡的产品。

产品呈现的色彩是由固有色、光源色和环境色这三个色彩关系要素相互作用、相互影响而形成的一个和谐统一的色彩整体。同时，产品色彩还受到观察距离、产品大小、产品表面粗糙程度等因素的影响。

6.4.2.2　技术因素

A　化学因素

产品色彩形成的化学因素，即着色剂的使用。一般着色剂分为染料和颜料，有些着色剂既可作颜料又可作染料。

颜料是一种微粒形式的色素，不溶于媒介质，但能分散在媒介质中改进其颜色。颜料的应用面很广。目前大量用于涂料、油漆、塑料、橡胶、化纤、纺织、陶瓷、彩色水泥等方面。新的用途还在不断增加，如化妆品、磁带、食品、黏合剂、静电复印等方面。归纳起来颜料的应用可分为两类：（1）表面涂层，表面涂层是现代称为涂料的传统方法，制备涂料是将研碎的粉状颜料加入到媒介质中制成油漆和印刷油墨，表面涂层甚至还用于产品的表面着色。（2）整体着色，这种方法用于塑料着色效果较为显著，其次在玻璃陶瓷等硅酸盐制品中均有应用。目前最重要的应用是将颜料混合到熔融的聚合物中制成成色母粒，再用于最终产品的着色。

染料应用的主要对象是纺织品，另外还应用于造纸、皮革、橡胶、塑料、文具、食品、化妆品、医药等工业部门，以及彩色照相、生物试剂、化学检测、军事目的等多方面。

B　材料肌理因素

产品的色彩是通过产品材料体现的，不同的材料肌理所产生的色彩效果是有所不同的。材料肌理与色彩的关系表现为两个方面。一方面，相同的色彩用于不同的材料肌理上时，会呈现为不同的色彩效果，产生不同的个性与情趣。如同一色彩用在光滑细腻的塑料表面给人以雅致、柔和的感觉；用在粗糙无光的棉布上，给人的感觉是含蓄、沉着。另一方面，即使相同的材料肌理，使用的色彩不同，效果也会有明显的差异。例如同一车型的白色轿车看起来总是不如黑色轿车那样光彩照人，有气派。

在进行色彩设计时，应该发挥材料色彩的美感功能，应用对比、点缀等手法去加强和丰富其表现力。对材料施以人为色彩时，要调解材料本色，强化和烘托材料的色彩美感。虽然在进行色彩设计时，色彩的色相、明度、纯度可随需要任意推定，但材料的自然肌理美感不会受到影响，只会加强。

C 工艺因素

工艺指的是产品色彩的成色工艺，即实现产品色彩的生产技术方法。实现产品色彩的方法是多种多样的，最常见的是油漆喷涂，另外还有机械加工（精车、精磨、刮研、抛光、滚压等）、电化学处理（电抛光、电镀、氧化处理、磷化处理等）、机械粘接（塑料贴面、氯化乙烯树脂金属叠板、各种粘接薄膜、各种装饰材料等）和喷塑等方法。同一色彩用不同的工艺方法，会取得不同的色彩效果。如金属灰色，可以是有光或无光的涂料色，也可以是有光或无光镀铬的色，还可以是机械加工出来的金属本色或经过电化学处理的金属色，它们显示出不同的色彩效果。

另外，产品色彩设计应符合工业批量化生产的要求，主色调一般最好是一色或二色，色料配制要方便，着色工艺要简单。随着科学技术的不断发展，新材料和新工艺也会不断出现，因此，产品的材料肌理成为影响产品色彩的一个重要因素。

6.4.3 产品色彩设计

6.4.3.1 产品色彩设计原则

产品色彩设计原则为：

（1）注重色调协调。色调是一种总体的色彩感觉，色调的选择决定了产品的整体色彩感觉。所以色调的选择应格外慎重，一般可根据产品的功能、结构、时代性及使用者的好恶等，艺术地加以确定。确定的标准是色形一致，以色助形，形色生辉。例如，儿童产品的色彩设计就要选用鲜艳的色彩和生动活泼的风格。

（2）充分考虑色彩的心理效应。人们在观看色彩时，由于受到色彩的视觉刺激，会在思维方面产生对生活经验和环境事物的联想，这就是色彩的心理暗示。因此，不同色彩在不同产品上的应用会产生不同的心理效应。色彩的直接心理效应来自色彩的物理光刺激，对人的生理产生直接影响。

（3）注重美学法则。产品造型设计的美学法则的原则如下：统一与变化、对比与调和、节奏与韵律、对称与均衡、稳定与轻巧、比例与尺度、过渡与呼应、主从与重点、比拟与联想、概括与简约。注重美学法则就是强调色彩的整体协调，要求产品造型从形态到色彩都应形成一个整体的感觉。一个产品不允许色彩混乱，互相割裂，支离破碎。色彩设计的应用是为了增加产品的附加值，使产品能够与众不同，所以我们要遵循美学法则，来美化产品。

（4）注重工作环境需要。产品色彩设计应考虑使用环境的需要。为了使产品色彩给人舒适的感觉，应注意产品使用的环境气候条件。此外，产品安装的地点与环境条件不同，色彩也有所差异。

（5）注重时代的要求。随着人们审美观的发展，文化艺术修养的提高，生活水平的改善等，对于色彩设计的要求也在不断变化、发展。因此，色彩设计中的色彩应是符合时代特征的"流行色"。所谓流行色是指，在某一时期内，为较多人喜爱并广泛使用的色彩，具有强烈的时代气息与新奇性。

（6）注意色质并重。现代工业产品的色彩设计还与材料的质地、光泽色等的应用有关。在现代工业产品上，大量采用油漆的着色工艺方法。油漆可以赋予产品各种绚丽的色彩，但也应充分考虑并应用新材料的本身色质和材料加工处理后的色质，以起到丰富色彩变化、显示产品现代特征的效果。

（7）注重不同地区和国家的喜好偏差。人们对色彩的喜欢和禁忌，受国家、地区、政治、民族传统、宗教信仰、文化、风俗习惯等影响而存在差异。工业产品的色彩设计，不能脱离客观现实，不能脱离地域和环境的要求，不能忽视性别、年龄的差异，要充分尊重民族信仰和传统习惯，这样才能使产品受到不同国家、不同民族、不同信仰、不同层次的人们的广泛喜爱。

设计师在进行产品的色彩设计时，必须充分考虑以上因素，做到色彩符合产品的功能、结构、使用环境及使用者的好恶，利用色彩的心理效应设计出为不同消费群体服务的人性化产品。

6.4.3.2　产品色彩规划

色彩不是产品的附属，它的价值有机地包含在产品中。在现今感性消费、体验式消费的时代，色彩并不是商品的点缀，它同时可以为商品带去不同的符号、文化等内涵意义。色彩本身是一种语言，意味着传达与沟通；色彩本身具有价值，代表了社会与市场的趋向。新产品的色彩规划一般遵循以下步骤：

（1）整理、分析搜集来的色彩信息。

（2）了解各年度、各地域色彩流行规律。

（3）做出战略性的决策，以视觉形象为基础，提取出单色观察形象图和配色视觉形象图。

（4）利用单色调色板和配色调色板制作基本色彩（也称常用色）和流行色彩。

（5）通过模拟实验开发色彩，一般通过电脑3D画图软件制作模型作为模型试验，观察效果和给人带来的感觉，然后通过产品评价会议决定最终的产品色彩。

6.5　产品设计——形态

6.5.1　形态

我们所说的"形态"包含了两层含义："形"通常是指一个物体的外在形式或形状。任何物体都由一些基本形状构成，如圆形，方形或三角形等；"态"则是指蕴涵在物体形状之中的"精神势态"。形态就是指物体的"外形"与"神态"的结合。在设计领域，产品的形态总是与功能、材料及工艺、人机工程学、色彩、心理等要素分不开。人们在评判产品形态时，也总是与这些基本要素联系起来。因而可以说，产品形态是功能、材料及工艺、人机工程学、色彩、心理等要素所构成的"特有势态"给人的一种整体视觉感受。

产品形态是信息的载体，设计师通常利用如对形体的分割与组合，材料的选择与开发等特有的造型语言，进行产品的形态设计。利用产品的特有形态向外界传达设计师的思想与理念。消费者在选购产品时，也是通过产品形态所表达出的某种信息内容，来进行判断和衡量与其内心所希望的是否一致，并最终做出购买的决策。

形的建构是美的建构，而产品形态设计又受到工程结构、材料、生产条件等多方面的限制，当代工业设计师只有把握住科学技术和艺术之间的结合，才能创造出多样化的产品。设计师只有处理好产品的形态的关系，才有可能使产品获得广泛认同。

形态是营造主题的一个重要方面，主要通过产品的尺度、形状、比例及层次关系对心理体验的影响，让用户产生拥有感、成就感、亲切感，同时还应营造必要的环境氛围使人产生夸张、含蓄、趣味、愉悦、轻松、神秘等不同的心理情绪。例如，对称或矩形能显示空间严谨，有利于营造庄严、宁静、典雅、明快的气氛；圆和椭圆形能显示包容，有利于营造完美、活泼的气氛；用自由曲线创造动态造型，有利于营造热烈、自由、亲切的气氛。特别是自由曲线对人更有吸引力，它的自由度强、更自然也更具生活气息，创造出的空间富有节奏、韵律和美感。流畅的曲线既柔中带刚，又能做到有放有收、有张有弛，完全可以满足现代设计所追求的简洁和韵律感。产品只有借助其外部形态特征，才能成为人们的使用对象和认知对象，发挥自身的功能。

产品形态能体现一定的指示性特征，暗示该产品的使用方式、操作方式。产品形态特征还能表现出产品的象征性，主要体现在产品本身的档次、性质和趣味性等方面。通过形态语言体现出产品的技术特征、产品功能和内在品质，包括零件之间的过渡、表面肌理、色彩搭配等方面的关系处理，体现产品的优异品质、精湛工艺。产品形态语言也能体现产品的安全象征。在电器类、机械类及手工工具类产品设计中具有重要意义，体现在使用者的生理和心理两个方面。著名品牌、浑然饱满、整体形态、工艺精细、色泽沉稳都会给人以心理上的安全感；合理的尺寸、避免无意触动的按钮开关设计等会给人生理上的安全感。

6.5.2 产品形态设计基础

设计产品形态时，需要综合考虑产品的一系列内在的约束因素和外在的控制因素以及它们之间的相互关系。约束因素包括产品的使用功能、结构、材质、人机关系等；控制因素包括产品的色彩、纹理、装饰、外观形态等。从工业设计角度考虑，产品的形态设计应处理好产品的使用功能、人机关系、美学原则等方面的相互关系。其中，在满足技术和人机约束的条件下，运用美学法则设计产品形态是形态设计的关键。产品形态的几何元素有点、线、面和体，这些元素之间的相互关系构成了产品形态设计的基础。设计师通过应用美学法则来选择和组织这些几何元素来设计产品形态，以增强产品形态的艺术效果。

6.5.2.1 形态的构成设计

产品的形态构成设计是先用形体去容纳一定技术、功能、结构的单一体，再将多个单一的形体，按一定的形体构成规律和方法有机地组织在一起，而构成产品的整体形象。如何有机地把多个单一形态组合起来，构成形态独特而美观的造型体是艺术造型的目的，也是形态构成的核心问题。形态的构成设计是形态设计中最为重要的一部分，它确定形态的总体布局。

A 传统构图理论

概括地说，构图就是设计师在画面空间上，组织那些在形式美方面诉诸视觉的点、线、体、用光、明暗、色彩等视觉要素，强调、突出重点，舍弃那些一般的、繁琐的、次要的东西，并恰当地安排陪体，以增强产品形态的艺术效果。

从绘画作品的图形或物象的形式来看，形态中的布局元素都能概括成最基本的几何形状，如方形、圆形、三角形、菱形等，而且不同的图形暗示不同的感觉，产生不同的心理效应。例如，画面作横向线式构成，常蕴含着运动、张力和痛苦的意味；顶角向上的三角形（又称金字塔形）往往引起山坡等稳固形体的联想，给人稳定或永久僵化的感觉；而倒三角形则给人一种不稳定的动势，显示出危机和倾颓坍落感；圆形则令人联想起太阳和满月，产生和平宁静的情绪，暗示着完美、圆满和充盈感；S 形的构图产生画面牢固而优美的感觉，给人十分丰满、优美、柔和的感觉；直耸的长方形（又称纪念碑形）显得肃穆庄重，其形式构成有力、耐看、深沉且发人深省。

B　形态立面的分割方法

形体的面分割可以理解为产品形态的二维立面的面积区划，用于产品形态的某一视图的立面（外观）形态设计。面（立面或形）分割是将造型立面以一定的数比关系获得不同的面积区划，使之在结构、线形、色彩面积或位置安排等方面获得比例美而体现造型的美感，如图 6-11 所示。这里所指的分割不是任意的分割，而是按实现美的造型所需要的艺术处理手段。它与形体组合相辅相成，既是形体构成的基础，又是丰富形体变化的艺术手段。

其中，特征矩形面的分割最具特点，如图 6-12 所示。在造型中，人们常采用最稳定的图形（正方形、均方根矩形等）作为基本图形，一般认为这些图形能取得较好的数比关系和美感。应用它们之间的演变关系，将它们按功能与艺术要求进行分割演变（或称组合），则可得到形体动静结合、相互呼应协调的艺术效果，使形体的分割按一定的数比规律进行，从而获得造型的比率美。

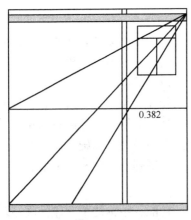

0.382

图 6-11　面分割的应用

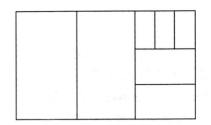

图 6-12　特征矩形面的分割图

在设计形态立面时，设计师以形体的某一立面为主作形态的立面设计。首先将立面进行规整，确定形态总体的矩形外廓；然后，对轮廓矩形做特征化处理，得到特征矩形或特征矩形的组合；最后，根据特征矩形面的主要演变方法生成多个面分割方案以供选择。

立面分割方法的实际应用很广，它可用于确定造型物的比例尺度、结构线型位置、装饰分割线位置、面板的构图、色块分布等。形态构成设计还包括形体的组合、形体与空间的组合、形体的分割、形体的过渡、形态方案的变化等设计。面分割仅能解决形体的基本位置关系，要想设计好形体的基本结构，还需结合其他的形态构成设计方法。

6.5.2.2 形态的比例设计

根据形态的构成设计确定产品造型的基本布局后，接下来就要协调构成主体的各部分形体之间的关系。解决这些形体之间的组合与衔接关系的实质是解决它们之间的尺度与比例问题。尺度设计解决形态与人的配合问题，比例设计则是协调构成主体的各部分形体之间的关系。

A　比例设计概况

比例是指形态整体、局部或自身相互之间的比较关系。好的造型物，其各部分间应有合理的比例关系。在形态中比例关系可分为三类：固有比例、相对比例和整体比例。固有比例指一个形体内在的各种比例：长、宽、高的比例。相对比例指一个形体相对另一个形体之间的比例。整体比例指组合形体的特征或整体轮廓的比例。

比例设计是形态设计中非常重要的一个环节。产品的比例设计，是运用比例知识解决产品形体的比例协调问题，调整产品形态中具体尺寸的大小，使得形态各尺寸的比例符合均方根比例、黄金分割比例、中间值比例、整数比例等美学比例关系。优秀的设计总是将任何单元的相对独立的尺寸，归纳到明显的总体尺寸中去，通过单元尺寸的各种比例变化，使彼此之间有完善的关系。实际上，优美形体与普通形体之间的区别就在于它们比例的精确性。精确性是一种无法触摸但又非常真实的特性，在这里我们可以把它理解为形态尺寸比例与优先比例关系的逼近程度。图 6-13 所示为郁金香椅各部位之间的比例关系。

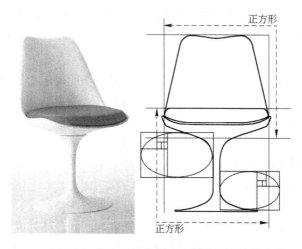

图 6-13　郁金香椅各部位之间的比例关系

工业设计师对形态尺寸的关注焦点主要是，在满足技术条件约束的前提下，协调形态各个尺寸的（比例）关系。在形态设计中，设计师要时刻关注和协调造型元素的固有尺寸、相对尺寸和整体尺寸，例如选择具有优先比例关系的造型元素，按优先比例关系调整元素之间的相对关系等。

B　常用的比例关系及特性

美的造型都包含有恰到好处的比例，这种比例是人们在长期的生活实践中所创造的一种审美度量关系。在《达·芬奇论绘画》一书中，达·芬奇认为："美感应完全建立在各部分之间神圣的比例关系之上。"比例美可以看作是一种用几何语言及类比词汇去描述的时代艺术气氛与科学技术紧密结合的艺术形式。

在比例学上，黄金分割比例影响最大，在实践中运用得也最多。此外还有均方根比、整数比例、相加级数比例、人体模度比等。

（1）黄金分割比例。黄金分割从古到今，一直被公认为是最美的尺度。大自然中许多美景的构成，均有黄金分割比例的反映。黄金分割比例是采用优选数 0.618 为基数，使构成比例的两线段的比率为 0.618。这种比率符合人的视觉特点和人体的内在尺度。它的比例优美调和、富于变化，而又有一定的规律和安定感。

（2）均方根比例。长方形中若令短边为 1，而将 $\sqrt{2}$、$\sqrt{3}$、$\sqrt{5}$、…这些无理数列应用于长边设计时，反映在几何图形上就会非常严格、自然，且有规律地重复，即 $1:\sqrt{2}$，$1:\sqrt{3}$，$1:\sqrt{5}$，…，这就是均方根比例。这种比例关系之间有着和谐的动态均衡美感，因而应用较广泛。

（3）整数比例。以具有肯定外形的正方形为基础单元而派生出来的比例。一个基本单元的长宽比例为 $1:1$，2 个基本单元的长宽比例为 $1:2$，以此类推，可得 $1:3$，$1:4$，…。整数比例的形成可以是整数比的简单融合，也可以是分数形式的配合。整数比例的优点是较容易产生符合一定韵律关系的形体之间的配合，而缺点是显得呆板。

（4）费波纳齐级数。费波纳齐级数是指由中间值比例所得的比例序列。其基本特征为前两项之和等于第三项。相邻两项之比为 $1:1.618$ 的近似值，比例数字越大，相邻两项之比越接近黄金比 $1:1.618$。费波纳齐级数比例表现为一种渐进的等加制约性，易取得整体的良好比例关系，产生有秩序的和谐感，在现代工业产品设计中常被设计者所采用。

C　形态的比例设计方法

一般来说，产品形态的最终比例，是在产品的主要功能要求、技术条件、设计者的审美要求等三方面约束条件下形成的。对于某个具体的产品而言，其预先规定的功能要求，使我们一开始就可以获得确定的尺寸和比例；随后为使其功能得到保证，而应具备的技术条件，有可能对前者进行必要的补充和修正，从而又形成新的比例。在此基础上，考虑形态各个部分的比例关系和调整的自由度，以增强产品形态的艺术效果，最终确定形态各部分的比例关系，如图 6-14 所示。

在造型设计中确定造型物的比例关系常用以下几种方法：

（1）固定比例因子构成法。依据设计意图，选取与产品总体外廓尺寸、各关键部件轮廓尺寸所接近或适宜的数比关系为某种固定的比例因子（如均方根比例、黄金分割比例、中间值比例、整数比例等）。以此作为确定产品比例关系的基本比例因素，会使造型物整体比例协调，产生形式美感。

（2）相似矩形构成法。将机械产品总体轮廓、各主要部件，按具有优美比例关系的矩形（如 $1:\sqrt{6}$，$1:1.618$，$1:0.618$ 等）进行划分，如各矩形对角线互为平行或垂直，则产品的造型就能统一协调。如划分后，各矩形对角线相互不平行或垂直，则显得杂乱，达不到整体比例的协调。也可用此法来检验、调整已生产或已设计的产品比例是否统一协调。

（3）混合比例构成法。根据产品功能、结构要求，由不同比率的特征矩形混合构成。各部分间均有良好的比率美感，且又有一定的比率转换关系，能取得协调统一的效果。

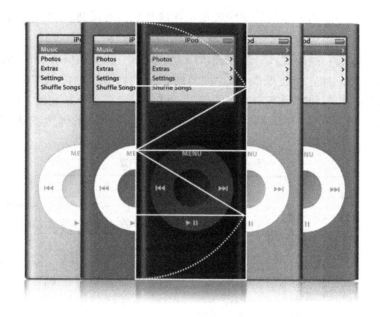

图 6-14　iPod nano 的形态分析

　　这些方法应用方便，不仅可用于设计，而且也可用它检验已成型的产品形态，校核各部分之间、部分与总体之间是否达到比例协调。但在应用比例设计方法时，也不要过于死板，对于某些局部，在功能和结构不可变动的情况下，在尺寸关系上不一定必须按一定的比例，也可采用线的分割或视觉误差的现象来调节比例。

6.5.2.3　形态的线型设计

　　一个成功的产品设计总是与其线型的正确选择与组织密切相关。形态的线型设计是最后确定造型体形态的重要环节，通过合理地处理各部分线型的排列、贯通、转折、过渡等能达到整体统一协调的效果。线型设计的主要任务是选择和组织线型。

　　在选择线型时，设计师主要考虑以下两方面的因素：

　　（1）线的知觉感。经过长期的实践，人们对几何要素的性质已积累了很多经验，对形的认识也产生大量的比拟与联想，进而线条同人的心理感受产生了直接的联系，线条开始具有自身独立的价值。不同的线条及其组合能唤起观者不同的生活联想，给予观者不同的心理感受。

　　在造型设计中，点有大小之分，线有粗细、曲折之分，直线又包括水平线、垂直线、斜线等类型。在造型中，直线的运用能使人感受到"力"的美感，给人以正直、坚硬、强力、严谨的感觉。垂直线有毅力、坚固、严格、挺拔的性格，给人以挺拔和庄严的感觉。水平线具有安定、平静、稳定、松弛的性格，给人以开阔和宁静的感觉。斜线给人奔驰、大胆、突破和运动的感觉，但有时也给人以倾倒的危急感觉。粗直线有厚重强壮之感，细直线有敏锐、精确之感，折线形成的角度则给人以上升、下降、前进等方向感。

　　曲线是形态设计中变化自由度最大，表情最丰富的造型元素。曲线给人柔和、光滑、流畅、轻松的感觉，能使产品体现出"柔"和"丰满"的美感；而有规律的曲线，则给人以流动、柔和、轻巧、优雅的感觉。近宽远窄的双线、放射形以及涡旋形的线条能给人空间上的幽深感觉等。向上运动的曲线表现出欢愉和亢奋的情绪。向下运动的曲线往往引发低沉颓废的情绪。造型设计中常用的曲线包括中性曲线、稳定曲线、支撑曲线、轨迹线、双曲线、抛物线、反向曲线、悬垂曲线、方向曲线、重垂曲线和螺旋曲线等，它们各有不同的造型特性，具体描述见表6-2。面是线移动的轨迹，也可认为面是曲线围合的。面的性格特征同其构成线的形态有直接的关系。体的形成离不开线和面，所以分析体的性格，必然涉及线和面，如果体中哪一类线型占主导地位，该形体就接近哪类线的性格特征。

表 6-2　造型曲线的特征描述

分　类	名　称	线　形　描　述
三种缓慢曲线	中性曲线	中性曲线是最平淡的曲线，也是不生动的曲线。它是圆周的一段，其重垂特征从任何方位看都是一样的，它的扩张程度在整个长度上是相等的
	稳定曲线	稳定曲线在它的重垂部位上处于一个平衡位置
	支撑曲线	支撑曲线刚好与稳定曲线相反，它像一座拱桥一样支撑着重心
具有速度感的四种曲线	轨迹线	轨迹线就像一只球被抛出去时的运动线，开始时运动轨迹是直线的而且速度很快，然后随着速度减小而下落
	抛物线	这里的抛物线并不等同于数学上的抛物线，但与其类似。它是抛物线与双曲线的结合。它适应于一些大的有机体的曲线
	反向曲线	反向曲线是最有趣的曲线之一，它与字母的曲线相似，当它有一些斜线运动时，会更加有趣
	双曲线	它开始时直而快，但速度并不是慢慢减小，而是向着起点转折回去，并且它的能量集中在一点
三种方向曲线	方向曲线	方向曲线像箭头一样指示方向，它具有很强的方向性特征
	重垂曲线	重垂曲线与悬垂曲线和方向曲线相似，它的各边缘处稍有弯曲
	悬链曲线	悬链曲线是真正的重垂曲线。如果手持链条的两端，那么链条的重垂部位在最低的一点。如果同时移动两个端点，就会得到不止一个重垂部位。还可以通过降低一个端点来使其重垂部位发生移动
独立的曲线	螺旋曲线	螺旋曲线有很多潜在的特征，取决于其中螺旋的数量，内部存在一种或紧或松的张力

（2）产品的功能和运动特性。线型选择不能脱离产品的功能和运动特性而任意造型。因为这样势必造成浪费，且华而不实。例如飞机，为使其飞行时风阻尽可能小，机身采用流线形，这可谓恰到好处，但如果将机床设计也选择流线形，则大可不必。因为机床产品要求加工性能稳定且精确，而采用流线形，则提高了设备造价且毫无实际意义。再如机床的操作界面是整个机床的最主要交互界面，是信息的窗口，操作界面的造型应考虑给人以平静、严谨、稳定、庄重、秩序、精密、高档的感觉。故主体线型宜采用水平线和垂直线并适当配以曲线活跃气氛，这样显得自然流畅、轻松自如。但若过多采用斜线、折线和曲线，就会有强烈的动感和轻浮感，与产品的功能要求不适应。因此，线型选择一定要体现产品的功能特性。

6.5.3　产品形态创意构成方法

综观各种产品形态，我们不难发现，无论它们的复杂程度如何，构成这些产品的基本形态大都属于抽象的几何形态和仿生模拟形态。这也说明，抽象的几何形态和仿生模拟形态是产品形态构成最基本的两种方法。

6.5.3.1 抽象的几何形态

由于几何形体大都具有单纯、统一等美感要素，因而在设计中常被用作产品形态的原型。但未经改变或设计的几何形态往往显得过于单调或生硬，因此，在几何形体的造型过程中，设计师需要根据产品的具体要求，对一些原始的几何形体作进一步的变动和改进，如对原型进行切割、组合、变异、综合等，以获取新的立体几何形态。这一新的立体几何形态就是产品形态的雏形。在这一形态的基础上，设计师通过对形态的深化和细部设计，便能最终获得较为理想的产品立体形态（图6-15）。

图6-15 不同的抽象形态

6.5.3.2 仿生模拟形态

（1）卡通形态。卡通化设计是一种混合卡通风格、漫画曲线、突发奇想与宣扬情趣生活的一种特殊设计方法，它把人们享受人生乐趣的生活态度混合到了产品造型风格之中。目前，在国内外市场上所出现的具有卡通形象特征的产品举不胜举，在同类产品中它们独树一帜、分外抢眼，如图6-16所示。

图6-16 卡通形态

（2）拟人形态。拟人形态是将人的特点融入产品中，将人的表情和肢体语言加以模拟的形态，如图6-17所示。

图6-17 拟人形态

（3）动物形态。动物形态是通过提炼加工自然界中的动物的显著特征，利用夸张或特写等形式进行设计。动物形态体现了人们对于生命和自然的关怀和热爱，给远离自然世界的人们一种亲近自然的气息。这种形态的设计最初多见于儿童玩具，现在，设计者将这种形式运用到日用产品的设计之中，收到了相当成功的效果，如图6-18所示。

图6-18 动物形态

6.5.3.3 契合形态

契合形态也就是我们常说的正负形，通常利用共同的元素将两个或两个以上的形体联系起来，其个体既彼此独立又相互联系，正是这种独立又联系的关系增添了无尽的趣味。太极图和玩具七巧板都是契合形态的代表，如果仔细观察一下，就会发现在各类产品设计中，契合形态的运用可以说是屡见不鲜。例如，图6-19中所示的两个可爱的卡通小人抱在一起，勾起人们无尽的幻想，此时这件产品已不仅仅是一个桌上的调味容器，它同时还是一件艺术品，相信无论谁见到都会爱不释手。

在当今社会，人们的生活越来越多元化，同一类产品表现出多种不同的形态特征。人们生活的各个领域都离不开设计，而设计需要通过形态来表达设计的思想，不论是什么样的设计理念，不论是何种设计风格，最终还需通过形态来表达。形态如同设计师的语言，将设计师的内在展现出来。一个设计师只有善于使用形态来表达自己的设计理念，才能设计出适应时代和市场需求的产品。

图 6-19 契合形态

6.5.4 形态设计的信息传达

6.5.4.1 形态表示功能

产品语义学认为，对于使用者而言产品是工具，设计师塑造的每一样工具都要能表现出其本性和用途。功能主义时代，制造的产品是缺乏个性表达的，而在对产品形象设计进行研究时，我们注意到，产品最基本的使用价值更多的是通过其功能体现出来。所以，研究产品的形态对功能的表达是基础且必要的，也只有这样，才有可能摆脱功能主义的束缚，建立个性的产品形象。产品形象也强调实用性，但它力图通过形式的自明性来实现这一目的，而不是单纯形式的简化。即通过使用者的认知行为需要，运用人们认知活动中习惯性反应来确定产品的形式，而不是机器的内部结构来确定产品的形式。

如图 6-20 所示 MOTO 智游系列 ME600 手机，为了传递功能信息，除了按键本身的造型外，还辅助图形符号和文字。通过对按键造型的设计和文字图形的设计，增加了按键形态的信息量，充分传达其功能信号。

图 6-20 MOTO 智游系列 ME600 手机

6.5.4.2 形态表达风格

解构主义、简约主义等设计风格，在产品设计领域有着独树一帜的形象特征。归根结底，产品需通过造型形态来体现自身的风格。21 世纪 80 年代开始，简约主义作为一种追求极端简单的设计流派兴起，这种风格将产品的造型化简到极致，从而产生与传统产品迥然不同的新外观，深得消费者的喜欢。菲利浦·斯塔克在设计中对造型形态的理解颇有创造天赋，在将造型简化到最单纯的同时，又保持着典雅、高贵、洒脱的特征，他设计的作品（图6-21），从视觉上和材料的使用上都体现了简约的特色风格。

图 6-21　菲利浦·斯塔克的作品

　　在对设计风格的追求中，每个设计师都有对形态把握与理解的独到之处。例如，赖特对"简约主义"进行评述时说："只有当一种特征或每一部分都成为与整体协调的因素时，才达到了所谓的'简洁'。"其中的"特征"一词所指的就是对形态的把握。可以说，任何形式的设计风格都是通过对造型语言的运用，以形态为基础进行表达的。

6.5.4.3　形态传递情感

　　情感形态主要通过人本体与物体之间的相互作用形成。以服务于人为目的，满足人的生理、心理需求，特别是满足人的情感需求的产品形态，以它的形状、色彩、肌理等作用于人的生理及心理，并影响人从知感到情感直至行为的活动。因而情感形态的形成因素包括了两大方面的内容即人本体与物体。功能、形态、材质是构成产品的三大要素，也是传递情感的三个方面。其一，人们通过对产品的使用，获得对功能的满足而产生对功能的好、坏情感评价；其二，透过视觉、知觉感官对产品的形态进行美与丑的认知，产生审美情感；其三，功能和形态往往建立在材质的基础上，材质的变化会影响到人的知感、行为以及心理情感，产生高贵、低劣的质量情感认证。因此，人们对产品的物质与精神的满足是建立在这三者的关系基础之上。

　　物质上的满足通过对功能的完善便可以达到，精神上的满足重点体现在产品的形态和材质上，特别是形态，它是影响人的视觉情感和诱发情感产生的主要因素。形态是视觉传达最快速、最感性的，它的认知程度会直接影响到人们对产品功能、材质的评价。人类对精神的欲望和追求是在不断变化的，从产品的形态上最易感受到时代的信息和精神内涵，它随着社会的发展，环境的变化，人们生理、心理的变化等，表现出不同的精神取向和审美价值。

6.6　产品设计——材料

　　产品设计是一种造物活动，是人们有意识地运用工具和手段将材料加工塑造成可视的或可触及的具有一定形态的事物。只有熟悉材料、合理有效地运用材料，让其与加工技术和形态相配合，才能设计出新的产品。

随着技术的进步，材料的发展也日新月异。基础材料开始向高质量、低成本方向发展；新型结构材料向着耐高温和高强度方向发展；复合材料开始出现并体现出它强有力的优势；广泛应用于信息传递和接受功能的材料和其他新材料逐步被生产，这些都是产品设计的有利支撑。产品的设计离不开材料，材料为设计提供最为基本的起点。材料因种类的不同而具有不同的物理化学特性，在设计中，必须充分考虑到材料的差异性。图 6-22 给出了常见材料应用实例。

图 6-22　常见材料应用实例

从不同的角度，我们可以对材料进行不同的分类。

按照材料来源可分为：天然材料、加工材料、合成材料、复合材料等。

按照材料的物质结构可分为：金属材料、无机材料、有机材料、复合材料等。

按照材料的形态可分为：线状材料、板状材料、块状材料等。

在设计领域中经常用到的材料主要有：金属、塑料、玻璃、木材、陶瓷、皮革等。

6.6.1　工业产品常用材料的基本性能

如前所述，材料的门类非常复杂，不仅品种复杂，而且相互之间的搭配也多种多样。使用何种材料，不同材料之间如何搭配，是建立在对材料强度、刚性、断裂韧度、摩擦系数、回弹性、耐久度、抗腐蚀性、耐压缩性、耐氧化性等的认识和判别基础之上的。对于设计人员来说，一方面，应努力学习相关知识，熟悉各种材料的性质；另一方面，也应善于从各种材料中，掌握影响材料质感程度大小的因素，从而合理地进行材料选择。

一般说来，设计时，材料选择的对比项目如下：

（1）硬度。硬物压入材料表面的能力称为硬度，是衡量材料软硬程度的一项重要的性能指标，它不是一个简单的物理概念，而是材料弹性、塑性、强度和韧性等力学性能的综合指标，主要影响产品触觉、视觉硬度和舒服程度及部件的坚固度等。

（2）韧性。韧性是材料在冲击、弯曲、拉伸等载荷作用下，材料抵抗载荷作用而不被破坏的能力。包括弯曲性能、拉伸延伸性能、抗撕裂等。

（3）摩擦系数。摩擦系数是相同条件下与材料表面摩擦时产生的摩擦力大小，影响产品光滑程度和部件的防滑能力等。根据经验，通过视觉和触觉可以感受到产品表面的摩擦力大小，同时产品表面的纹理和光滑程度会影响产品的表面质感。

（4）耐久性。耐久性指材料在使用过程中，抵抗各种自然因素及其他有害物质的作用，能长久保持其原有性质的能力，是衡量材料在长期使用条件下的安全性能的一项综合指标，包括抗冻性、抗风化性、抗老化性、耐化学腐蚀性等。它影响产品表面的质量维持和部件的损耗程度。耐久性强的材料在产品使用过程中更能体现其品质和质感，在设计产品时，要根据产品的使用寿命限制和具体的产品更新周期选择具有不同耐久度的材料。

（5）导热性。导热性是指物体传导热量的性质，材料的导热性能，直接影响产品表面冷暖感和产品部件接触人体时给人冷暖和软硬的心理感受。

（6）透明度。透明度是指物体透光的性质，影响产品表面的光滑和反光程度。很多小家电产品大量地应用透明材质，透明材质的具体透明系数不容易被人们感知，而对于透明度的定性的描述可将透明度分为三个水平，即高透光率，中透光率，低透光率。

（7）添加剂。在产品材料中加入添加剂，使其具有特殊的光泽，改变材料本身的反光效果。目前可以直接影响材质外观的典型的添加剂主要有钻石粉和荧光剂。

（8）表面肌理。材料既有其固有的肌理和纹理，也可以通过丰富的加工工艺处理方法，达到不同的肌理效果。表面肌理可以分为粗糙和光滑两个水平。

（9）色彩。色彩在材质中的应用种类繁多，色彩包括材料的自然色彩和涂覆色彩，在一定程度上影响产品的表面质感。

材料的各种基本性能差异很大，但每种材料的属性及其形成的心理感受都是有一定规律可循的。材料的硬度、韧性、摩擦系数、耐久、导热性等给人造成的心理感受比较强烈，而透明度、添加剂、表面肌理和色彩等是影响材料的主要要素，具体影响分类见表6-3、表6-4和表6-5。

表 6-3　材料属性对应的心理感受

属 性 项 目	属性高低对人心理感受的影响	
	高	低
硬　度	严肃、正式、紧张、激烈、明朗、刚强	轻松、柔软、非正规、活泼、松散
韧　性	柔软、可爱、可变、束缚	易碎、木讷、脆弱
摩擦系数	粗犷、易把握、粗糙、艰涩	平整、光滑、顺畅、难以把握
耐　久	经久、耐用、实用、经济、朴素	短期、消耗大、珍惜
导热性	冷酷、坚硬、坚强	温情、平和、温暖

表 6-4　影响材料要素类目

项　目	类　目	类目定义	可能的心理影响
透明度	高透光度	透光率高达70%以上	透明、纤薄、亮丽、炫耀
	中透光度	透光率在50%左右	中庸、若隐若现、模糊
	低透光度	透光率小于20%	反光、牢固、安全
添加剂	钻石粉添加剂	视觉效果添加剂	闪亮、炫耀、奢华
	荧光粉添加剂	视觉效果添加剂	别致、清晰、亲切、浪漫
表面肌理	粗　糙		易把握、温柔、柔和
	光　滑		难把握、坚强、光滑、清新
色　彩	高彩度	彩度高，颜色鲜艳	清晰、大方、活泼、清爽
	低彩度	彩度低，颜色灰暗	厚重、暗淡、沉重、庄严

表 6-5　几种基本材料类型的属性及用途

类　型	硬　度	韧　性	摩　擦	耐　久	导　热	产品设计中的基本用途
塑料	较高	一般	一般	一般	极低	各种产品的外壳、按键、连接件、装饰零件等
金属	极高	一般	较低	极高	极高	外壳、支撑结构、连接结构等
橡胶	一般	较高	较高		较低	产品把手、按键、轮子等
木材	较高	较低	较高	一般	较低	整体木制产品及结构

6.6.2　材质美感的应用

材料作为设计的表现主体，除具有材料的功能特性外，还具有其特有的质感特征，其本身隐含着与人类心理对应的情感信息，不同的材质美感给人以不同的心理感受和审美情趣。材质美感来源于材质语义，材质语义是产品材料性能、质感和肌理的信息传递。

任何材料都充满了灵性，都在展示着自己的美感。美感是人们通过视觉、触觉、听觉在接触材料时所产生的一种赏心悦目的心理状态，是人对美的认识、欣赏和评价。

材料美是产品造型美的一个重要方面，不同的材料给人不同的触觉、联想、心理感受和审美情趣，如黄金的富丽堂皇，白银的高贵，钢材的朴实，锌的华丽轻快，木材的轻巧自然，玻璃的清澈光亮。

材料的美感和材料本身的组成、性质、表面结构以及使用状态有关，每一种材料都有着自己的个性特色。在产品设计中，应该充分考虑材料自身的不同个性，对材料进行巧妙的组合，使其各自的美感得以体现，并能深化和互相烘托，形成符合人们审美追求的各种情感。

6.6.2.1　材料的色彩美

远距离观看一个产品，最先映入眼帘的不是造型，也不是肌理，而是色彩。材料是色彩的载体，色彩是依附于材料而存在的。在产品设计中，材料的色彩是重要元素之一，没有色彩的作品是缺乏生命力的。作为鲜明的视觉语言，色彩具有强烈的视觉冲击力，色彩在人们的视觉中起着先声夺人的效果，包括固有色彩和人为色彩。在材料的固有色彩达不到使用需要的背景下，人们开始根据产品装饰的需要，对材料进行色彩处理，以调节色彩的本色，强化并烘托材料的色彩美感。值得注意的是，孤立的材料色彩是不能产生强烈的美感作用的，只有运用色彩规律将色彩进行组合和协调，才能产生冷暖对比、色相呼应的效果，如图 6-23 所示。

图 6-23　阿莱西的生活用具设计

6.6.2.2　材料的肌理美

肌理是物体的表面形式，是物体表面的组织构造，具体入微地反映了不同材质的差异，体现材料的个性和特征，与形态、色彩构成了物体在空间的形式。

按照材料表面的构造特征，肌理可以分为自然肌理和再造肌理。前者包括了天然材料的自然肌理（比如木材天然的纹理）和人工材料的肌理（比如塑料、织物、钢铁等）。自然肌理突出的是材料本身的自然材质美，价值性强，以"自然"为贵。在很多设计中，特别是木材的设计中，经常用到木材的自然纹理来增加产品的自然价值。

再造肌理是随着表面装饰工艺的提高，通过喷涂、镀、贴面等手段，改变材料原有的表面材质特征，形成一种新的表面材质特征，以满足现代产品的多样性和经济性。这种肌理以"新奇"为贵。

在产品设计中，合理地选用材料肌理的组合形态，是获得产品整体协调的重要途径。设计师就是要通过对材料肌理的敏感性来激发设计创意，设计更好的产品。如图 6-24 给出了几种不同材料肌理的对比。

6.6.2.3　材料的光泽美

光是造就材质感的先决条件，材料离开了光，就不能充分体现出本身的美感。人们通过视觉感受而获得在心理、生理方面的反应，引起某种情感，产生某种联想从而形成某种审美体验。根据材料的受光特性，可将其分为透光材料和反光材料。透光材料给人明快开阔的感觉，反光材料给人生动质朴的感觉。当需突出材料的光泽时，设计师经常运用材料天然的光泽美，采用一些表面的加工工艺来实现，如图 6-25 所示。

6.6.3　材料与环境

材料处在产品生命周期的最前端，材料的选择是保护环境、实现可持续发展的关键和前提。如何利用丰富、低廉的材料代替昂贵、稀有的材料；如何利用绿色环保材料代替污染有毒材料；如何利用一种材料加工过程中的副产品去实现另外一种产品的功能要求；如

图 6-24 木材、铜金属、石材肌理对比

图 6-25 透明产品感到明快，反光产品感到生动

何将传统意义上的废弃料重新应用到设计当中去等，是当前设计师们面临的重要任务。

随着全球工业化进程的发展，有更多的材料被应用在工业产品中，但人类的环境也遭到了严重的破坏，自然资源日益减少。如何减少环境的污染，重视生态环境保护成为人们关注的焦点，设计师有责任在产品设计时，对材料选择给予环境保护的考虑，具体如下：

（1）提高效能，延长生命周期，减低产品的淘汰率。

（2）减少对环境有破坏和污染的材料的使用，避免使用有毒材料。

（3）材料的使用单纯化、少量化，尽量避免多种不同材料混合使用。

（4）选用可回收或者能重复使用的材料。

（5）选用废弃后能自然分解，并为自然界吸收的材料。

材料是设计师手中最得力的工具，任何材料都可以被重新诠释，任何材料都有可能发挥无限的潜力。设计师要善于发现材料的潜质，面对有用的材料，我们要去把握它；面对没用的材料，我们应去尝试它；面对司空见惯的材料，我们可以将其打破重组，使之成为新材料，产生新设计。材料的应用促使设计师用全新的视角观察旧有事物，并在此过程中对材料的性质进行新的认识，从而推动工业设计不断向前发展。

6.7　产品设计——表面处理工艺

工业设计是一种人造物的创造性活动，不仅注重产品形态美的表达，也关注产品的加工工艺、结构和表面处理等技术要素的实现。设计师应全面掌握产品表面处理技术的相关内容，并将其合理地应用到产品设计中，使创造的产品能够给人们以物质和精神的双重享受。

6.7.1　产品表面处理技术

工业设计是围绕产品和产品系统进行的预想开发和创造性设计活动，应对影响产品的各个要素从经济、美观、实用的角度予以综合处理，使之既符合人们对产品使用功能的物质要求，又满足人们审美的精神需要。工业设计范围内的产品表面处理技术是应用特征与应用效果的集合，是设计师将产品化腐朽为神奇的重要力量。它与产品的开发过程和质感表现息息相关，是产品使用功能和审美功能实现的技术手段之一。

产品表面处理技术是指采用诸如表面电镀、涂装、研磨、抛光、喷砂、蚀刻等能改变产品材料表面性质与状态的表面加工与装饰技术。

产品的表面性质和状态与表面处理技术有关，通过不同的处理工艺可获得不同的表面性质、肌理、色彩、光泽，使产品具有精湛的工艺美、技术美和强烈的时尚感。设计中所采用的表面处理技术，一般可分为三类，如表6-6所示。

表6-6　产品表面处理技术的分类

分　类	处理的目的	处理方法和技术
表面精加工	使表面平滑、光亮、美观，具有凹凸肌理	机械加工（切削、研磨、研削） 化学方法（研磨、表面清洁、蚀刻、电化学抛光）
表面层改质	改变材料表面的色彩、肌理及硬度，提高耐蚀性、耐磨性及着色性能	化学方法（化学处理、表面硬化） 电化学处理（阳极氧化）
表面被覆	改变材料表面的物理化学性质，赋予材料新的表面功能，使表面有耐蚀性和色彩	金属被覆（电镀、镀覆） 有机物被覆（涂装、塑料衬里） 陶瓷被覆（搪瓷、景泰蓝）

（1）表面精加工。使产品加工成平滑、光亮、美观和具有凹凸模样的表面状态的过程称为表面精加工。通常采用切削、研磨、蚀刻、喷砂、抛光等方法。

（2）表面层改质。表面层改质处理是有目的地改变产品表面所具有的色彩、肌理及硬度等性质，可以通过物质扩散在原有产品表面渗入新的物质成分，改变原有产品表面的结构，还可以使产品表面通过化学的或电化学的反应而转变成氧化膜或无机盐覆盖膜来改变产品表面的性能，由此来提高产品的耐蚀性、耐磨性及着色性能等。如钢材的渗碳渗氮处理、铝的阳极氧化、玻璃的淬火、金属表面磷化等。

（3）表面被覆。表面被覆处理是在原有材料表面堆积新物质的技术，如涂层或镀层覆盖产品表面的处理过程，这是一种重要的表面处理方法。依据被覆材料和被覆处理方式的不同，表面被覆处理有镀层被覆，有以涂装为主体的有机涂层被覆，还有以陶瓷为主体的搪瓷和景泰蓝等被覆。表面被覆处理依据被覆层的透明程度可分为：透明表面被覆和不透明表面被覆。透明被覆是为了充分利用并保护基体材料自身表面所具有的色彩和辉度，而用透明物质进行的被覆处理；不透明被覆是为了使基体材料转变成具有所要求的性质、色彩、亮度和肌理的表面，而用不透明物质进行的被覆处理。无论产品表面采用何种被覆处理，其目的均在于保护和美化产品表面，有时还可赋予产品表面一些特殊的功效。

6.7.2　常用产品表面处理技术

常用产品表面处理技术，具体有如下几种：

（1）抛光。抛光是利用柔性抛光工具和磨料颗粒或其他抛光介质对产品表面进行的修饰加工。抛光不能改变产品既定形状，而是以得到光滑表面或镜面光泽为目的，尤以抛光的金属制品最常见。

（2）切削和研削。切削和研削是利用刀具或砂轮对产品表面进行加工的工艺，是金属制品进行表面处理前的预处理工序，其目的是使金属制品获得高精度的表面。

（3）研磨。利用涂敷或压嵌在工具上的磨料颗粒，通过加工工具与产品在一定压力下的相对运动对产品表面进行的精细加工。研磨可以提高产品表面的光滑程度。

研磨方法一般可分为：湿研、干研和半干研三类。湿研又称敷砂研磨，把液态研磨剂连续加注或涂敷在研磨表面，磨料在产品与工具间不断滑动和滚动，形成切削运动。湿研一般用于粗研磨。干研又称嵌砂研磨，把磨料均匀地压嵌在加工工具表面层中，研磨时只需在工具表面涂以少量的硬脂酸混合脂等辅助材料。干研常用于精研磨。半干研类似湿研，所用研磨剂是糊状研磨膏。研磨既可用手工操作，也可在研磨机上进行。

（4）涂饰。把涂料涂覆到产品或物体的表面上，并通过产生物理或化学的变化，使涂料的被覆层转变为具有一定附着力和机械强度的涂膜。产品的涂饰也称为产品的涂装或产品的油漆。产品表面要获得理想的涂膜，就必须精心地进行涂装设计，掌握涂装的各要素。在涂装工艺中，直接影响涂膜质量的是涂料、涂饰技术和涂饰管理三个要素。

构成涂料的四个要素包括：树脂、颜料、溶剂和添加剂。涂料选用时考虑的因素有：使用范围和环境条件；使用的材质；涂料的配套性；经济效果。

常用的涂饰方法：静电喷涂、电泳涂饰、粉末喷涂、粘涂等。

涂饰的一般工艺程序：涂前预处理—涂饰—干燥固化。

产品涂饰工艺举例——ABS塑料制品的涂饰工艺

ABS塑料是不透明塑料，外观呈浅象牙色，光泽较强。它的热变形温度高，具有较高的抗冲击强度、抗蠕变性和耐化学药品性等优点，能用各种成形方法加工成形，并且尺寸稳定，因此是一种重要的工程塑料，广泛应用于制造表盘、仪表外壳、电视机外壳和汽车及飞机上的零部件等。ABS塑料的耐候性差，颜色单调，需要通过涂层被覆提高它的耐候性和装饰性。常用的涂饰工艺有透明涂饰工艺和不透明涂饰工艺两种。ABS塑料制品的透明涂饰工艺如表6-7所示。

表 6-7　　ABS 塑料制品的透明涂饰工艺

涂饰工艺	处理材料	处理方法	放置时间
表面处理	醇类溶剂或中性洗涤剂	擦洗干净或水洗干净	
涂底漆	ABS 塑料用丙烯酸清漆	用喷涂法均匀涂覆一层	常温放置 2~3 h 或 50~60℃ 烘干 10~20 min
底漆层打磨	耐水砂纸	轻而均匀地擦亮	
去污处理	漆用稀释剂	涂刷后，立即用纱头均匀擦拭	常温放置 0.5~1 h
涂面漆	ABS 塑料用的透明色漆	用喷涂法均匀涂覆	常温放置 2~3 h 或 50~60℃ 烘干 10~20 min

（5）电镀。利用电解在产品表面形成均匀、致密、结合良好的金属或合金沉积层的过程称为电镀。这种工艺过程比较繁杂，但具有很多优点，例如沉积的金属类型较多，可以得到的颜色多样，相比同类工艺而言成本较低。镀层性能不同于基体材料，具有新的特征。根据镀层的功能分为：防护性镀层，装饰性镀层及其他功能性镀层。

电镀工艺的用途：防腐蚀、防护装饰、抗磨损、导电、绝缘、工艺性要求等。

电镀的种类：单金属电镀、合金电镀、复合电镀。

单金属电镀是指电镀溶液中只有一种金属离子，电镀后形成单一金属镀层的方法。常用的单金属电镀主要有：镀锌、镀铜、镀镍、镀铬、镀锡等。

两种或者两种以上的元素共同沉积所形成的镀层称为合金镀层。复合电镀是将固体颗粒加入镀液中，使金属和固体微粒共沉积，形成金属基表面复合材料的工艺过程。图 6-26 所示为彩色电镀手机外壳。

图 6-26　索尼爱立信手机彩色电镀外壳

塑料电镀产品具有塑料和金属两者的特性。它的密度小，耐腐抗蚀性能良好，成型简便，具有金属光泽和金属质感，还有导电、导磁和焊接等特性，节省繁杂的机械加工工序、提高塑料表面的机械强度，节省金属材料，且美观，装饰性强。同时，由于金属镀层对光、大气等外界因素具有较高的稳定性，因而塑料电镀金属后，可防止塑料老化，延长塑料件的使用寿命。

随着工业技术的迅速发展，塑料电镀的应用日益广泛，成为塑料产品中表面装饰的重要手段之一。目前国内外已广泛在 ABS、聚丙烯、聚砜、聚碳酸酯、尼龙、酚醛玻璃纤维增强塑料、聚苯乙烯等塑料表面上进行电镀，其中尤以 ABS 塑料电镀应用最广，电镀效果最好。图 6-27 给出了塑料电镀的工艺流程。

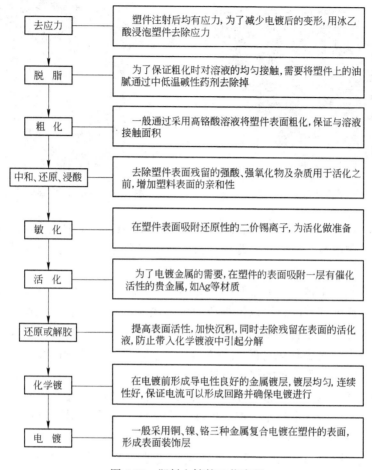

图 6-27　塑料电镀的工艺流程

（6）印刷。印刷工艺是通过印制的方法，将色彩和肌理附着在产品表面的工艺方法。通常用于产品的印刷工艺有：模内转印、丝网印刷、热转印、移印等。以模内转印为例，模内转印是在注射成形的同时进行镶件加饰的技术，产品和装饰承印物覆合成为一体，对立体状的成形品可进行加饰印刷，使产品达到装饰性与功能性于一身的效果。模内转印已被广泛应用于产品领域：家电业（电饭煲、洗衣机、微波炉、空调器、电冰箱等的控制面板）、电子业（MP3、计算机、VCD、DVD、电子记事本、照相机等产品的装饰面壳及标牌、电子医疗仪器面板）、汽车业（仪表盘、空调面板、内饰件、车灯、外壳、标志）、通信业（手机视窗镜片、外壳、按键），如图 6-28 所示手机按键上的字符。

（7）烫印。烫印就是通过烫印机的热源、胶辊或胶板，在一定的压力下将烫印材料上彩色铝、木纹的肌理效果转印到塑件表面上，从而获得精美图案和良好装饰效果的工艺。

电化铝烫印是利用专用箔，在一定的温度下将文字及图案转印到塑料制品的表面。其优点在于该方法不需要对表面进行处理，使用简单的装置即可进行彩印。此外，还可以印刷出具有金、银等金属光泽的制品。其缺点是印刷品不耐磨损，且树脂与箔的相溶性会影响印刷相适性，如图 6-29 所示紫砂电饭煲外表面烫印效果。

图 6-28 手机按键上的字符   图 6-29 紫砂电饭煲外表面烫印效果

（8）拉丝。拉丝是指在金属板表面用机械摩擦的方法加工出各种线条纹路的方法。可根据装饰需要，制成直纹、乱纹、螺纹、波纹和旋纹等几种。铜金属拉丝表面效果如图6-24 上右所示。

（9）激光雕刻（镭雕）。激光雕刻技术是利用激光变焦在产品表面雕刻出需要的文字和图案的产品表面处理方法。可以依据所使用的激光种类（波长）或雕刻方式，分成数种类型。与一般的油墨印刷相比较，由于不需要周边设备，所以也就不需要使用溶剂，因此，激光雕刻技术是属于环保型的表面处理技术。此外，它利用制品本身的质变进行雕刻，雕刻文字或图案因不易被磨损而备受瞩目。

（10）咬花。咬花是指在模具内蚀刻出各种花色，使加工成形的产品表面产生凹凸纹理的加工方法。与其他技术相比，咬花是对模具的加工，而其他技术则是直接对半成品加工，如图 6-30 所示的笔记本电脑局部采用咬花工艺处理。

（11）蚀刻。蚀刻是利用化学药品的作用，使被加工金属表面的特定部位侵蚀溶解，而形成凹凸模样的一种加工方法。在蚀刻过程中，首先将整个金属表面用耐药性的膜（隔离膜或掩蔽膜）覆盖，再把表面上要求凹下去部位的膜用机械的或化学的方法除去，使这部分的金属表面裸露。然后将药液倒入其中，使裸露部分的金属溶解而形成凹部。最后，将剩下的盖膜用其他药液除去，这部分表面就成为凸部。这样，在金属表面就描绘出所设计的凹凸模样。如图 6-31 所示匕首局部蚀刻工艺。

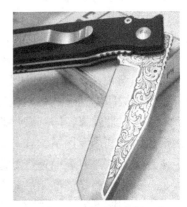

图 6-30 笔记本电脑局部咬花工艺   图 6-31 匕首局部蚀刻工艺

6.7.3 产品表面处理技术与产品设计

产品设计是使所创造的产品与人之间取得最佳匹配的活动，而与人的关系还表现在视觉与触觉的世界，也就是产品的表面世界。具体地说，就是要处理诸如色彩、光泽、纹理、质地等直接赋予视觉与触觉的一切表面造型要素。产品是表面处理的应用对象，表面处理是产品外观效果得以实现的必要工艺手段。任何产品无论其机能简单或复杂，都要通过其外观造型，使机能由抽象的层面转化为具体的层面，使设计的理念物化为各个应用实体。产品在取得合理的功能设计后，产品的表面处理往往使产品形态成为更加真实、含蓄、丰富的整体，使产品以自身的形象向消费者显示其个性，向消费者感官输送各种信息，以满足消费者对各种产品的要求。

产品表面处理的方式很多，不同的表面处理方式会产生不一样的外观效果。在同一产品表面可以实现不同的外观效果，即同一产品上不同外观构件可以根据设计目的的不同而应用不同的表面处理；不同的产品也可以通过采用相同的表面处理获得类似的外观效果。多种表面处理方式的运用丰富了产品的外部特征，也提升了产品的审美价值。

表面处理除了影响产品的外观和功能外，还与产品的使用环境有一定的关系。产品作为具有特定功能的实体是放在一定环境中使用的，而产品的表面是直接与周围环境发生关系的介质，恰当的表面处理能够使产品与使用环境相协调，不当的表面处理不但影响产品正常功能的实现，甚至会对环境造成污染。所以产品的表面处理与使用环境的关系也是设计师不应忽视的问题。

从产品设计的角度来看，表面处理的作用就在于：一方面保护产品，即保护材质本身赋予产品表面的光泽、色彩和肌理等而呈现出的外观美，并提高产品的耐用性，确保产品的安全性，由此有效地利用材料资源；一方面可以根据设计的意图，改变产品表面状态，给产品表面附加更丰富的色彩、光泽和肌理，提高装饰效果，使产品表面具有更好的外观特征；另一方面，根据产品设计的功能要求，通过表面处理赋予产品表面更高的耐磨性、耐蚀性、导电性、绝缘性、电磁屏蔽性、润滑性、吸光性、反光性等性能。

从设计的角度来看，产品的表面处理是产品创造性实现的重要环节之一，产品表面处理技术应用的好坏直接影响着产品设计的成败。历数设计史上成功的案例，不难发现，设计理念的完美传递总是与产品的外在美紧密相连的，而外在美又是与产品的表面处理分不开的。以享誉盛名的 Zippo 打火机为例，如图 6-32 所示，虽然从其诞生至今的 65 年中，它的外形并没有发生什么变化，但其千变万化的魅力外表却将小小的火机演绎得几近完美。无论是新品还是经典型号，总是被人们所津津乐道，终究是什么赋予 Zippo 如此神奇的魔力？那就是隐藏在外表光环背后的多种多样的表面处理工艺。

从技术的角度来看，产品表面处理技术的发展对产品设计具有一定推动作用。以往受技术条件的约束，很多优秀的创意与想法不能得以实现。现今，产品表面处理技术的革新，拓宽了其在产品设计中的应用范围，缩小了技术为设计所设的屏障，为设计师留出了更大的发挥空间。具体到产品而言，就是极大地丰富了产品的外在表现手段，间接推动了产品设计的发展。

从时代和设计风格的角度来看，产品表面处理技术是时代的表征之一，新的产品表面处理技术的诞生具有时代意义，同时产品设计风格的表现也离不开产品表面处理技术的应用。

图 6-32　不同表面处理工艺的 Zippo 打火机

6.8　产品设计表达

设计师的想象不是纯艺术的幻想，而是把想象利用科学技术使之转化为对人有用的实际物品。这个过程需要把想象先加以视觉化，这种把想象转化为现实的过程，就是运用设计专业的特殊绘画语言把想象表现在图纸上的过程。所以，设计师必须具备良好的绘画基础和一定的空间立体想象力。设计师只有具备精良的表现技术，才能在绘图中得心应手。设计师面对抽象的概念和构想时，必须经过化抽象概念为具象的塑造过程，才能把脑中所想到的形象、色彩、质感和感觉化为具有真实感的事物，而产品设计表达在此将发挥巨大的作用。

6.8.1　设计表达概述

纽约大学的心理教育学家詹里姆·布鲁诺通过研究发现：人类的记忆 10% 来自听觉，30% 来自阅读，60% 则通过视觉和实践获得。另外，人类对于视觉形态有一种自然归纳为语义的习惯，即通过符号过程对符号表现进行赋义、赋值的意指作用。因此，人类在视觉语言上和处理文学语言的能力一样，有基本的"视觉直觉系统"。设计师正是利用人们的这一习惯，运用图形、符号、色彩、材质等"词汇"的重新组合，从而获得有崭新创意的视觉语言。

产品设计表达是设计师凭借自己的经验、已有的领域知识和设计知识库等，对产品的信息（技术信息、语意信息和审美信息）进行编码加工，通过设计师的情感理解、文化内涵溶入以及与实用功能、技术的结合，借以一些视觉符号的组合来表述设计的实质内涵。

设计师如何应用各种设计表达方法和技巧，把自己设计的产品的功能、造型、色彩、结构、工艺、材料等信息真实、客观地反映出来，从视觉感受上沟通设计者和参与设计开发的技术人员的联系，这是设计表达的责任所在。

语言是人类最基本的交往、表意的工具和方式。不同的专业有不同的语言，如舞蹈家用自己的肢体语言与观众交流，作家用自己的文字语言与读者对话。设计表达就是设计师的语言。它是传达设计师情感以及体现整个设计构思的语言，同时也是设计者表现设计意图的媒介。设计师用设计来表达设计构思，记录设计创意，传递设计意图，交流设计信息，并在此基础上研究设计的表意和内涵，从中择取最佳的方案加以深入和演化，将理想转化为现实。

由图6-33可知，语言和文字在设计师的设计实践中是后置的，而用于设计表现的图像、形体表现置于设计开发的前端。在工业设计实践中，设计方法往往由许多步骤和阶段构成，这些步骤或阶段的总称，就称为设计程序。设计程序是设计方法的架构，是针对性地解决设计开发中的主要设计问题而制定出的步骤和措施，而每一步骤的设定，也必然是为了解决设计开发中的次要问题。因此，设计程序中的每个阶段，都存在不同的设计问题，也就需要用不同的设计表达方法来加以解决，如图6-34所示。

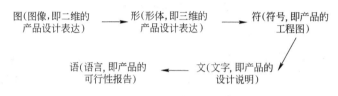

图6-33 设计师的语言表达顺序

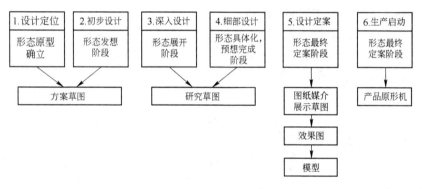

图6-34 设计表达过程

设计表达作为设计活动中的组成部分，设计师把设计表达作为沟通的手段和媒介，目的在于"说服"设计受众接受设计，确保所表达的产品由虚拟的概念转化为现实的产品，这使得设计表达以信息的有效传达为目标，视觉语言的形式运用则服务或服从于信息的有效传达这一目标。

6.8.2 不同层次的设计表达

6.8.2.1 徒手表达的基础训练

A 结构素描

所谓"结构素描"即是用线条来表现形态的外观结构和内在结构的关系，探索其形态构成规律，达到认识形态、理解形态的目的。设计师如果仅有"写生"的描述能力，是无法对产品结构进行思考和推敲的。为锻炼设计师理解基本构成形态在视点移动的条件下，所引起的各种透视角度的形态变化规律，就必须加强结构素描的练习。如图6-35所示分别为静物结构素描作品（左）和赛车结构素描作品（右）。

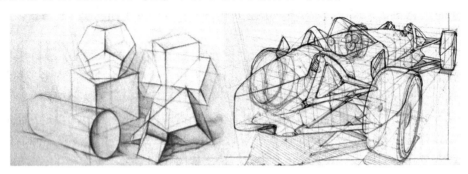

图 6-35　结构素描图例

B　速写

速写顾名思义是一种快速的写生方法。速写是中国原创词汇，属于素描的一种。速写同素描一样，不但是造型艺术的基础，也是一种独立的艺术形式。速写能培养人们敏锐的观察能力，使人们善于捕捉生活中美好的瞬间。速写能提高人们对形象的记忆能力和默写能力。速写是感受生活、记录感受的方式，速写使这些感受和想象形象化、具体化。速写是由造型训练走向造型创作的必然途径。

速写作为一种常用的设计表现手法，需要下很多的功夫，才能达到得心应手的程度，为今后的设计表现打下牢固的基础和提供丰富的素材。如图 6-36 所示，作为工业设计师，要能够灵活运用速写表达创意思想。

图 6-36　产品速写图例

6.8.2.2　设计方案草图

设计师通常追求的是创造力和想象力。在设计过程中，方案草图起着重要作用。它不仅可在很短的时间里，将设计师思想中闪现的每一个灵感快速地用可视的形象表现出来，而且通过设计草图，可以对现有的构思进行分析而产生新的创意，直到取得满意的概念乃至设计的完成。

设计草图的表现方法较为简单，只依靠速写的手法（诸如钢笔、蜡笔、签字笔、圆珠笔、彩色铅笔、麦克笔、彩色水笔等书写工具及普通的纸张）就可完成。有些需标明色彩的，在钢笔速写的基础上略施以淡彩，有时可根据需要标出部分使用的材料、功能及加工工艺要求，使之较清楚地展现创意方案。这种快速简便的方法有助于设计思维的扩展和完善，随着构思的深入而贯穿于设计的始末。

方案草图是将创造性的思维活动，转换为可视形象的重要方法。换句话说，就是利用不同的绘画工具在二维的平面上，运用透视法则，融合绘画的知识技能，将浮现在脑海中的创意真实有效地表达出来。一个工业设计师如果不能通过描绘可视化的方式来表达自己的设计构思，就好比作家不能通过文字语言来表达自己的思想感情一样。

在这个阶段，设计师的精力应集中于设计方案的创新上，构思草图要求量多而未必质高，便于及时地将一些仅仅是零星的、不完善的，有时甚至是荒诞的初步形态记录下来，为以后的设计提供较丰富的方案依据，从而进行比较、联想、综合，形成新设想的基础，如图6-37所示。

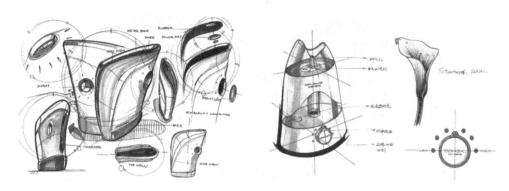

图6-37　产品设计方案图例

6.8.2.3　设计方案效果图

随着创意逐渐深入，在众多的方案草图中通过比较、筛选，产生出最佳的几个方案。为了进行更深层的表述，需将最初概念性的构思再展开、深入，这样较成熟的产品设计雏形便逐渐产生出来，这就需要效果图来表现。

A　方案效果图的初级阶段

为了让其他人员更清楚地了解设计方案，此时效果图的绘制应表现得较为清晰、严谨，同时具有多样化的特点，以提供选择的余地，如形态、结构，各种角度、比例、色彩等。如果这一阶段效果图的表现技巧较差，不能给人视觉上的认可，方案也很难通过。这时的效果图未必是最后的设计结果，还需在反复的评价中优化方案，除重视产品效果图的质量外，还要把握绘图的速度，明确主要的结构形态，对一些无关紧要的细节部分进行概括或省略。经过这一阶段工作后的设计方案、产品设计的主要信息，即产品的外观形态特征、内部的构造、使用功能及加工工艺和材料等，都可大致确定下来，以便进一步地选择、评价、完善设计。

初级阶段的效果图，是为了能够使客户看得更清楚。在表现上既要画得简洁鲜明，又要画得充分丰富，目的是必须让人看得明白。表现效果图的技法有许多种，依据表现工具主要有：水粉、彩色铅笔、麦克笔、透明水色颜料、喷绘等。彩色铅笔在时间紧、条件有限的情况下是相当便利的工具，为了表现出材料的特殊色调，要尽可能备齐各种色系的笔；麦克笔是一种便于携带、速度快、易表现、质感强、色彩系列丰富，很受设计师欢迎的表现工具，现在还出现了一种新型的麦克喷雾器，借助它可以快速得到均匀的色彩喷雾效果；喷绘表现法是所有表现技法中最细腻、最精确、最逼真的一种方法，只要使用得好，画面失败性较小；水粉（结合水彩）画法表现力很强，能把被表现物体的造型特征精致而准确地表现出来，水粉颜料有色泽鲜艳、浑厚、不透明（或半透明）等特点，有很好的覆盖性，较易于把握，是从事各专业设计的工作人员常采用的画法。

在实际的表现实践中，有经验的设计师能够灵活地运用各种表现技法，也包括计算机效果图，只要能表达创意中的构想的都可使用。各种表现手法的互相结合，相互吸收，如干与湿、喷与画、水粉与色粉笔结合等，可使画面获得理想的效果，如图 6-38 所示。

图 6-38   产品手绘效果图

B   方案效果图的深入阶段

随着设计方案的不断深入和完善，为了使产品设计的每个细节都能明确无误地完成，不仅要详细、准确、扎实地描绘产品的外观形态所包含的形状、色彩、材料、质感、表面处理以及工艺和结构关系，还有些看不到的主要结构部分，利用透视图、三视图等表现出来，并配有适当的说明，如尺寸、比例关系以及生产工艺手段、材料选用等方面的技术内容，以便工程技术人员掌握必要的数据，为使用者提供详细、可信的未来产品的可视形态。

6.8.2.4   设计方案模型

运用实体材料对不太明晰的形态概念进行推敲，也是一种良好的方法，同时也是设计师的一种能力，这就是产品模型表达方式。它是依据初步定型的产品设计方案（平面的），按照一定的尺寸比例，选用各种合适的材料制作成接近真实的产品立体模型。常见的可用来快速表现的实体材料有纸张、黏土、石膏、泡沫、塑料、轻木等。这些材料加工切削相对比较简便，能够比较快速地将推敲过的二维形态转化为三维的实体草模，用来进一步分析、评价构思，而且它可以有效地反馈到二维形态，从而方便作深度的比较推敲、完善创意。

产品模型是产品设计过程中的一种表现形式，这种接近真实的产品模型能更加准确、直观地反映设计思想。同时，也只有通过产品模型才能进一步检测在平面方案中所不能反映出来的问题，为进一步完善设计方案提供可靠的依据。因此，它是设计师的设计语言，是达到设计目的必须掌握的一种重要的徒手表现技法。为了表达上的交流，可以运用综合表现方法，打破单一工具材料表现的局限性，博采众长，不拘一格，实现有效沟通的目的。

6.9 产品设计——形象

6.9.1 产品形象

社会学家、经济学家哈耶克认为："形象"是宇宙以及人类社会"外在秩序"之形状与"内在秩序"之象征的统一，是自然科学、社会科学、人文科学的最高范畴。"形象"是人与人、国与国之间的沟通方式，形象具有超越地域、文化、语言的沟通能力，形象具有强大的信息表达能力，形象可以发挥极大的品牌整合力量。

根据哈耶克的这一理论，产品的形象应由两部分组成：一部分是产品的"外在秩序"；另一部分是产品的"内在秩序"。产品的"外在秩序"是可见的，是表征的；而产品的"内在秩序"则是本质的，不可见的。就产品而言，人们通过感官系统，如视觉、触觉、味觉等可以感受到的部分都可以称之为"外在秩序"，其中视觉对"外在秩序"的传达是最快的。人们通过视觉所观察到的是产品的形态、色彩、材质、产品的人机界面等，以及依附在产品上非功能性的，如企业的标志、标识、图形和包装、广告、产品说明书、产品售后服务卡等内容。而"内在秩序"是指产品的功能、性能、加工工艺、技术水平等，这些是视觉无法辨认的，要通过操作、使用、体验后才能感受得到，是隐藏在产品背后大量的技术层面的工作，如产品设计、生产、管理等，牵涉到设计水平、生产水平、技术水平、设备水平、制造水平、管理水平等。因此，当"外在"和"内在"的因素在人们的感官上达到一致性的统一后，就会形成一种对产品的总体的印象，构成一个完整统一的形象系统，这就是产品的形象系统或产品形象统一性。

产品形象设计又称产品识别设计。产品识别设计理论的雏形是20世纪50年代在德国乌尔姆造型学院所倡导的系统设计。最早在70年代由德国设计师提出，并在企业中加以推广，其最典型的成果就是奔驰汽车、宝马汽车、博朗电器等世界驰名品牌产品设计风格的形成。当时，人们用通俗的概念——"家族化产品（Family Product）"来表述这种设计理念。所谓"家族化产品"就是由设计师在进行产品设计时，为同一企业生产的不同产品赋予相似甚至相同的造型特征，使之在产品外观上具备共同的"家族"识别因素，使不同产品之间产生统一与协调的效果。

随着社会经济的发展，市场竞争的激烈与复杂，正如产品设计已不能一味以满足人类对产品的功能性需求为目标一样，单纯强调外观造型所形成的"家族"识别同样也不能满足企业或品牌的生存与发展的需要。因此，产品设计的高端产物——产品识别（PI）的内涵也基于此而得以丰富与完善。作为一个融合了多学科知识的新兴领域，PI是一个综合性的概念，涉及产品设计、企业形象、品牌、市场营销理论以及设计管理等多领域相关知识理论。从产品属性与用户感受来理解，产品识别是企业有意识、有计划地使用特征策略，使用户或公众对企业的产品产生一种相同或相似的认同感。对于一个企业而言，产品作为连接用户与企业的一个关键因素，通过产品形象的塑造将企业形象源源不断地传达给用户。产品识别的目的就在于通过一系列的产品设计行为，传播和建立企业的识别性，从而体现产品价值和用户认同。

由图6-39可以看出，企业所追求的愿景、精神、文化、目标以及价值观等信息都应该通过产品的形象设计不断地传达给用户，从而提升企业在用户及公众心目中的形象与地位，因此在设计管理之初就应予以考虑。通过产品识别设计让企业的产品给公众造成一种视觉形态及心理认知上的一致与延续。

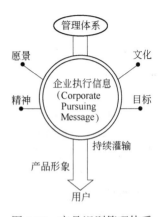

图 6-39　产品识别管理体系

　　所谓识别，其根本在于差异，雷同则意味着丧失个性和识别性。产品识别（PI），即产品的差别性或个性。人们之所以能够形成对事物的识别，其根本就在于差异。通过对差异化的事物进行比较与特征化，建立起某种特定的认知与联系，以区别不同的事物，最终形成记忆即对事物的识别。而产品识别正是要在产品设计中建立产品的差异性，建立人们用以区分其他产品的特征，最终形成人们对其产品的记忆。

品牌识别是一种联想物，是消费者的一种心理反应，同样，产品识别也是一种消费者对产品的联想与心理反应，而联想的确定性和心理反应的方向性则取决于产品的可识别性。设计师整合企业文化信息于产品设计之中，形成产品信息的内部逻辑，通过内部逻辑的表达，最终实现消费者外在联想的目标，并与其需求及价值观相吻合，这样的产品设计就实现了其产品识别的价值，赢得市场，更赢得用户。

　　通过上述分析可见，产品识别（PI）设计是以产品设计为核心的设计行为，宏观地讲是对信息的获取、编码、解码、评价与应用；具体而言是设计师通过分析企业的产品文化相关信息及用户的需求，获取产品识别设计中的特征元素，进而对获取的信息进行编码形成产品识别特质，而这些特征也必然承载着企业丰富的文化信息。因此，从产品设计的角度来诠释，产品识别就是将企业的所有产品按照统一的基于企业文化的内涵理念，且风格统一的原则加以系统设计，在产品上设计出属于企业自身文化的、明显且独特的特征，即可识别性元素，来获得消费者及公众对其品牌和价值的认同的过程。

6.9.2　产品形象设计的统一

　　产品形象是为实现企业的总体形象目标的细化，是以产品设计为核心而展开的系统形象设计。把产品作为载体，对产品的功能、结构、形态、色彩、材质、人机界面以及依附在产品上的标志、图形、文字等，能客观、准确地传达企业精神及理念的设计。对产品的设计、开发、研究的观念、原理、功能、结构、构造、技术、材料、造型、加工工艺、生产设备、包装、装潢、运输、展示、营销手段、产品的推广、广告策略等进行一系列统一策划、统一设计，形成统一的感官形象，也是产品内在的品质形象与产品外在的视觉形象和社会形象形成统一性的结果。产品形象设计围绕着人对产品的需求，更大限度地适合消费者个体与社会的需求，而获得普遍的认同感，起到提升、塑造和传播企业形象的作用，使企业在经营信誉、品牌意识、经营谋略、销售服务、员工素质、企业文化等诸多方面显示企业的个性，强化企业的整体素质，造就品牌效应，赢利于激烈的市场竞争中。

　　产品形象包括几方面的内容（图 6-40）：

　　（1）产品的视觉形象：包括产品造型、产品风格、产品识别系统、产品包装、产品广告等。

　　（2）产品的品质形象：包括产品规划、产品设计、产品生产、产品管理、产品销售、产品使用、产品服务等。

（3）产品的社会形象：包括产品社会认知、产品社会评价、产品社会效益、产品社会地位等内容。

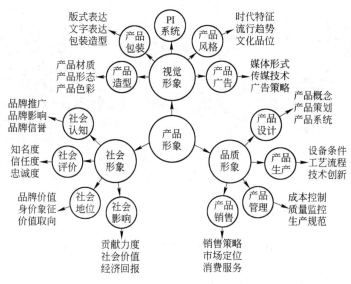

图 6-40 产品形象树

6.9.2.1 产品的视觉形象

产品的视觉形象的统一性是企业形象在产品系统的具体表现，在企业形象的视觉统一识别（VI）基础上，以企业的标志、图形、标准字体、标准色彩、组合规范、使用规范为基础要素，应用到产品设计要素的各个环节上。产品的特性及企业的精神理念透过产品的整体视觉传达系统，形成强有力的冲击力，将具体可视的产品外部形象与其内在的特质融汇成一体，以传达企业的信息。产品的视觉形象的统一性是以视觉化的设计要素为中心，塑造独特的形象个性，以供社会大众识别认同。

PI 的视觉识别要素大体包括：形态识别要素，材质识别要素，色彩识别要素以及界面识别要素。

形态识别是引起用户记忆与辨识的最直接有效的识别要素。它将一类相同或相似的风格、细部特征，或延续或发展，持续不断地应用于企业的不同产品造型设计中，形成一个延续且统一的产品视觉形象，引起用户的视觉注意，并逐渐形成记忆识别。如图 6-41 所示，以 2009 款宝马 X6 Hamann TYCOON9（上图）和 2009 款宝马 3 系 335i 汽车造型（下图）为例，车体水箱罩，整体轮廓形态和车尾是宝马车系造型特征最显著的地方，其所有车型都延续应用了这些特征，也是宝马产品形象的形态识别。

在产品设计中，材质的应用有着丰富和提升产品形象的作用，因此材质的识别也是产品识别的重要识别要素。产品材质的质感与触感是促进用户对产品进一步认知的有效手段。选择符合产品个性文化的独特材质，也是加速用户对产品辨识并形成记忆的有效途径。材料表面的光泽、色彩、肌理、透明度等都会产生不同的视觉质感，从而使人们对材质产生不同的感觉，如细腻感、粗犷感、运动感、秩序感、科技感、素雅感、华丽感等（参见图 6-32 中的不同材质处理的打火机产品识别效果）。

图 6-41　2009 款宝马 X6 Hamann TYCOON9（上图）和 2009 款宝马 3 系 335i 汽车形态对比（下图）

　　不同材质可以通过自身不同的质感与触感向用户传达其蕴含的个性文化特质。在产品识别设计中，可以通过采用符合产品个性文化内涵的材质，应用于企业不同的产品，而使用户对产品形成特定的联想进而形成识别记忆。

　　色彩也是产品识别的要素之一。良好的色彩选择与配置，对消费者而言具有强烈的心理作用，在相当大程度上能左右人类的情绪，乃至改变人类的性格与行为。不同的色彩有着不同的情感诉求：红色象征热情，蓝色表示沉静，黑色代表神秘等。在产品识别设计中，通过某一特定色彩或同一色系在企业不同产品中的持续应用，不论在使产品更好地与使用者身、心匹配，提高产品的文化价值方面，还是建立产品的个性差异化方面，都能起到巨大的作用。因此，良好的色彩规划在增加产品自身附加价值的同时，更能有效地激起用户对产品的识别。

　　随着数字时代，多媒体技术的迅猛发展，界面设计成为许多产品不可缺少的一部分。用户对于界面的识别是在实际操作过程中形成的，界面操作的简易明了，美观友好，与用户认知的匹配，符合用户行为习惯等，这些因素在企业同期产品和不同系列产品之间相似与延续的应用，加速了产品识别性的形成。

6.9.2.2　产品的品质形象

　　就产品的品质而言，是通过产品的内在质量而反映到外在的企业形象上，如德国的"奔驰"车、西门子的电子产品等，给人更多的是对德国产品的制造技术、产品性能，以及严格的质量管理体系的联想，在感官上形成"车—奔驰—技术—品质—德国"。"高质量"与"德国"是同义的，"奔驰"车的形象就是"德国"的形象。

　　产品的品质形象涉及产品的设计管理与设计水平，无论是在产品的功能、性能、材料选用、加工工艺、制作方法、设备条件以及人员素质等方面都要有严格的管理。在产品形象设计中，首先要在设计管理水平上提高，如有明确的产品设计目标计划，组织有效的产品设计开发队伍进行关键的技术攻关，提供完善的设计技术配置服务，包括"软"的（高素质的设计人员）、"硬"的（符合设计开发要求的设施、设备）配置，满足产品设计开发的物质条件。并且要在产品设计开发过程中，实施程序过程的管理（如阶段评估、信息反馈、多方案选择等）。为满足设计开发水平，提高设计的质量，就要提高设计人员的整体素质水平，实施有效的管理模式。

产品设计水平的高低，除了取决于设计人员的自身素质外，更主要的是要按照科学的设计方法程序进行。充分进行产品设计的市场调研，收集资料、信息，提出开发设计本产品的充分依据，如：对产品设计的功能、性能、造型形态分析，以及采用何种原理、技术、生产方式等，满足何种人群或个体差异的要求（包括心理和生理需求）；对产品的使用方式、使用时间、地点、使用环境进行研究，以及由此产生的社会后果（如安全、环保、法律）等，进行科学系统的分析、研究、归纳；对产品的整体形象设计进行定位，通过方案的选择、优化，形成产品形象设计的系统性，逐步实现把产品的形象设计统一到企业整体形象上来。

PI 的设计不仅仅是用户所看见和感觉到的产品的外观，更重要的是，它是定义并引导人们生活的时代性文化表达。产品品质形象传达的是 PI 设计中的理念与情感，设计师依据企业文化内涵，提取产品设计理念进行产品识别设计，从而激发社会和用户在精神与情感方面的共鸣。如图 6-42 所示，从阿莱西的产品中，最大的感受是它对于诗意而又趣味的生活态度的诠释及愉悦的用户体验，进而产生对其企业文化的认同，最终形成了阿莱西独特不可替代的个性识别。

图 6-42 阿莱西产品形象

从具体产品的角度来讲，除了产品本身所固有的物理属性外，还包含有品牌个性、象征价值、使用者印象等感性属性。产品的品质形象体现在用户体验、企业文化及情感等。

就用户体验而言，与产品互动过程中获得的愉悦用户体验是决定用户购买某一产品的关键因素。用户对于产品形成体验的识别，关键在于这种愉悦的体验能否在企业不同产品中得以延续，以及是否能符合用户对这种使用体验的预想，这同样也是产品识别设计所必须解决的问题之一，即以用户为中心。

产品识别作为产品设计进化发展的产物，不仅意味着设计层级与理念的不同，更是对企业文化的战略延伸。因此，作为 PI 个性识别要素之一的企业文化，意味着产品实现了对企业文化内涵的传播，是对产品视觉识别的升华。不同企业自然拥有不同的文化，将企业自身的独特文化融入产品的设计中，源源不断地向社会传播其理念、价值观与精神，是实现企业自身价值的同时，而区别于竞争对手，获得认知与识别的关键。

有情感的产品才能吸引人，感染人。情感过程产生的是关于人对客观事物是否满足自身物质和精神上的需要的主观体验。当人们与产品之间的情感在企业不同产品中获得满足与延续时，便形成了对产品情感的识别。因此，产品识别设计中，对于产品情感的设计也是实现产品识别的关键因素之一。

6.9.2.3　产品的社会形象

产品形象是企业形象的重要组成，是企业在特定的经营与竞争环境中，设计和塑造企业形象的有力手段，由此决定了其基本功能是通过各种传播方式和传播媒体，通过产品形象将企业存在的意义、经营思想、经营行为、经营特色与个性进行整体性、组织性、系统性的传达，以获得社会公众的认同、喜爱和支持，用良好企业形象的无形资产，创造更辉煌的经营业绩。

在企业运营过程中，产品形象战略能够随时、随地向企业员工和社会公众传递信息，为人们提供识别和判断的信号。但在产品形象战略产生之前，这种传递是自发的、随机的和杂乱无章的。产品形象战略的导入和实施，使企业信息传递成为一种自主的、有目的的、有系统的组织行为，它通过特定方式、特定媒体、特定内容和特定过程传递特定信息，把企业的本质特征、差异性优势、独具魅力的个性，针对性极强地展现给社会公众，引导、教育、说服社会公众形成认同，对企业充满好感和信心，以良好企业形象获取社会公众的支持与合作。

产品形象战略的导入产生两方面重要的协调功能：从企业内部关系协调看，共同的企业使命、经营理念、价值观和道德行为规范，创造一种同心同德、团结合作的良好氛围，强化企业的向心力和凝聚力，产生强烈的使命感、责任感和荣誉感，使全体员工自觉地将自己的命运与企业的命运联系在一起，从而生成一种坚不可摧的组织力量，为推动企业各项事业的发展提供动力源；从企业外部关系协调看，塑造良好的企业形象的实质是企业以社会责任为己任，用优质产品和服务以及尽可能多的公益行为，满足社会各界及大众的需要，促进经济繁荣和社会进步。

7 工业设计技术

现代设计发展到现在，出现了很多的产品设计技术，如计算机辅助工业设计、快速成型、逆向工程、虚拟现实技术等，在很大程度上支持着产品设计的发展，也是产品设计的技术基础。

7.1 计算机辅助工业设计

工业设计是从社会、经济、技术、艺术等多种角度，对批量生产的工业产品的功能、材料、构造、形态、色彩、表面处理、装饰等要素进行综合性的设计，创造出能够满足人们不断增长的物质需求的新产品。工业设计在技术创新、产品成型以及商品的销售、服务和企业形象的树立过程中，扮演着重要的角色，它是现代工业文明的灵魂，是现代科学技术与艺术的统一，也是科技与经济、文化的高度融合。随着科学技术的高速发展，特别是信息时代的到来，市场对产品的性能、价格和交货期的要求更加苛刻，要求产品的研发周期短、品种多样化、趣味化、个性化、小批量。这些都要求制造企业能够快速开发出高质量的产品，响应市场的需求，提高自身的竞争力。传统的产品设计方法已经不能满足瞬息万变的市场需求，因此基于计算机技术的 CAID（计算机辅助工业设计）应运而生。

从历史的发展来讲，从来没有一种技术像计算机技术那样对人类历史产生如此深远的影响，人类正步入数字化时代。进入 21 世纪，就意味着进入了经济全球化和知识经济时代。21 世纪的竞争焦点是科学技术的竞争，作为从科学技术转化为产品的一个桥梁，工业设计在经济发展过程中越来越体现出其重要性。

7.1.1 CAID 基本内涵

CAID，即在计算机技术和工业设计相结合形成的系统支持下，进行工业设计领域内的各种创造性活动。CAID 是指以计算机硬件、软件、信息存储、通讯协议、周边设备和互联网等为技术手段，以信息科学为理论基础，包括信息离散化表述、扫描、处理、存储、传递、传感、物化、支持、集成和联网等领域的科学技术集合。CAID 主要包括数字化建模、数字化装配、数字化评价、数字化制造以及数字化信息交换等方面内容。数字化建模是由编程者预先设置一些几何图形模块，设计者在造型建模时可以直接使用，通过改变一个几何图形的相关尺寸参数，可以产生其他几何图形，任设计者发挥创造力。数字化装配是在所有零件建模完成后，可以在设计平台上实现预装配，可以获得有关可靠性、可维护性、技术指标、工艺性等方面的反馈信息，便于及时修改。数字化评价是该系统中集中体现工业设计特征的部分，它将各种美学原则、风格特征、人机关系等语义性的东西通过数学建模进行量化，使工业设计的知识体系对设计过程的指导真正具有可操作性。比如生成的渲染效果图或实体模型，可以进行机构仿真、外形、色彩、材质、工艺等方面的分析评价，更直观且经济实用。数字化制造是在数字化工厂中完成，它能自动生成自动识别加工特征、工艺计划、自动生成 NC 刀具轨迹，并能定义、预测、测量、分析制造公差等。数字化信息交换基于网络，使该设计平台能够实现与其他平台的信息资源共享。

由于工业设计是一门综合性的交叉性学科，涉及诸多学科领域，因而计算机辅助工业设计技术也涉及 CAD 技术、人工智能技术、多媒体技术、虚拟现实技术、优化技术、模糊技术、人机工程学等信息技术领域。广义上，CAID 是 CAD 的一个分支，许多 CAD 领域的方法和技术都可加以借鉴和引用。

7.1.2　CAID 设计表达常用软件介绍

与工业设计相关的一些软件包括：CorelDRAW、Photoshop、Illustrator 等平面绘图软件和 Rhinoceros、3ds max、Maya、Cinema4D、Alias、Pro/E、UG、Solid Works、Catia 等三维软件。面对这么多软件的选择，工业设计师最理想的做法是，根据自己的技能和工作要求使用适当的软件。

Rhinoceros（俗称犀牛）是由 Robert McNeel&Associates 公司为工业与产品设计师、场景设计师所开发的高阶曲面模型建构工具。它是第一套将强大的 NURBS 模型构建技术完整引进 Windows 操作系统的软件，不论是构建工具、汽车零件、消费性产品的外形设计，或是船壳、机械外装或齿轮等工业制品，甚至是人物、生物造型等，Rhino 可供使用者易学易用，是极具弹性及高精确度的模型建构工具。

3D Studio Max，常简称为 3ds Max 或 MAX，是 Autodesk 公司开发的基于 PC 系统的三维动画渲染和制作软件。其前身是基于 DOS 操作系统的 3D Studio 系列软件。在 Windows NT 出现以前，工业级的 CG 制作被 SGI 图形工作站所垄断。3D Studio Max + Windows 组合的出现，一下子降低了 CG 制作的门槛，首选开始运用在电脑游戏中的动画制作，后更进一步开始参与影视片的特效制作，例如 X 战警Ⅱ，最后的武士等。其应用范围广，广泛应用于广告、影视、工业设计、建筑设计、多媒体制作、游戏、辅助教学以及工程可视化等领域。

Maya 是美国 Autodesk 公司出品的世界顶级的三维动画软件，应用对象是专业的影视广告、角色动画、电影特技等。Maya 功能完善、工作灵活、易学易用，制作效率极高，渲染真实感极强，是电影级别的高端制作软件。其售价高昂，声名显赫，是制作者梦寐以求的制作工具。掌握了 Maya，会极大地提高制作效率和品质，调节出仿真的角色动画，渲染出电影的真实效果。

Alias 是最专业的工业设计软件，无缝连接创意表现、精确建模、真实渲染、输出（制造）整个流程，而且每一个环节都可以充分体现设计师的天赋和能力。Alias 还可以通过动画展示产品。

Por/E、UG、Solid Works 和 Catia 更适合称为工程软件。它们建模和结构设计的功能很强大，直接支持制造生产，但缺乏对创意和渲染阶段的支持。很多公司有专门的结构设计师使用这些软件，而工业设计师负责概念、创意及效果制作。Catia 系列产品，已经在七大领域里成为首要的 3D 设计和模拟解决方案：汽车、航空航天、船舶制造、厂房设计、电力与电子、消费品和通用机械制造。

德国 MAXON 公司出品的 Cinema 4D，是一套整合 3D 模型、动画与算图的高级三维绘图软件，一直以高速图形计算速度著名，并有令人惊奇的渲染器和粒子系统。其渲染器在不影响速度的前提下，使图像品质有了很大提高，可以面向打印、出版、设计及创造产品视觉效果。Cinema 4D 软件是个功能异常强大操作却极为简易的软件。与众所周知的其他 3D 软件一样（如 Maya、Softimage XSI、3D Max 等），Cinema 4D 同样具备高端 3D 动画软件的所有功能。所不同的是，在研发过程中，Cinema 4D 的工程师更加注重工作流程的流畅性、舒适性、合理性、易用性和高效性。

CorelDRAW 是一款由加拿大渥太华的 Corel 公司开发的矢量图形编辑软件，是目前最流行的平面矢量设计制作软件。其应用针对两大领域：一个用于矢量图形及页面设计，一个用于图像编辑处理。使用 CorelDRAW 可创作出多种富于动感的特殊效果的图像，加上高质量的输出性能，保证用户能得到专业图像的制作效果，因此被广泛应用于广告设计制作、工业产品造型设计、产品包装设计和网页制作等领域。

Photoshop 是由 Adobe 公司开发的图形处理系列软件之一，Photoshop 的应用领域很广泛，在图像、图形、文字、视频、出版各方面都有涉及。

平面设计是 Photoshop 应用最为广泛的领域，无论是我们正在阅读的图书封面，还是大街上看到的招贴、海报，这些具有丰富图像的平面印刷品，基本上都需要 Photoshop 软件对图像进行处理。Photoshop 具有强大的图像修饰功能，利用这些功能，可以快速修复一张破损的老照片，也可以修复人脸上的斑点等缺陷。广告摄影作为一种对视觉要求非常严格的工作，其最终成品往往要经过 Photoshop 的修改才能得到满意的效果。影像创意是 Photoshop 的特长，通过 Photoshop 的处理可以将原本风马牛不相及的对象组合在一起，也可以使用"狸猫换太子"的手段使图像发生面目全非的巨大变化。在三维软件中，如果能够制作出精良的模型，但却无法为模型应用逼真的贴图，也无法得到较好的渲染效果。实际上在制作材质时，除了要依靠软件本身具有的材质功能外，利用 Photoshop 可以制作出在三维软件中无法得到的合适的材质。界面设计是一个新兴的领域，已经受到越来越多的软件企业及开发者的重视，虽然暂时还未成为一种全新的职业，但相信不久一定会出现专业的界面设计师。在当前还没有用于做界面设计的专业软件，因此绝大多数设计者使用的都是 Photoshop。

Adobe Illustrator 是出版、多媒体和在线图像的工业标准矢量插画软件。Adobe Illustrator 最大特点在于贝赛尔曲线的使用，使得操作简单、功能强大的矢量绘图成为可能。现在它还集成文字处理，上色等功能，在插图制作、印刷制品（如广告传单，小册子）设计制作方面也广泛使用。事实上，它已经成为桌面出版（DTP）业界的默认标准。它的主要竞争对手是 Macromedia Freehand，但在 2005 年 Macromedia 已经被 Adobe 公司合并。

7.2 3D 打印

3D 打印技术源自 19 世纪美国研究的照相雕塑和地貌成型技术，学界将其称为"快速成型技术"。1986 年，美国科学家查尔斯·胡尔利用一种称为光敏树脂的液态材料，发明出世界上第一台 3D 打印机。随后胡尔以这种技术为基础成立了世界上第一家 3D 打印设备公司 3D Systems，并于 1992 年卖出了第一台商业化产品。20 世纪 90 年代，3D 技术经历过一波快速发展，如 1989 年美国得克萨斯大学卡尔提出选择性激光烧结（SLS）技术，1990 年麻省理工学院申请了"三维印刷技术"专利等。本世纪以来，全球越来越多的公司先后涉足 3D 打印制造，目前全球已经产生两家行业巨头 Stratasys 公司和 3D Systems。根据 Wohlers Associates 的统计，2012 年 3D 打印市场规模同比增长 29%，预计未来 3D 打印市场将保持快速增长的势头。中国物联网校企联盟把 3D 打印称作"上上个世纪的思想，上个世纪的技术，本世纪的市场"。

3D 打印（英语：3D printing），属于快速成形技术（rapid prototyping）的一种，它是一种以数字模型文件为基础，运用粉末状金属或塑料等可粘合材料，通过逐层堆叠累积的方式来构造物体的技术（即"积层造型法"）。过去其常在模具制造、工业设计等领域被用于制造模型，现正逐渐用于一些产品的直接制造。特别是一些高价值应用（比如髋关节或牙齿，或一些飞机零部件）已经有使用这种技术打印而成的零部件，意味着"3D 打印"这项技术的普及。该技术在珠宝、鞋类、工业设计、建筑、工程和施工（AEC）、汽车、航空航天、牙科和医疗产业、教育、地理信息系统、土木工程、武器以及其他领域都有所应用（图 7-1）。

图 7-1　用"3D 打印"方法打印出平常方法难以达到的结构

7.2.1　原理：分层制造，逐层叠加

"3D 打印"是一类将材料逐层添加来制造三维物体的"增材制造"技术的统称，其核心原理是："分层制造，逐层叠加"，类似于高等数学里柱面坐标三重积分的过程。区别于传统的"减材制造"，3D 打印技术将机械、材料、计算机、通信、控制技术和生物医学等技术融会贯通，具有缩短产品开发周期、降低研发成本和一体制造复杂形状工件等优势，未来可能对制造业生产模式与人类生活方式产生重要的影响。

7.2.1.1　三维设计

3D 打印的设计过程为：先通过计算机辅助设计（CAD）或计算机动画建模软件建模，再将建成的三维模型"分割"成逐层的截面，从而指导打印机逐层打印。

设计软件和打印机之间协作的标准文件格式是 STL 文件格式。一个 STL 文件使用三角面来大致模拟物体的表面。三角面越小，其生成的表面分辨率越高。PLY 是一种通过扫描来产生三维文件的扫描器，其生成的 VRML 或者 WRL 文件经常被用做全彩打印的输入文件。

7.2.1.2　打印过程

打印机通过读取文件中的横截面信息，用液体状、粉状或片状的材料将这些截面逐层地打印出来，再将各层截面以各种方式粘合起来从而制造出一个实体。这种技术的特点在于其几乎可以造出任何形状的物品。

打印机打出的截面的厚度（即 z 方向）以及平面方向即 x-y 方向的分辨率是以 dpi

（像素每英寸）或者微米来计算的。一般的厚度为100微米，即0.1毫米，也有部分打印机（如Objet Connex系列还有3D Systems′ProJet系列）可以打印出16微米薄的一层。而平面方向则可以打印出跟激光打印机相近的分辨率。打印来的"墨水滴"的直径通常为50到100个微米。用传统方法制造出一个模型通常需要数小时到数天，根据模型的尺寸以及复杂程度而定；而用3D打印的技术则可以将时间缩短为数个小时，当然是由打印机的性能以及模型的尺寸和复杂程度而定的。

传统的制造技术如注塑法可以以较低的成本大量制造聚合物产品，而3D打印技术则可以以更快、更有弹性以及更低成本的办法生产数量相对较少的产品。一个桌面尺寸的3D打印机就可以满足设计者或概念开发小组制造模型的需要。

7.2.1.3 完成

目前3D打印机的分辨率对大多数应用来说已经足够（在弯曲的表面可能会比较粗糙，像图像上的锯齿一样），要获得更高分辨率的物品，可以通过如下方法：先用当前的3D打印机打出稍大一点的物体，再稍微经过表面打磨即可得到表面光滑的"高分辨率"物品。

有些技术可以同时使用多种材料进行打印。有些技术在打印的过程中还会用到支撑物，比如在打印出一些有倒挂状的物体时，就需要用到一些易于除去的东西（如可溶的东西）作为支撑物。

7.2.2 技术

3D打印存在着许多不同的技术。它们的不同之处在于以可用的材料的方式，并以不同层构建创建部件。按照3D打印的成型机理，通常将3D打印分为两大类：沉积原材料制造与黏合原材料制造，涵盖十多种具体的三维快速制造技术，较为成熟和具备实际应用潜力的技术有5种：SLA-立体光固化成型、FDM-容积成型、LOM-分层实体制造、3DP-三维粉末粘接和SLS-选择性激光烧结，见表7-1。

3D打印常用材料有尼龙玻纤、耐用性尼龙材料、石膏材料、铝材料、钛合金、不锈钢、镀银、镀金、橡胶类材料。

表7-1 3D打印的类型及成型技术

类　型	累　积　技　术	基　本　材　料
挤压	熔融沉积式（FDM）	热塑性塑料，共晶系统金属
线	电子束自由成形制造（EBF）	几乎任何合金
粒状	直接金属激光烧结（DMLS）	几乎任何合金
	电子束熔化成型（EBM）	钛合金
	选择性激光熔化成型（SLM）	钛合金，钴铬合金，不锈钢，铝
	选择性热烧结（SHS）	热塑性粉末
	选择性激光烧结（SLS）	热塑性塑料、金属粉末、陶瓷粉末
粉末层喷头3D打印	石膏3D打印（PP）	石膏
层压	分层实体制造（LOM）	纸、金属膜、塑料薄膜
光聚合	立体平版印刷（SLA）	光硬化树脂
	数字光处理（DLP）	光硬化树脂

7.2.2.1　主流 3D 打印技术

（1）熔融沉积成型技术（Fused deposition modeling，FDM）。有些 3D 打印机使用"喷墨"的方式，整个流程是在喷头内熔化塑料，然后通过沉积塑料纤维的方式才形成薄层（图 7-2）。

优点：成型精度更高，成型实物强度更高，可以彩色成型，但是成型后表面粗糙。

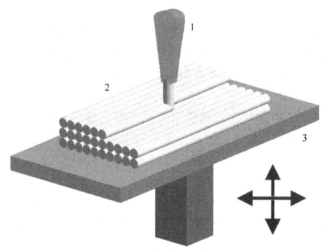

图 7-2　熔融沉积成型

（2）立体平版印刷（Stereolithography，SLA）。先由软件把 3D 的数字模型"切"成若干个平面，形成了很多个剖面。在工作的时候，有一个可以举升的平台，这个平台周围有一个液体槽，槽里面充满了可经紫外线照射固化的液体，紫外线激光会从底层做起，先固化最底层的，然后平台下移，固化下一层，如此往复，直到最终成型。

优点：精度高，可以表现准确的表面和平滑的效果，精度可以达到每层厚度 0.05 ~ 0.15 毫米。缺点则为可以使用的材料有限，并且不能多色成型。

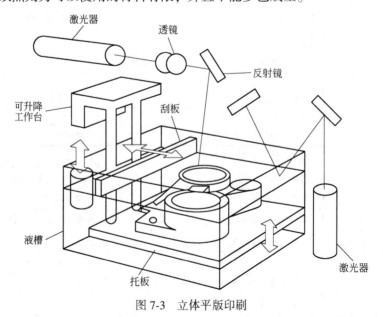

图 7-3　立体平版印刷

（3）选择性激光烧结（Selective laser sintering，SLS）。利用粉末状材料成型，将材料粉末铺洒在已成型零件的上表面并刮平；用高强度的 CO_2 激光器在刚铺的新层上扫描出零件截面；材料粉末在高强度的激光照射下被烧结在一起，得到零件的截面，并与下面已成型的部分粘接；当一层截面烧结完后，铺上新的一层材料粉末，选择地烧结下层截面。

优点：比 SLA 要结实得多，通常可以用来制作结构功能件；激光束选择性地熔合粉末材料：尼龙、弹性体，未来还有金属；优于 SLA 的地方：材料多样且性能接近普通工程塑料材料；无碾压步骤因此 z 向的精度不容易保证好；工艺简单，不需要碾压和掩模步骤；使用热塑性塑料材料可以制作活动铰链之类的零件；成型件表面多粉多孔，使用密封剂可以改善并强化零件；使用刷或吹的方法可以轻易地除去原型件上未烧结的粉末材料。

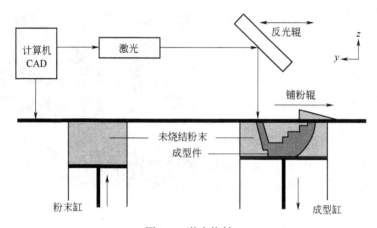

图 7-4　激光烧结

7.2.2.2　特点：技术类型与材料共同决定应用范围

具体到细分类型，不同的成型原理对材料的要求也不同。目前 SLA 技术主要采用液态光敏树脂，FDM 技术主要使用丝状热熔性塑料，LOM 使用薄膜材料，SLS 使用金属粉末，而 3DP 可使用金属粉末或塑料粉末等。反过来讲，材料本身的物理特性又会限制不同技术的应用。

立体光固化成型的成型速度快，精度相对较高，且外形表面好，但限于光敏树脂的物理特性，其 3D 打印产品主要用于代替熔模精密铸造中的蜡模和原型设计验证方面，而很少作为功能性零件使用。目前 3D 打印技术中唯一可桌面化的技术是 FDM，京东商城所售的 3D 打印机就是基于这种技术，使用 ABS 或 PLA 丝状、线状材料制作玩具；而在工业中 FDM 使用的丝状材料来源主要是工程塑料，其产品多为塑料件、铸造蜡模和样件等。SLS 是 3D 技术中制备功能性零件最具潜力的技术，SLS 可再细分为金属粉末和黏结剂混合烧结、金属粉末激光烧结和金属粉末压坯烧结。SLS 的主要优势是制作相对高强度的金属制品，在高端制造领域中完成样件功能试验或装备模拟。南京航空航天大学用 Ni 基合金混铜粉进行烧结成型的试验，成功地制造出具有较大角度的倒锥形状的金属零件。

7.2.2.3　比较：与传统制造技术相比各有用武之地

传统机械制造是基于削、钻、铣、磨、铸和锻等"减"材制造基本工艺的组合，工件的制造一般要经过多个工艺的组合才能完成。而 3D 打印技术秉承"分层制造，逐层叠加"核心原理，是一体成型技术，一台 3D 打印机就可以完成整个工件的制造。从工业应用领域来看，目前 3D 打印适于小批量、造型复杂的非功能性零部件，大多在汽车、航天等领域内用于制造样件和模具等；而传统的机加工制造就适用于大规模、需要量产的部件，并广泛应用在几乎所有领域。从使用的材料来分析，受制于技术的需要，3D 打印技术目前使用的材料多为塑料、光敏树脂和金属粉末等材料，这与传统机加工可以使用几乎任何材料相比要少很多。但 3D 打印就像其技术特点一样，几乎不产生浪费，材料的利用率可超过 95%；而传统的"减"材制造，皆不同程度地要产生许多废料。

7.2.3　3D 打印应用方向

7.2.3.1　原型

3D 打印的原型应用一直都有广泛应用。基本上，当企业把 3D 打印技术作为一种快速成型应用用在原型开发上的话，会使产品推向市场的速度更快。这一趋势肯定会继续向前发展（图 7-5）。

7.2.3.2　材料

新的 3D 打印材料的出现会扩大 3D 打印的应用领域，加快 3D 打印技术被更多的人/企业采用。如在 2014 年 CES 展上，知名的 3D 打印机制造商 MakerBot 就发布了 4 种新的打印材料，可模仿枫木、

图 7-5　Stratasys 公司打印的 3D 原型

石灰石、铁和铜的质感。MakerBot 此次发布的属于混合材料，也就是将石头、金属或木材与塑料相结合，从而让它们能够溶解成黏稠状态，然后再固化。MakerBot 声称，在制作完成之后，用户依然可以对制作的物品进行抛光或染色，让它们看上去更加生动。3D 打印正由工业化用途越来越趋向于民用化用途。对于耗材，人们要求它更环保，更健康，而生物材料恰恰可以满足这种需要。在传统制造业领域，3D 打印的成本成为瓶颈，如用 3D 打印替代制造业，成本往往高于传统模具。但在有些特殊领域，如医学领域，3D 打印便能发挥它的定制优势。对于 3D 打印爱好者来说，3D 打印可以让其头脑中天马行空的想法成为现实。类似于电脑，3D 打印机的发展趋势正由工业用途转为民用。这种趋势对于 3D 打印耗材来说提出了更多要求，如打印速度更高，颜色更丰富，并且可以混色打印。在 3D 打印领域，3D 耗材市场的重要性堪比 3D 打印机。在 2014 年，已经出现了许多让人耳目一新的材料，具有更好的属性、更广的应用范围。到 2015 年，将会看到更多针对 SLA 和 FDM / FFF 3D 打印机的新型材料涌现。一些公司如 MakerBot 可能会大张旗鼓地进入材料领域，为业界提供各种新的材料选择。

7.2.3.3　医疗保健

在与医疗保健相关的领域中，有一个很有趣的统计数据：在齿科方面，光是使用德国 EOS 公司的 3D 打印设备，已经打印了上千万的牙冠和牙桥（图 7-6）。也就是说，如今的

世界上至少有 1000 万人嘴巴里的牙冠和牙桥是 3D 打印的！

　　在欧洲模具展上，还出现了 3D 打印髋关节植入物，可以根据患者的实际情况直接打印出最终的植入物，不需要模具以及其他工具，就可以为患者提供个性化的、一次性解决方案。这是相当惊人的应用。

7.2.3.4　珠宝

　　这绝对是一个定制化大显身手的领域。如 EOS 的微激光烧结技术，可将 3D 打印层厚达到 1 微米，令人难以置信（图 7-7）。

图 7-6　EOS 3D 打印的牙桥　　　　　　图 7-7　EOS 微激光烧结技术制造的指环

7.2.3.5　3D 打印人像

　　随着 3D 打印应用的普及以及越来越多的艺术设计人员投入其中，3D 打印在人像玩偶方面的应用也越来越成熟，打印出来的人像也开始从形似迈向神似，越来越生动传神，必然会吸引更多的实际需求（图 7-8）。

7.2.3.6　航空航天

　　航空航天与医疗保健是 3D 打印领域的两大增长动力。航空航天领域主要使用金属 3D 打印技术，尤其是直接金属激光打印应用。今后航空航天不仅会提供更大

图 7-8　3D 打印的人像玩偶

的需求，也会持续推进金属 3D 打印技术水平的增长。

　　飞机发动机的低压涡轮叶片是 3D 打印技术下一个征服的领域。全球四大航空发动机厂商陆续宣布将在不同领域使用 3D 打印技术，UTC 下属的普惠飞机发动机公司宣布将使用 3D 打印技术制造喷射发动机的内压缩叶片，并在康涅狄格大学成立增材制造中心；霍尼韦尔则在其后宣布将使用 3D 打印技术构建热交换器和金属骨架。和普惠、霍尼韦尔同为航空发动机四巨头的 GE 通用航空、罗尔斯罗伊斯则比普惠、霍尼韦尔两家公司更热衷于 3D 打印技术。

　　GE 通用航空在收购了 Morris Technologies 之后，于 2013 年 7 月 15 日宣布将原来的 Morris Technologies 全部并入通用航空，首次在阿拉巴马州的工厂采用选择性激光烧结工

艺大规模生产喷气发动机部件。由于钛矾合金材料很难加工成最终形状，日前 GE 通用航空决定将 3D 打印技术投入到 GE9X 发动机的低压涡轮叶片，该发动机目前将被运用于波音 777 系的后续机型。GE 通用航空公司相信，3D 打印技术已经足够成熟，他们将能在一年内制造出成千上万的燃油喷嘴，或者低压涡轮叶片。

相比 GE 通用航空的厚积薄发，罗尔斯罗伊斯的发展步伐可谓稳步向前。2008 年，罗尔斯罗伊斯与 GKN Aerospace 公司成立了一家合资公司，对复合材料在航空发动机风扇叶片中的应用进行研发，目的是为下一代机身应用提供轻型、低成本的发动机风扇叶片。其中就将大规模使用 3D 打印技术。同时，GKN 还帮助空客（原 EDAG）集团打印钛合金架构，而空客 A380 使用的又是罗尔斯罗伊斯 Trent 900 系列发动机。

7.2.3.7　艺术和时尚

虽然现在它是一个比较小的领域，但影响力很大。它能够很有效地扩大 3D 打印的知名度。据 Stratasys 公司称，3D 打印在艺术和时尚方面的利润其实也很高。Stratasys 公司在欧洲模具展现场展示了令人惊艳的艺术装置。

7.2.3.8　直接制造

在直接制造方面，这是另一种真正的大趋势。随着 3D 打印技术的发展，未来会越来越多地出现直接打印最终产品的 3D 打印机。这是该行业成熟的标志之一。

7.2.3.9　科学研究

美国的橡树岭国家实验室、荷兰的 TNO 等都在致力于最尖端的 3D 打印技术的研究开发。此外，其他领域的科研机构对 3D 打印技术的应用也值得关注。

如今，3D 打印技术已经在社会公众中引起了较大的反响，多个企业宣布已经进入或即将进入 3D 打印领域，业界也有学者认为 3D 打印将是推动第三次工业革命的重要推手，将在制造业掀起颠覆性的革命。但是，近代装备制造业经过数百年的积累和发展，形成了配套完善、功能齐全的产业基础；21 世纪以来，传统制造业中不断引入新一代信息技术，正在向智能化、数字化与网络化的现代先进制造业转变。从技术上来说，3D 打印技术未来有待突破自身的限制，取代传统制造业的道路也许会很漫长。但 3D 打印技术可与传统制造业技术互补，共同推进现代制造业的转型。此外，3D 打印技术本身也在不断改进，不断有新的应用材料出现，应用领域也在逐步拓展。

7.3　逆向工程技术

传统的产品实现通常是从概念设计到图样，再制造出产品，称之为正向工程。而所谓的逆向工程起源于精密测量和质量检验，是将已有实物模型或产品模型转化为工程设计的 CAD 模型，并在此基础上对已有实物或者产品进行分析、改造、再设计的过程，是已有设计基础的再次设计，是集测量技术、计算机软硬件技术、现代产品设计与制造技术的综合应用技术。

随着现代计算机技术和测试技术的发展，利用 CAD/CAM 技术、先进制造技术来实现产品实物的逆向工程成为可能，也越来越成为 CAD/CAM 领域的一个研究热点。现已广泛应用于产品设计、创新设计，特别是具有复杂曲面外形的产品，它极大地缩短了产品的开发周期，提高了产品精度，是消化、吸收先进技术，创造和开发各种新产品的重要手段。

逆向工程（Reverse Engineering）是根据实物模型的测量数据，建立数字模型或者修改原有设计，然后将这些模型和表征用于产品的分析和加工过程中。逆向工程的思想最初来自产品设计中从油泥模型到实物的设计过程，目前应用最广泛的是进行产品的复制和仿制。逆向工程通过重构产品三维模型，对原型进行修改和再设计，是工业设计的一种有效手段，如图7-9所示。

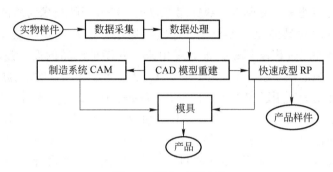

图7-9　逆向工程流程

7.3.1　逆向工程的应用范围

（1）新零件的设计。在工业领域中，有些复杂产品或零件很难用一个确定的设计概念来表达，或为了与客户交流，以获得优化的设计，设计者常常通过创建基于功能和分析需要的一个物理模型，来进行复杂或重要零部件的设计，然后用逆向工程方法从物理模型构造出CAD模型，在该模型的基础上可以做进一步的修改，实现产品的改型或仿型设计。

（2）已有零件的复制。在缺乏二维设计图样或者原始设计参数情况下，需要将实物零件转化为产品数字化模型，从而通过逆向工程方法对零件进行复制，以再现原产品或零件的设计意图。并可利用现有的计算机辅助分析（CAE）、计算机辅助制造（CAM）等先进技术，进行产品创新设计。

（3）损坏或磨损零件的还原。当零件损坏或磨损时，可以直接采用逆向工程方法重构该零件CAD模型，对损坏的零件表面进行还原或修补。从而可以快速生产这些零部件的替代零件，从而提高设备的利用率并延长其使用寿命。

（4）模型精度的提高。设计者基于功能和美学的需要，对产品进行概念化设计，然后使用一些软材料，例如木材、石膏等将设计模型制作成实物模型，在这个过程中，由于对初始模型改动得非常大，没有必要花大量的时间使物理模型的精度非常高，可以采用逆向工程的方法进行模型制作、修改和精炼，提高模型的精度，直到满足各种要求。

（5）数字化模型的检测。对加工后的零件进行扫描测量，再利用逆向工程方法构造出CAD模型，通过将该模型与原始设计的CAD模型在计算机上进行数据比较，可以检测制造误差，提高检测精度。

（6）特殊领域产品的复制。如艺术品、考古文物的复制，医学领域中人体骨骼、关节等的复制，具有个人特征的太空服、头盔、假肢的制造时，需要首先建立人体的几何模型，这些情况下，都必须从实物模型出发得到产品数字化模型。

在制造业中，逆向工程已成为消化吸收新技术和二次开发的重要途径之一。作为改进设计的一种重要手段，它有效地加快了新产品响应市场的速度。同时，逆向工程也为快速原型提供了很好的技术支持，成为制造业信息传递重要而简洁的途径之一。

7.3.2 逆向工程 CAD 技术在产品设计中的应用

计算机技术的发展，带来第三次技术革命浪潮，计算机辅助设计（Computer Aided Design，简称 CAD）技术则是计算机在工业领域应用中最为活跃的一支。它集数值计算、仿真模拟、几何模型处理、图形学、数据库管理系统等方面的技术为一体，把抽象的、平面的、分离的设计对象具体化、形象化，它能够通过"虚拟现实"技术把产品的形状、材质、色彩，甚至加工过程淋漓尽致地表现出来，并能把产品的设计过程，通过数据管理，实现系统化、规范化，这正是工业设计与 CAD 技术必然结合的基础所在。

目前，比较常用的通用逆向工程软件有 Sur-facer、Delcam、Cimatron 以及 Strim。具体应用的反向工程系统主要有：Evans 开发的针对机械零件识别的逆向工程系统；Dvorak 开发的仿制旧零件的逆向工程系统。这些系统对逆向设计中的实际问题进行处理，极大地方便了设计人员。此外，一些大型 CAD 软件也提供了逆向工程设计模块。例如 Pro/E 的 ICEMSurf 和 Pro/SCANTOOLS 模块，可以接受有序点（测量线），也可以接受点云数据。其他的像 UG 软件，随着版本的提高，逆向工程模块也逐渐丰富起来。这些软件的发展为逆向工程的实施提供了软件条件。

7.3.2.1 Pro/E 参数化设计在工程中的应用

参数化设计也称尺寸驱动（Dimension-Driven），是 CAD 技术在实际应用中提出的课题，它不仅可使 CAD 系统具有交互式绘图功能，还具有自动绘图的功能。目前它是 CAD 技术应用领域内的一个重要的且待进一步研究的课题。利用参数化设计手段开发的专用产品设计系统，可使设计人员从大量繁重而琐碎的绘图工作中解脱出来，可以大大提高设计速度，并减少信息的存储量。参数化设计的关键是几何约束关系的提取和表达、约束求解以及参数化几何模型的构造。1988 年，美国参数技术公司首先推出参数化设计 CAD 系统 Pro/Engineer（简称 Pro/E），充分体现出其在通用件、零部件设计上存在的简便易行的优势。它的主要特点是：基于特征、全尺寸约束、全数据相关、尺寸驱动设计修改。

我们可以采用 PTC 公司的工业设计软件 Pro/Designer（简称 Pro/D）进行曲面设计，由于 Pro/D 与 Pro/E 采用的是同一数据库，两者之间是无缝连接的，因而在设计中造型设计师和结构工程师可以更好地协作。

7.3.2.2 Pro/D 的曲面设计能力应用

对于工业设计人员和那些想构建曲面模型的工程人员来说，Pro/D 正是他们需要的工具，Pro/D 可以构建高质量的自由曲面模型，并且可以很容易地转换到其他基于制造工程的 CAD 系统中。Pro/D 能够创建真实而精确的几何体，利用它可以更加容易地创建模型，缩短设计周期。利用 Pro/D 可以把视觉上的美学要求和模具制造过程中的工程要求很好地结合起来，这一点在创建自由曲面模型的过程中显得尤其重要。

7.3.2.3 造型复杂产品三维设计的 CAD 应用

对于造型装饰性强，特别是包含复杂曲面的产品，可以使用 Pro/D 与 Pro/E 组合起来进行，造型设计师利用 Pro/D 软件做 ID、做曲面建模，直接从 Pro/D 软件启动 Pro/E，把数据导到 Pro/E，由结构设计师进行结构设计。在整个设计过程中，甚至结构设计全部做完了，由于客户的要求或设计师对方案的局部要进行更改，这时只需在 Pro/D 里改动，改好后转换给 Pro/E，从而 Pro/E 里也得到改变，结构不用重做。

　　逆向工程是一项开拓性、实用性和综合性很强的技术，逆向工程技术已经广泛应用到新产品的开发、旧零件的还原以及产品的检测中，它不仅消化和吸收实物原型，并且能修改再设计以制造出新的产品。这对于 CAD 技术的产品设计，不仅意味着设计手段的改变，同时改变了工业设计的思维方式，推动着制造业从产品设计、制造到技术管理一系列深刻、全面、具有深远意义的变革。这是产品设计、产品制造业的一场技术革命，将实现产品设计的系统化，缩短产品开发周期，从而创造出实用、经济、美观宜人的产品。

8 交互设计

从工业设计的发展史来看，工业设计和整个社会及时代的发展是紧密相连的。工业设计的物质基础是现代科学技术。科技的发展正沿着自身的轨道迅速地前行，这些不断涌现的新成就总是试图对人类自身的生存方式产生影响，而工业设计更重要的使命是寻找各种更合理、更巧妙并且更符合人性的方式，使那些新技术真正转变成为人类的生产实践和日常生活服务的物质产品。

随着工业化的落幕，人类文明的第三次浪潮——信息时代以汹涌的态势来临，以计算机和网络为特征的信息化社会也正在改变人们的生活方式，改变设计师的工作方式，工业设计的形式和内涵以及模式都在发生着变化。

20世纪70年代以来，计算机智能化和信息综合化的程度得到了很大提高，人们所进行的设计是从"信息"着手，将通过感觉和知觉而获得的对事物的认知作用及其效果作为设计的基本价值，促进了产品的智能化。

信息技术的发展在很大程度上改变了整个工业的格局，新兴的信息产业迅速崛起，开始取代钢铁、汽车、石油化工、机械等传统产业，成了知识经济时代的生力军。在这样的形势下，摩托罗拉、英特尔、微软、苹果、IBM、惠普、美国在线、亚马逊、阿里巴巴、思科等IT业的巨头如日中天，渗透了生活中的每一个角落（图8-1）。传统的工业产品转向以计算机为代表的高新技术产品和服务，开创了工业发展的新纪元。

图8-1　如日中天的IT品牌

在工业发展变化的同时，人们的生活也发生了改变。信息时代是一个气象万千的时代，每天都会有不同的东西和新鲜的事物产生。随着科学技术的飞速进步，社会也以一种超常的速度向前发展，人们的生活节奏加快了不止一倍。由于网络技术的日益完善和普及，人们每天的生活似乎都离不开计算机了。网络通信、网络会议、网上购物、电子商务等和网络有关的活动，都以迅雷不及掩耳的速度风靡了全球。放眼看一下当今这个时代，瞬息万变的信息无处不在。信息技术已经深深影响着人类社会。

随着信息时代下交互媒体技术的飞速发展，网络技术的广泛应用，20 世纪的桌面计算时代正在转化为 21 世纪的普适计算时代，多点触控、语音输入、手势交互、3G 浏览、视频聊天、即时通信、Skype 语音交互、虚拟漫游、随景游戏……这些新鲜词汇正在逐渐淘汰视窗、菜单、拖曳或双击等老式的交互方式，世界正在变成一个可触控的"数字地球"，而传统人机交互产品如电脑、鼠标、键盘、显示器或按键手机等会越来越远离人们的生活。在一个科技爆炸的时代，芯片随处可见，产品的结构和功能也越来越复杂。而在此之前，科技尚未如此发达时，每一件东西就如同收音机、电话、电视等都是清晰可见的、功能透明的且易于掌握的。而今天的现实则是各种功能各异、风格前卫的数字产品充斥于人们的生活，使人们面对这种非自然的"数字化生活"陷入茫然不知所措之中。正如尼葛洛庞帝（Nicholas Negroponte）曾经指出的那样："无论你有没有做好进入数字化时代的准备，有一点很清楚，我们正以飞快的速度进入它，我们身边所有能被数字化的东西，都将被数字化。"

21 世纪的信息时代里，设计又有其崭新的内容。要想在这样的时代里设计出优秀产品，就要对时代进行了解，通过对信息时代的科技、人们的消费观念和爱好，及世界设计潮流变化方向的研究，为产品设计提供科学依据，将信息时代所拥有的先进科技和时代美感融入设计中，使产品真正符合信息时代的时代感觉，真正迎合人们的需要。

随着信息时代新设计发展而出现的这种超自然的虚假的"数字现实"，使人们以往熟悉的自然体验、地域性文化和人文精神面临价值虚无的危机。它们的不确定也带给人们信仰缺失、孤独感和精神空虚。在今天这个全球化和网络化时代，人们越来越认识到：科技进步和产业发展决不能脱离对"人性"的思考。而"以人为中心的信息社会"与"和谐人机环境"等交互设计的研究方向正是从用户角度，或者说是从更深层的民主意识和社会责任感的角度来探索"人本界面"的本质，并成为当前信息领域新的发展方向和研究热点。研究新一代自然和谐的人机交互理论和技术，发展和应用以用户为中心的设计方法，从而保证普适计算时代的信息技术能够创造和谐的人机环境，使全体公民都能分享信息技术发展的成果，这正是 21 世纪人类社会需要解决的重大课题。

作为信息时代设计基础的交互设计，研究的重点和基础是认知心理学，即研究人如何思维、如何建构知识框架、如何获取和处理信息的方式、如何符合人们的认知习惯去进行运用，达到使用方便的目的。可以说，在地球上，只要有电存在的地方，数字信息就有生存的载体，从而界面设计也就不可避免。信息时代的产品将会向无形化、非物质化的方向发展，如"生物芯片"、"智能卡"等产品小到薄片状，人物接触的关系日趋缩小；在使用上，界面促进了互动，从机械操作演化到电子操作，将逐渐取代身体的参与。在人机之间的设计上，将转向以眼睛目光为主的间接接触方式，视觉感受和知觉过程就是一系列反馈活动参与的过程。如何通过形象的符号系统设计，使其成为人类相通的共同语言而不受民族和地域的限制，以体验为基础的设计思维成为可直接接受人类广泛接受并引导人的思维活动，进而达到使用方便的目的。非物质社会的到来，使界面设计的领域无限扩大，小到手机、PDA 这样的手持设备，大到军事、航空、航天这样一些高科技领域，界面交互在我们的生活中已经无处不在。未来将是无线传播和交互的时代，界面设计不再是外观的艺术性和信息的简单呈现，自然的人机交互和良好的用户体验逐步变成关注的焦点。因此，交互设计和用户体验近来受到越来越多的关注。美国将 21 世纪的基础研究内容分为四项，其中一项就是人机界面，由此可见交互设计在未来社会中的重要地位。

8.1　交互设计的概念

8.1.1　交互在哪里

"交互"或"互动"一词在英文中出现较早，为 Interact，意为相互作用、互相影响、相制和交互感应。其形容词为 Interactive，即"相互作用或相互影响的"。"交互"或"互动"中文一词是在现代语言环境下，特别是计算机信息技术广泛影响社会以后产生的新汉语词汇，在现代汉语里广泛应用是在 20 世纪 80 年代以后的事，也就是 Interactive 的意译。"互动"在中文中原属社会学术语，指人与人之间的相互作用，分为感官互动、情绪互动、理智互动等，指共同参与、相互影响、相互作用。随着计算机等数字媒体的发展，"互动"在这一领域里特指人机之间的相互影响和作用。计算机交互技术的出现，使人与人之间情感的互动开始转移为人与计算机之间情感的交互。简言之，"互动"可理解为人与人或人与物相互作用之后，给人感官或心理上产生某种感受的过程。"交互"或"互动"一词在中国内地或港台地区使用的频率是不同的，内地学术界通常使用"交互"，而港台地区则偏爱"互动"，这就导致了"交互设计"和"互动设计"、"交互媒体"和"互动媒体"的不同称谓，但实际上，"交互"或"互动"都是特指现代信息社会中的人机相互影响和作用，因此在概念上这二者并无太大的差异。

在今天的信息社会中，人们每时每刻都在享受着交互设计所带来的"数字化生活"。每天全球都有数百万人发送电子邮件，在网上玩游戏，利用 QQ 和 MSN 聊天（图 8-2 左上），通过手机联系远方的亲朋好友。还有无数网友把他们在旅途中拍摄的照片、DV 短片通过视频网站、社区网站、博客、共享照片网站等进行交流；iPod 可以随时传来美妙的音乐，iPhone 则成为最好的旅途助手和出行小秘书……。所有这些，当然都来自于我们这个时代的数字和工程技术的发展。但是，正是交互设计（Interaction Design）使这些数字媒体产品和服务成为我们贴心的伙伴、省力的助手、娱乐的源泉和最亲密的朋友。同样，当我们每次去自动提款机（ATM）提款（图 8-2 右上），在城市的地铁触摸屏上查询地址（图 8-2 左下），在电子游戏机上体验激情（图 8-2 下中）或是去网络咖啡厅冲浪（图 8-2 右下），都受益于良好的交互设计。

与此相反，我们也可能每天从下述方面深受拙劣交互设计的困扰，例如，在公交车站候车却无法获知下趟车何时到站（图 8-3 左上），费尽周折想用自己的手机接收电子邮件却难以如愿（图 8-3 左下）。此外，还有让我们懊恼和沮丧的时候，特别是在网页打不开（图 8-3 右上）或是出现莫名其妙错误提示（如"HTTP 错误 404：文件或目录未找到"）的时候（图 8-3 右下）。

曾经有人说谷歌（Google）一代是烦躁的一代，似乎这一代人不愿意花很多时间来等待，不愿意做重复枯燥无味的事情。事实果真如此吗？你是否有过这样的经历：在浏览器

图 8-2　充满数字媒体的生活

中输入一个网址并按了回车键，但 10 秒内没有任何反应；一个软件或服务花上 10 分钟的时间还不知道如何操作；网页密密麻麻一大堆文字摆在眼前。想通过网络银行转账或付费，得经历令人头痛的烦琐步骤：登录→申请数字证书→输入账号和密码→提示插入 UKey→输入 UKey 密码→进入个人账户→选择转账类别→手动输入对方账号→手动输入对方账户名→手动输入对方开户银行→输入转账金额→确认等十余步才能成功，而且电脑还往往莫名其妙地提示"无法发现 UKey"！像排队购买火车票、支付宝重复登录那样的事情，其实可以变得很简单。网上购票可以节省很多时间，为什么还要折腾人们半夜去排队等着买火车票？对于那些非要注册留言才能登录的论坛只会让人感到愤怒、沮丧而决然离开。此外，当你按动触摸屏按钮却毫无反应，当你尝试使用自助结账系统却屡屡出错……这些违反常理和人性的交互设计也使得我们面对"数字化生活"心有余悸。此外，还有周围的老人、儿童、残疾人和对电脑并不十分熟悉的庞大群体，这也使得交互设计的效果越来越重要。

任何时刻，当你与朋友或家人通过手机、互联网进行交流时，你可能并未想到其中渗透着交互设计师的辛勤劳动。交互设计以人为本，关注人的需求和体验。交互设计也是一个新的学科，它是关注人与人之间如何能够借助机器来相互沟通和相互理解的一个领域。

8.1.2　交互设计的定义

交互设计（Interaction Design）作为一门关注交互体验的新学科在 20 世纪 80 年代产生了，它由 IDEO 的一位创始人比尔·莫格里奇（Bill Moggridge）在 1984 年的一次设计

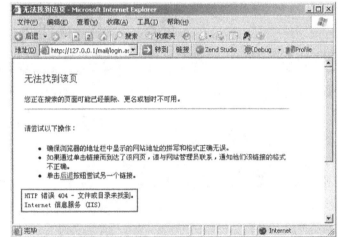

图 8-3　拙劣的交互体验

会议上提出，开始给它命名为"Soft Face"。由于这个名字容易让人想起当时流行的玩具"椰菜娃娃（Cabbage Patch doll）"，后来便把它更名为"Interaction Design——交互设计"。

这里的"交互"定义为一种通信，即信息交换，而且是一种双向的信息交换，可由人向计算机输入信息，也可由计算机向使用者反馈信息。这种信息交换的形式可以采用多种方式出现，如键盘上的击键、鼠标的移动、显示屏幕上的符号或图形等，也可以用声音、姿势或身体的动作等。如果我们把交互中除了人之外的参与对象当成系统的话，所谓的交互实质上是指人与特定系统之间的双向信息交流，如图 8-4 所示。

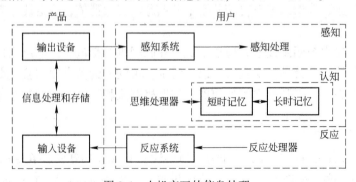

图 8-4　人机交互的信息处理

20世纪80年代，在计算机技术的发展影响下，交互设计开始引起人们的注意，多媒体、语音识别、可视化信息、虚拟现实等技术成功地拓展了人与机器的交互关系，使交流与沟通产生了质的变化。在那个时候，交互设计就从一个小范围的特殊学科成长为今日世界成千上万人从事的庞大行业。美国的许多大学现在开设了交互设计专业的学位课程，你可以在软件公司或设计公司窥见交互设计师的身影；银行、医院以及像惠普这样的家电制造商都拥有专业的交互设计师为其新产品开发效力。90年代后的网络技术、移动计算、红外传感等技术，又为交互设计的广泛应用创造了良机，新的软件层出不穷，手机、掌上电脑等手持式设备开始普及。用户界面的交互设计将界面设计从物理界面的设计转移到认知界面的设计，重视系统的"可用性"、"用户体验"等人机之间的交互关系。在此之后，成熟的商用互联网及广泛植入汽车、家用电器、移动电话等产品中的微处理器使得各行业对交互设计师的需求数量呈爆炸性增长，突然之间，如潮水般涌来的大量交互设计问题亟须解决。人们使用的小工具都实现了"数字化"，当然还有我们的工作场所、日常用品、交通方式以及通信设备。每天使用的东西开始变得面目陌生：我们不得不学习怎样拨打"数码"电话，使用"数字化"摄像机和计算机，而这些都是交互设计师们最初的工作领域，他们帮助我们把复杂的事情处理得简单化了。

交互设计在任何的人工物的设计和制作过程里面都是不可以避免的，区别只在于显意识和无意识。然而，随着产品和用户体验日趋复杂、功能增多，新的人工物不断涌现，给用户造成的认知摩擦日益加剧的情况下，人们对交互设计的需求变得愈来愈显性，从而触发其作为单独的设计学科在理论和实践上的呼声变得愈发迫切。特别是进入数字时代，多媒体让交互设计的研究显得更加多元化，多学科各角度的剖析让交互设计的理论显得更加丰富。现在基于交互设计的产品已经越来越多地投入市场，而很多新的产品也大量吸收了交互设计的理论。

交互设计其实就是沟通的设计，虽然不同于说话、歌唱或表演等，交互设计需要实际的产品与服务作为媒介，但其本质还是人与人之间的交流。而这里所指的"交流和交互空间"或"产品与服务"，正是媒介或媒体。传统的媒介依赖于纸张、电话和电视，而数字媒体则通过光盘媒体、网络媒体和移动媒体实现交流。正因如此，才使得数字媒体有了比传统媒体更丰富的表现特征，如广泛性、交互性与快捷性等。交互设计是一个跨学科的交叉研究领域，交叉领域包括信息架构设计（Information Architecture）、视觉设计（Visual Design）、工业设计、认知心理学和人因工程学（Human Factors，或人机工程学）、用户体验（UX）设计、人机界面或人机交互设计（Human—Computer Interaction，HCI）等等，如图8-5所示。

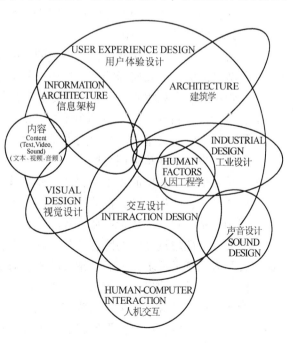

图8-5 交互设计和其他学科的相互关系

　　交互设计师通常服务于如下领域：软件界面设计、信息系统设计、网络设计、产品设计、环境设计、服务设计以及综合性的系统设计。

　　从用户角度来说，交互设计是一种如何让产品易用、有效而让人愉悦的技术，它致力于了解目标用户和他们的期望，了解用户在与产品交互时彼此的行为，了解"人"本身的心理和行为特点，同时，还包括了解各种有效的交互方式，并对它们进行增强和扩充。通过对产品的界面和行为进行交互设计，在产品和它的使用者之间建立一种有机关系，从而可以有效达到使用者的目标，这就是交互设计的目的。良好的交互设计可以产生巨大价值，如达成用户目标、创造良好用户体验、节约用户时间并让用户心情愉快。交互设计的目的是促进人与人之间的理解和沟通，关注的是产品和服务的方式，交互设计师应该花费大量的时间来研究如产品的原型设计、用户模型、角色、情景、故事板、工作分析和任务流程等，但从更深刻的角度上看，交互设计是一种基于民主、人性关怀、责任感和创造使命的哲学。

　　虽然交互设计表现在不同领域里，包含的内容也不尽相同，但设计师仍然需要掌握交互设计的一般原则和方法。交互设计一般涉及以下4个方面的内容：

　　（1）确立预期目标和建立用户需求；

　　（2）开发能够满足用户需求的多个候选设计方案；

　　（3）建立交互产品的设计原型，并进行各种测试和用户评估；

　　（4）细化概念模型，分析用户反馈并进行产品检验。

　　这四步相互联系，必要时需要重复进行。在项目的进行期间，始终要求用户参与设计当中，以用户的需求为设计标准，并对用户的潜在需要提出解决方案和技术开发。针对用户在产品使用中的不同环境和情况，研究在多态状况下用户和产品之间的关系。美国西北大学教授唐纳德·诺曼（Donald Arthur Norman）一言概之为："设计必须反映产品的核心功能、工作原理、可能的操作方法和反馈产品在某一特定时刻的运转状态。"

　　交互设计特别关注以下内容：

　　·定义与产品的行为和使用密切相关的产品形式。

　　·预测产品的使用如何影响产品与用户的关系，以及用户对产品的理解。

　　·探索产品、人和物质、文化、历史之间的对话。

　　交互设计从"目标导向"的角度解决产品设计：

　　·形成对人们所希望的产品使用方式，并帮助人们理解产品。

　　·尊重用户并帮助其实现目标。

　　·完整地呈现产品特征和使用属性，避免歧义。

　　·展望未来，并提出前瞻性的产品可能特性。

　　在使用网站、软件、消费产品、各种服务的时候（实际上是在同它们交互），使用过程是一种交互，使用过程中的感觉就是一种交互体验。随着网络和新技术的发展，各种新产品和交互方式越来越多，人们也越来越重视对交互的体验。交互设计涉及行为、功能的选择、信息，以及向用户展示信息的方式。随着信息技术的广泛普及，众多虚拟化、程序化、非物质性的产品应运而生。这些基于软件或程序的产品、产品系统和服务在使用过程中引发了一系列问题，而交互设计就是为解决这类问题而生。

　　基于软件的产品有三个特征：功能、界面和行为。功能是内在的，是软件本身能做什么，有什么样的能力；而界面和行为是外在的，是用户能看到、用到、感觉到的部分。因此对于用户来讲，良好的人机界面和交互行为就是产品的全部。

人机界面是人与机器进行交互的操作方式，即用户与机器互相传递信息的媒介，其中包括信息的输入和输出。良好的人机界面是建立在产品与用户的交互行为的深入研究和理解的基础之上的。交互行为包括对于信息的传递、认知、理解、记忆、学习和反馈等。好的人机交互产品界面美观、操作简单且具有引导功能，使用户感觉愉快、兴趣增强，从而提高使用效率。人机界面的研究涉及了人机工程学、计算机科学、认知科学、生理学、心理学、艺术学、社会学等相关领域。进入信息社会后，传统人机工程学中研究的人机界面技术开始转向用户界面技术。在人机系统中，人与机器之间的所有关联依靠人机界面来实现，人机界面是人与机器相互作用的纽带和进行交互的操作方式。同时，在 20 世纪后期的视觉传达和艺术设计也突破了现代主义的束缚，以波普风格（图 8-6 左上）、"孟菲斯"（Memphis）设计（图 8-6 上中）、后现代艺术（图 8-6 右上）、涂鸦（图 8-6 左下）和电子表现主义（图 8-6 右下）为代表的新的设计风格自由奔放、生动洒脱，这也给界面设计风格带来了清新的空气。

图 8-6　突破现代主义的新艺术形式

20 世纪 80 年代初期，在美国旧金山的湾区，有一群由研究学者、工程师和设计师组成的梦想家们在设计未来人们如何与计算机交互。在施乐 PARC、SRI 和苹果电脑公司中的人们就已经开始讨论如何为数字产品创造出可用的"人机界面"。当时学术界相继出版了六本专著对最新的人机交互研究成果进行了总结。人机交互学科逐渐形成了自己的理论体系和实践范畴的架构。交互设计开始从人机工程学独立出来，更加强调认知心理学以及行为学和社会学的理论指导；实践方面，交互设计从人机界面（人机接口）拓延开来，强调计算机对于人的反馈交互作用。"人机界面"一词也逐渐被"人机交互"所取代。HCI 中的"I"，也由 Interface（界面/接口）变成了 Interaction（交互）。

8.1.3　交互设计的基本特征

虽然在日常生活中，每个人都会体会到好的或差的交互设计，但我们也看到了，给"交互设计"下一个明确的定义却是一件相对棘手的事情。更困难的是，用户体验的许多"现象"隐藏在"界面"之后，由看不见的因素决定。为什么许多软件基本做着相似的事情，然而给用户的感觉却差别如此巨大？例如微软的 Windows 和苹果的 Mac OS X（图 8-7），虽然它们是基于同样的目的设计的，甚至外观也有某种程度的相似之处，但它们的使用感觉却有天壤之别。这就是因为交互设计是关于行为的设计，而行为比静止的表面现象更难于观察和理解。观察一个艳丽的色彩很容易，但观察、讨论一个细微的交易行为却十分困难，而这个细微的交易过程可能由于设计得不合理而令操作者发狂（如前面列举的网络银行的烦琐操作流程）。交互设计是通过对产品或服务的设计使得人与人之间的互动变得容易和便利。说得更浅显一些，交互设计是关于人与那些有某种程度"意识"的产品之间的互动——这些产品拥有微处理器，能感知并且对人们的操作做出反应。

图 8-7　微软的 Windows 系统（左）和苹果的 Mac OS X 系统（右）

交互设计同样是基于语境和文化的，它解决特定环境下的特殊问题。QQ 和 MSN、谷歌（Google）和百度（Baidu）、脸书网（Facebook）和人人网等，虽然它们都是针对几乎同样的用户使用目的来设计的，但对不同文化、不同国家、不同教育程度的用户来说，其体验到的差异还是巨大的（图 8-8）。

例如，同样是社会化网络服务（Social Networking Services，SNS）网站，美国的脸书网重点关注"社交"，比如分享音乐、分享图片、分享朋友等。但在中国，这种概念被游戏和娱乐冲淡稀释掉了。如人人网作为中国 SNS 领军网站，用网页游戏给整个行业带来了人气和流量，也制造了另类的 SNS 概念。以人人网曾经风靡一时的"开心农场"为例（图 8-9 左），自 2008 年 12 月推出以来，总共有超过一亿的人人用户安装了这个组件，活跃用户最高时一度超过了每天 300 万。这个小游戏在 2009～2010 年间每月能为制作该组件的"五分钟"交互设计团队带来 75 万元以上的收入。与此同时，无数人患上了"开心网综合征"：深夜三点，眼皮都已经在打架，却挣扎等待着菜地里的几朵雪莲的收成；凌晨六点，离上班还有三小时，就睡眼惺忪起床，打开电脑，准备偷邻居家那几畦玫瑰花，却没想到，早有家伙穿着隐身衣潜伏在旁，扫荡了你的"猎物"……。从偷菜、停车到整人、买卖奴隶，人人网在白领中风靡，游戏成了社交的中心。据报道，人人网在 2009 年就已经拥有 2000 多万稳定的注册用户；当时的浏览量每日 7 亿人次，远超搜狐等门户

图 8-8　类似的交互设计

网站。随着以即将下线的"开心农场"为代表的人人网社交游戏的没落，以微信游戏为代表的微 SNS 平台早已兴起，同样又有多少人废寝忘食的角逐"全民飞机大战"、"节奏大师"、"天天爱消除"、"我叫 MT2"等等一众手游的好友间排名和送游戏次数（图 8-9右）。中美两国在民族、社会和网民行为上的巨大差异造成了同样的社交网站在内容设计上的显著不同。

　　因此，交互设计之所以难以定性，其原因就是交互设计所关注的是人类的行为，而行为比外观更难于被观察和理解。这就是为什么设计一个漂亮的软件界面要比深入研究这种界面的可用性要容易得多。因此，交互设计的本质是通过产品和服务来促进人与人之间的相互沟通，也就是关注人类和这些"智能化产品"之间的关系。在某种程度上，交互设计如同家具设计一样是一门艺术，它远不是一门严谨的科学。尽管在过去 20 年里该领域已经取得了较大的成就，但并没有像"牛顿定律"那种放之四海而皆准的原理或科学方法。交互设计是根据特定的时间、特定的技术环境来解决具体问题的一种方法。例如，

图 8-9　社交平台中的游戏

1994 年出现的第一个因特网浏览器"马赛克"（Mosaic，图 8-10 左上）尽管是一个很好的交互设计，现在肯定不会安装在用户的计算机上。根据当时特定的时间和环境，这种浏览器已经达到了它的产品目的。同样，包括风靡一时的网景浏览器（图 8-10 右上）、微软的早期 Windows（图 8-10 下）等，也都在完成了它们各自的历史使命而寿终正寝，但谁能说他们不是当时引领一代风气的交互设计的佼佼者呢？

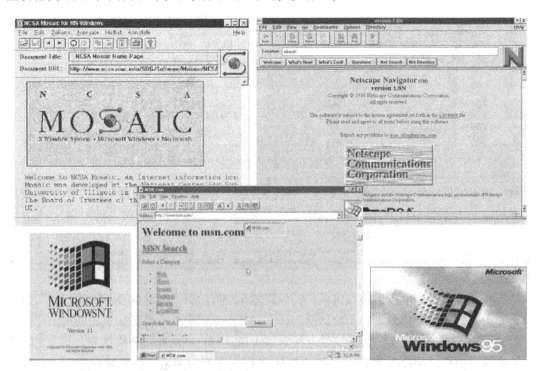

图 8-10　早期的因特网浏览器

　　如今，已经被人们熟知的 Windows 浏览器（internet explorer，IE）、欧朋（opera）浏览器、谷歌浏览器（Google Chrome）、360 浏览器等等已经分别被不同喜好的人群熟练地使用着，它们的使用感受也与早期的浏览器不同，在不同的方面都有了显著的改善与发展，出现了各自的特色与优势。这也证明了交互设计是一种实用艺术，不存在绝对的工作模式，设计师可以采用任何方法解决实际问题，如找出最好的方式来传送电子邮件等。它的目的是促进交流——介于两个或两个以上人之间的交流，或者是人与某种可做出反应的人造物之间的交流，比如电脑、移动电话或其他数字化产品。这些交流可能采用多种形式：可能是一对一的，比如在电话上交谈；可能是一对多的，比如通过博客交流；甚至可能是多对多的，比如在股票交易市场进行交易。当人们通过电话、博客、股票市场进行交流时，他们需要设计良好的产品和服务来促进他们之间的互动。这些交流是交互设计得以成长的丰厚土壤，而且由于互联网、无线设备、移动电话和其他技术的不断发展，交互设计生长的土壤日益肥沃。交互设计而将花费大量的时间和精力调研用户体验或用户需求，关注产品或服务的行为。但千万不要忘记交互设计的目标是促进人类之间的交流。设计师的最终目标是开发出使人与人之间的互动变得更容易的产品。因此，往往需要设计师们根据时间、预算和综合成本采用一种更为适合自身项目目标的设计方法。

8.2 交互设计的方法和流程

交互设计既是一门年轻的学科，也是一门基于实践经验总结并不断发展的学科。交互设计涉及许多根据经验总结出的工作方法和解决途径。但这些方法并不是绝对的，而且这些方法和手段会伴随时代的发展而呈现出不同的发展趋势。

一般的开发方法，是近年来交互学者从实践中总结出的一种开发方法，它注重人机交互系统的实用性，同时重视对用户的调查，通过一种反复测试，反复修改的方法，不断地改进系统，使得系统最终能够协助使用者把工作做得更好，同时让使用者乐于使用该系统。它的设计步骤（图8-11）为：

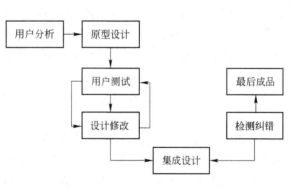

图8-11 交互设计的一般方法步骤

（1）用户分析阶段：确立主要用户群、通过与目标使用者交谈、了解其工作环境和工作的组织方式、让使用者提出方案、吸收有关专家的意见、做任务分析等方法了解用户的需求、订立交互系统的目标任务。

（2）用户测试阶段：制作脚本、进行模拟和演示、制作原型和进行测试。

（3）反复设计阶段：收集用户测试后提交的结果、进行逐项系统分析、针对已经出现和可能出现的问题和一些细节进行修改以后多次测试。

（4）集成设计阶段：编程、设计用户界面、纠错等等。

对于现阶段的交互设计发展而言，根据经验总结的、可用的方法分为四种：以人（用户）为本的设计（UCD）方法、以事（任务、活动）为本的设计（ACD）方法、传统软件系统设计方法和高瞻远瞩的设计方法。它们可以在不同的情形下加以使用，并可以相互借鉴以便形成更好的解决方案。虽然多数问题只需采用一种方法即可解决，但从一种方法迁移到另一种方法有时也是可行的。

8.2.1　以用户为中心的设计

以用户为中心的设计（User-Centered Design，UCD）意味着设计师必须了解用户需求并用于指导设计。其核心理念是：用户最清楚他们需要什么样的产品或服务。消费者也最了解他们的需要和使用偏好，而设计师则主要根据用户的需求进行设计。设计师本身不是用户，他们的参与是为了帮助用户实现其目标。UCD 模式主张用户应该参与或跟踪产品设计的全过程。事实上，一些以用户为中心的设计机构将用户视为产品的共同创造者。UCD 的概念源于第二次世界大战后的工业设计和人机工程学的兴起，这使得"以人为本"的设计思想开始流行。第一代工业设计师德雷夫斯（Henry Dreyfuss，1903–1972，图 8-12 左上）就是其中的典型代表。他不追求时髦的流线型，尽量避免风格上的夸张，他的著作《为人的设计》开创了基于人机工程学的设计理念。德雷夫斯的一个强烈信念是设计必须符合人体的基本要求，他认为适应于人的机器才是最有效率的机器。他多年潜心研究有关人体的数据以及人体的比例及功能（图 8-12 右上），这些研究工作总结在他于 1961 年出版的《人体度量》一书中，从而帮助设计界奠定了人机学这门学科。德雷夫斯的研究成果体现于 1955 年以来他为约翰·迪尔公司开发的一系列农用机械之中，这些设计围绕建立舒适的、以人机学计算为基础的驾驶工作条件这一中心，创造了一种亲切而高效的形象。他为贝尔电话公司设计的电话机毫不哗众取宠，机身的设计十分简练，只保留了必要的部件，因而适用于家庭和办公室等各种环境（图 8-12 左下）。德雷夫斯通过反复的前期研究和可用性测试保证了这种电话机易于使用。其外形美观简洁，方便了清洁和维修，并减少了损坏的可能性。这一设计大获成功，德雷夫斯也因此成为贝尔公司的设计顾问并负责设计公司的全部产品。在 20 世纪 50 年代，该公司产品就已达到 100 余种（图 8-12 下中）。德雷夫斯自己的设计事务所的设计还包括蒸汽火车机车、吸尘器（图 8-12 右下）等。

虽然德雷夫斯"以人为本"的设计理念被大多数工业设计师们所继承，但早期的计算机行业所关注的仍然是如何使电脑正常工作的问题。当时的计算机硬件环境也使得工程师们无暇顾及外观、界面和用户体验。在 20 世纪 80 年代，随着电脑处理器速度的提升和内存的进一步增加，电脑的图像处理速度明显加快，而彩色显示器也使得界面更加绚丽多彩，这使得交互设计成为可能。由此设计师们和从事人机界面（HCI）研究的计算机科学家们一起工作并开始关注早期计算机工程设计中被忽略的交互设计因素。比尔·莫格里奇（Bill Moggridge）也正是在这个时期提出了"交互设计"的概念和相关理论。计算机软件设计的焦点也开始从计算机转向用户并开始关注用户的需求，从此 UCD 设计模式成为主流。该模式主张设计者必须深入了解用户最终要求实现的目标，然后才能确定实现这些目标的方法和必要的手段。在每一个阶段项目的进程中都要让用户参与设计，是常见的方法。在项目开始时，设计师通过征询用户意见，确定该项目是否能够实际解决用户的需要。因为有时候用户往往难以完全表达清楚他们的需求，这样设计师们还必须进行广泛的研究来确定用户真正的目标。随后设计师还可以和用户一起测试设计原型，分析其中的问题和提出改进的措施等。

图 8-12 工业设计师德雷夫斯和他根据人机学原理和数据的设计

简而言之，在整个项目中，用户是决定性因素，通过用户的需求来指导设计并改进设计。由于设计师也像其他人一样有自己的设计经验和对某种色彩、构图或交互方法的偏爱，以用户为中心的设计可以使他们把用户需求放在第一位。设计师可以通过用户咨询、用户访谈、观察等手段来验证设计模型，通过用户访谈还可以了解更多关于用户和公司以及其产品之间的情感联系。另外，访谈也提供了一个造访用户所处环境的机会，设计师可以直接了解用户在和产品进行交互时有可能遇到的挑战。设计师还可以通过观察用户特征如性别、年龄、文化程度、身体状况等，以及交互因素和环境因素（灯光、声音、按钮大小、用户和界面之间的距离等），确定产品的针对性。如在设计英汉电子词典时，可以询问学生关于"一个好英语老师应该是怎样的?"之类的问题，并收集到一些像这样的特征：贴心、幽默、善于聆听、学识渊博、词汇丰富、举一反三、循循善诱、深入浅出、亲切、可靠以及乐观等"角色特征"。这些词汇在稍后的界面设计中将用于建立设计策略。设计师把从研究中得到的结论应用到产品或数字人物角色上，进一步确定产品的情感或行为上的模式。交互设计师会专注于特定的可用性目标、内容和导航设计，而视觉设计师则更应该注重于情感化以及用户和环境的因素等方面的设计。

在以用户为中心的设计过程中，设定设计目标是十分重要的；设计师首先必须清楚了解用户最终想要完成的任务是什么，然后确定为完成这些任务所应采用的手段是什么，而且心里始终将用户的需求和喜好置于首位。在理想的以用户为中心的设计过程中，设计师邀请用户参与设计的每个阶段。在设计的初始阶段，设计师会向用户咨询：他们提出的设计计划是否对用户的需求做出了准确的响应，设计师进行的广泛研究旨在确定用户的期望目标；然后，设计师开发出针对设计计划的解决模型，向用户咨询。也就是说，设计师

（往往与可用性专家一道）与用户一起检测设计问题的解决办法。在整个设计过程中，用户信息是设计决策时的重要因素。当问题出现时，用户的需求决定了设计师该做出何种反应。以用户为中心的最大优点在于它把设计师的关注重心从自身的喜好转移到用户的喜好上，这一价值不能低估。设计师与其他人一样，潜意识里会把自己的经验和偏见带到设计过程中，从而与用户对产品或服务的真实需求相冲突。以用户为中心的设计把设计师从这类陷阱中拯救出来，正如一句设计格言所说："你不是用户，因此，你不能把自己的喜好想当然地强加给用户。"以用户为中心的设计方法不是万能的灵丹妙药，所有的设计想法都依赖用户会缩小产品或服务的普遍关注的问题，设计师们甚至有可能将自己的工作建立在错误的用户需求之上，而设计出的产品可能将被成千上万的人使用。此时，以用户为中心可能是很不现实的。尽管如此，以用户为中心的设计仍然是颇具价值的一条研究途径，但它也只是通往有效交互设计的途径之一而已。

8.2.2　以活动为中心的设计

　　虽然以用户为中心的设计（UCD）在理论上几乎无懈可击，但随着交互设计实践的深入，该方法所暴露出来的一些问题也引起了专家和设计公司的注意。以用户为中心的设计思想往往目标宏大，而可操作性则受到时间、预算和任务规模的限制。UCD 理论还往往忽视了人的主观能动性和对技术的适应能力，一味强调"机器适应人"的思想不仅在实践上不可行，而且在理论上也失之偏颇。以活动为中心的设计（Activity-Centered Design，ACD）不是把"人"作为围绕的中心，而是把用户要做的"事"，或者说"任务"、"活动"，作为重点关注的对象。以任务或活动为中心的设计使得设计人员能够集中精力处理事情本身而不是更遥远的目标，因此它更适合于复杂的设计项目。诺曼指出："这个世界上的大多数东西都是在没有得益于用户研究和以人为中心的设计方法的情况下被设计出来的，不过这些东西仍然工作得很好。不仅如此，这些东西当中还包括了我们当今这个技术化的世界中的一些最成功的产品。"

　　诺曼进一步列举了汽车、照相机、小提琴、打字机、钟表等。为什么这些物品会工作得那么好呢？诺曼认为最基本的原因就是，在它们被设计时，这些物品所被用来从事的活动是经过了深入理解的：这就是以活动为中心的设计。有些东西甚至不是按照这个词的通常意义所描述的方式来进行设计的，而是以一种随时间演进的方式。每一代的设计人员都从他自己和用户的使用经验中得到反馈，缓慢地对上一代的产品进行改进。例如，苹果公司在笨重的 Macintosh 电脑（图 8-13 上左）的基础上，于 1989 年推出的所谓便携式 Macintosh 电脑重达 15.5 磅（约 7 千克，图 8-13 上中），这款所谓便携式 Macintosh 电脑当时售价 6500 美元，却发现问津者寥寥。但苹果公司从这个败笔中吸取了教训并重新考虑了便携式电脑的设计，并在 1991 年推出了 PowerBook（图 8-13 上右）和 MacBook（图 8-13 下左）笔记本电脑，直到今天仍是笔记本设计的标准（图 8-13 下中、下右）。因此，在设计中发挥设计师的聪明才智是非常重要的，在这里用户被假定能够理解任务，并且能够理解设计师的意图。诺曼更进一步指出：在人类文明发展史中到底是谁适应谁？是人适应技术，还是技术适应人？诺曼的回答是：通过仔细考察历史上的很多例子，可以表明：一个设计成功的物品，同样也需要人去适应并学会如何使用。人们需要对要从事的活动有一个很好的理解，同时也需要对技术上的操作方法很好地去掌握。这些工具当中没有一个是"工具适应人"——这是在说瞎话，应当是人去适应工具。同样，VB 之父艾伦·库珀（Alan Cooper）也在其《软件观念革命——交互设计精髓》一书中强调：设计师应该理解"让人类做他们胜任的事情，让计算机做它们真正胜任的事情"的原则和"计算机工作，人类思考"的公理，也就是深刻理解人与机器的差异。这样才能真正理解用户需求，满足用户需要。

图 8-13 苹果公司所推出便携式电脑的发展变化

因此，ACD 设计模式是对流行的 UCD 设计模式的一种反思。早期的设计是以技术为中心，直到出现了以人为中心，这是一个比较有跨度的飞跃。现在诺曼提出的以活动为中心，就是把人与技术综合起来进行考虑，不单纯考虑人或者技术，而是关注事情本身的活动目标。以活动为中心使设计师专注于手头必须完成的工作任务，创造出对完成任务有强大辅助作用的设施，对设计的远景目标不予考虑。以活动为中心的设计也是依赖于设计研究而进行的，ACD 的设计模式同样需要对用户进行研究或调研，但这些研究的目的是为了更好地发挥设计师的主观能动性，而不是仅仅盲从用户的一些不切实际的要求。事实上，完全以依赖用户来驱动的设计往往是难以实现的，至少也是平庸的，因为它最终可能是一个折中了各方意见的产品，谁也不会真正"爱"上它。同样，以单个的任务来设计产品，只会是"一叶障目，不见泰山"。只有从活动的高度来审视产品设计才能融会贯通。正如诺曼指出的：以人为中心的设计的一个基本思想就是倾听用户，认真对待他们的投诉和批评。的确，倾听用户永远是明智的，但屈从于用户的要求会导致过于复杂的设计。一些将采用了以人为中心的设计思想引以为荣的大软件公司也遇到了这样的问题。随着每一次的更新，他们的软件变得越来越复杂，越来越难以理解。以活动为中心的设计有助于防止这种错误的发生，这是因为它关注的是活动，不是人本身。这样做的结果就是有一个连贯并且能被清晰表达的设计模型。如果一个用户的建议不能很好地适合这个设计模型，它将不会被考虑。同样，用以活动为中心的设计来代替以人为中心的设计，并不意味着抛弃所有已经学到的东西。活动都是和人相关的，所以那些支持活动的系统必然也能很好地支持从事这些活动的人。我们仍旧可以利用我们先前得到的知识和经验，这既包括以人为中心的设计领域，也包括人机工程学领域。

8.2.3　高瞻远瞩的设计

　　除了前面介绍的两种设计方法外，全部依赖设计师的能力和智慧来制造产品并验证灵感，也是一种特殊的设计途径。这种"高瞻远瞩的交互设计"或"天才设计"几乎完全依赖设计师或 CEO 的智慧和经验进行设计决策。天才设计可以创造一些成功的设计，如苹果公司的 iPod（图 8-14 上）、iwatch（图 8-14 左中）和 iPhone（图 8-14 中、下右），这些产品在推出之前由于市场保密等原因，并没有进行过全面系统的用户调研。但苹果也有失败的教训，如 1993 年推出的第一个手持设备（PDA）牛顿（Newton，图 8-14 下左）。当时"牛顿"虽然有技术优势，但体积笨重、价格昂贵，一只手几乎很难拿得住，而且输入识别不准确，错误百出。到 1996 年，当 Palm 公司推出了更薄、更便宜、更便于使用的 Pilot 掌上电脑（图 8-14 下中）后，"牛顿"就慢慢淡出了人们视线。"牛顿"的市场失败甚至引发了苹果公司的高层"地震"。由于该款产品不但没有为苹果带来巨大的效益，反而让苹果耗光了自己的财力，由此导致乔布斯的冤家对头、前总裁斯卡利（John Sculley）的引咎辞职。连年的亏损让苹果已经走到了死神的身边。产品上的缺乏创新和技术上的落后，让苹果逐渐从人们的记忆中消失。此时能够挽救苹果的只有它自己。时任苹果总裁的米歇尔·斯宾德勒（Michael Spindler）开始了拯救苹果的行动，而十年前离开苹果公司的史蒂夫·乔布斯（Steven Jobs）带来了一整套拯救苹果的计划，他要重新回到这

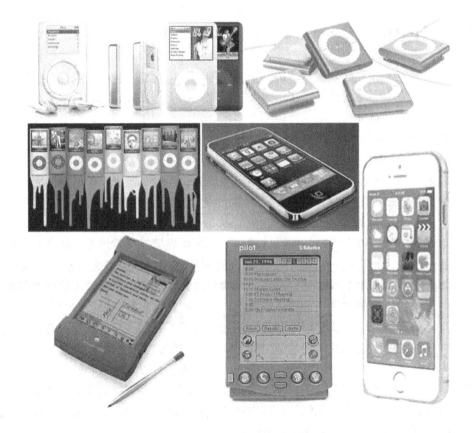

图 8-14　激烈竞争中的数字产品

个曾经属于他自己的家。苹果公司痛定思痛，最终接纳了乔布斯的回归和后来苹果公司事业发展的重大转折。该例子说明：成功的天才设计在很大程度上依赖一个具有战略眼光的、有创意激情和理想主义色彩的"掌门人"。

　　苹果公司的发展历程和乔布斯个人的命运联系在一起，确实有些戏剧性，但这也恰恰说明了"高瞻远瞩的公司"对"精神领袖"的依赖。乔布斯（图 8-15）曾经是个嬉皮士，他中途辍学、他白手起家、他登峰造极、他众叛亲离、他东山再起、他君临天下……。1982 年 2 月的那一期美国《时代》杂志的封面上有个头顶苹果，微翘嘴角的小胡子男人，焦点标题《美国的风险承担者们》（America's Risk Takers），右下角"落款"是苹果电脑的乔布斯（图 8-15 右）。封面中乔布斯身后那台发出"光箭"的电脑，是 PC 史上的殿堂级产品——苹果 II（Apple II），暗指乔布斯把宝押在苹果电脑上，冒了大险，却也走了大运。这篇报道虽然捎带点中了乔布斯处事武断、粗暴的死穴，但对苹果公司的总体评价却是正面和积极的。

图 8-15　多次荣登美国《时代》周刊的苹果电脑奇才史蒂夫·乔布斯

　　40 年前，正是这个嬉皮士凭兴趣、冲劲，同玩伴沃兹一起在自家汽车库"攒"出了当年最伟大的个人电脑——苹果电脑（图 8-16 上左、上中）。10 年后，他离开了这个公司。这个被自家公司赶走的董事长毫不气馁，"我发现，我还是喜爱那些我做过的事情，在苹果公司中经历的那些事丝毫没有改变我爱做的事。虽然我被否定了，可是我还是爱做那些事情，所以我决定从头来过。当时我没发现，但现在看来被苹果计算机开除，是我所经历过最好的事情。成功的沉重被从头来过的轻松所取代，每件事情都不那么确定，让我自由进入这辈子最有创意的年代。接下来五年，我开了一家叫做 NeXT 的公司（图 8-16 右上），又开一家叫做 Pixar 的公司（图 8-16 中左），也跟后来的妻子（Laurene）谈起了恋爱。Pixar 接着制作了世界上第一部全计算机动画电影——玩具总动员（Toy Story，图 8-16 右中），现在是世界上最成功的动画制作公司。然后，苹果计算机买下了 NeXT，我回到了苹果，我们在 NeXT 发展的技术成了苹果计算机后来复兴的核心部分。我也有了个美妙的家庭。"当时乔布斯敏锐地感觉到数字媒体大潮的即将来临，因此通过一系列改革措施调整了苹果公司的发展战略，迅速抢占了数字媒体终端产品的市场前沿，不失时机地推出了时尚流行产品——iPod（图 8-16 下左）和 iPhone（图 8-16 下右），在 6 年间将苹果账簿上的 18 亿美元赤字改成了 40 亿美元黑字，重新振兴了濒临破产的苹果公司。

图 8-16　乔布斯和他的公司与产品

　　乔布斯也对"以用户为中心"的设计思想不以为然，"在苹果公司，我们遇到任何事情都会问：它对用户来讲是不是很方便？它对用户来讲是不是很棒？每个人都在大谈特谈'用户至上'，但其他人都没有像我们这样真正做到这一点。"乔布斯骄傲地说。

　　他亲自率领苹果设计团队进行"二次创业"并能够取得成功的深刻原因是：

　　（1）细节与整体。大多数用户的意见都是从细节出发，比如对 iPhone 一些细节设计的批评。但是，高瞻远瞩公司的 CEO 要考虑的是一个整体体验，虽然乔布斯会从用户那里吸取灵感，但绝不会被用户的意见所左右，所以 iPhone 的一些细节设计，比如重力感应、红外线感应和插上耳机就播放等功能的确是更前卫的设计。绝对不是用户能建议出来的。

　　（2）成本与回报。大多数用户的意见往往来自不同的用户类型和角色环境，要满足所有不同类型的顾客的需求会导致产品线过长，增加公司的开发成本和开发周期，甚至一些令人眼花缭乱的"创新"往往使得顾客无所适从。苹果公司早期产品失败的原因之一就是苹果电脑更新换代太快，而库存过期产品的大量积压造成了公司资金链的断裂。对此，乔布斯自然有深刻的体会。

　　（3）习惯与培养。在苹果公司的发展史中，"培养用户习惯"的例子比比皆是。从缺乏右键的鼠标、3D 停靠坞的导航栏界面、过于简洁的软件界面、不兼容的文件格式、各种隐藏和缺乏提示的快捷键，到没有显示屏的 iPod Shuffle 等反"人性化"和"用户习惯"的设计，但苹果产品从来不缺乏"粉丝"的狂热追求。乔布斯相信品牌的力量和时尚的魅力，而学习和挑战恰恰是年轻人擅长的资本。

（4）时间和机遇。许多设计公司推出的具有科技创新和界面创新的产品往往因过于"前卫"而得不到市场的青睐，而后继者却常常略胜一筹。如前述苹果公司在 1993 年推出的第一个手持数字终端"牛顿"的失败就是一个范例，基于其昂贵的价格和当时有限的使用环境，消费者不知道该用它来做什么。但今天的数字终端产品早已"遍地开花"，因此，中国古训"时势造英雄"还真是至理名言。

（5）技术与时尚。用户意见只是一种"浅潜"，真正的用户体验需要的是"深潜"。真正的用户体验高手一定是心灵猎手，要能"潜入"顾客的大脑，发现那些真正能打动顾客的因素，然后才动手设计。高瞻远瞩的设计公司 CEO 往往要更敏锐地观察潮流与时尚，追踪科技发明和创新的前沿，要寻找更高级的杀手锏来创新产品。

（6）艺术还是科学？随着用户体验的被重视，越来越多的科学调查工具被引入。但是虽然对科学数据要重视，而 CEO 则要高瞻远瞩，对来自多方面的信息进行处理，这就是一种艺术！正如乔布斯所说："我希望苹果能够站在计算机和艺术的交汇点"，正因如此，我们在后来的时间里，一次又一次地看到苹果在艺术的殿堂中忘情独舞，从晶莹剔透的 PowerMacG4，到白璧无瑕的 iBook，从滑如凝脂的 iPod，再到简练阳刚的 PowerBook，苹果早已经忘记了当今计算机的种种戒律和规范，她的舞姿行云流水、曼妙婀娜。苹果似乎已经不再属于这个计算机的世界，她更适合的身份是一种文化和艺术，是一种对完美的执着。

（7）成功与冒险。寻找兴奋的用户体验永远是一场冒险，而这种冒险不要指望通过用户意见能给你降低风险。比如，Facebook 或开心网就是在冒险中找到一种突破点。在中国，无论是马化腾的 QQ（腾讯公司）还是马云的淘宝（阿里巴巴公司），都是在参考市场竞争和同类产品的相互残杀中脱颖而出，成长为参天大树的。因此，产品的设计本身就是一场思想和智力的博弈，而在野蛮环境中生长出来自然会有成功的道理。

"高瞻远瞩的交互设计"似乎和"以用户为中心"的设计思想相抵触。例如美国著名共享社区网站 Facebook 在 2009 年初的一系列改版，尤其是类似 Twitter 实时更新用户状态的功能，受到了大量用户的抵制与反对，有调查统计显示，当时已有超过 100 万的用户不喜欢 Facebook 的新版面。而 Facebook 的 CEO 马克·扎克伯格（Mark Zuckerberg）在写给员工的邮件中，针对新版面的批评意见则表示："大多数高瞻远瞩公司不会被用户的意见所左右。"此外，他还暗讽那些"听从用户意见的公司很愚蠢"。从这里引出一个值得我们关注的问题，产品的规划师到底该不该听从"用户的意见"。用户的意见到底该不该听呢？从知识结构和业务水平上讲，用户仅仅是业余水准，和专业的规划师水平有天壤之别，虽然用户的意见可以用来做参考，但规划设计却不应该一味听从用户的意见，否则将对产品的设计造成"硬伤"，使得整个产品无法上升到一个新的高度。规划师应该站在一个全局的高度，从根本上把握用户的真正需求，基于对顾客和市场的分析，设计出一个最初的产品原型，引导用户向更高层次发展；同时，充分考虑产品在市场上的价格性能比和商业受欢迎程度，进一步完善产品的设计。而且用户的思维方式往往是从自身利益出发，缺乏大局观，没有从战略角度全面考虑问题的意识。规划设计师正好可以高屋建瓴，从用户的反馈中挖掘深层次的需求，更全面地进行规划设计，毕竟，设计师比用户更理解这个产品的内涵。因此，Facebook 的 CEO 说的似乎不错，产品规划设计不应该完全听从用户的意见，产品设计师不应该妄自菲薄，将自己的层次降低到用户那样的业余水准，而应该引导用户逐步习惯新的专业水准设计规划。设计师对待用户的意见应该是分析、提炼、挖掘和改造，而不是一味听从。

8.2.4 系统设计方法

系统设计是为解决设计问题而采用的一种分析方法。它运用确定的工作流程来创造设计的解决方法。在以用户为中心的设计中，用户是设计过程的核心；而在系统设计中，强调 "系统" 的概念。一个系统不一定是指计算机，系统也许是由人、设备、机器和物品组成，甚至从简单系统（比如室内加热系统）到复杂系统（比如政府的构成体系）的设计都可以归于此类。系统设计方法是一种结构分明、精确严密的设计方法，擅长于解决复杂问题，为设计提供全盘性视角。系统设计并非不重视用户的目标和需求——这些目标和需求可以作为系统的预设目标。但在系统设计方法中，须为有利于 "语境" 而不再强调用户。系统设计不仅关乎数码产品，大多数的服务也可被视为包含数字化或类似构件的产品。许多设计师感到系统设计是剥夺人性的，在一个综合的环境中把人当做机器一样看待。但事实上，系统设计是一种逻辑严密、注重分析的交互设计方法。在这一方法中，人类的情感和奇思找不到自己的位置，反被视为环境遭遇的干扰。系统设计最强大之处在于帮助人们展示了一个大视野：没有一件产品或一项服务是存在于真空中的，系统设计迫使设计师关注产品或服务所处的大环境，关注使用过程的广阔语境，从而获得对围绕产品或服务的环境的更好理解。

系统设计并不是一种新的设计思路，从传统的人机工程学、工业设计到软件开发，都强调利用系统分析的方法对人、环境和产品等诸多内外因素进行深入的研究，从中发现隐含问题和用户的潜在需求，进一步给后期的具体形态和结构功能设计提供更加宽阔的思路。从微观和宏观两个方面来看现代生活中产品形态设计，微观上有来自结构、材料、色彩、造型方面的，还有来自工艺方面的种种因素；宏观上有文化因素、人的因素、环境因素、能源因素等的制约。各种因素在今天这个高度专业化、知识密集化、信息爆炸化的时代中，都衍生出各自的知识体系和结构，构成了产品形态设计复杂的本质。因此，在系统设计中，研究的主要内容就是 "人-机-环境" 系统，简称人机系统（图 8-17）。即在充分考虑人与机相互关系的同时，还要考虑到各种环境因素，如声、光、气体、温度、色彩、辐射等。这样，就把人机相互适应的柔性设计提高到人—机—环境的系统设计高度，以求得到最佳的人机系统综合使用效能。

人机系统设计研究的内容包括：人的特性的研究、机器特性的研究、环境特性的研究、人-机关系的研究、人-环境关系的研究、机-环境关系的研究、人-机-环境系统总体性能的

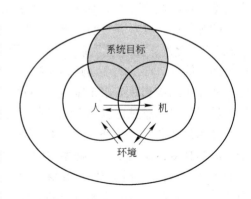

图 8-17　人-机-环境系统

研究。

这里构成人机系统"三大要素"的人、机、环境，可看成是人机系统中三个相对独立的子系统，分别属于行为科学、技术科学和环境科学的研究范畴。系统设计理论强调系统的整体属性不等于部分属性之和，其具体状况取决于系统的组织结构及系统内部的协同作用程度。因此，研究人机学应该做到既研究人、机、环境每个子系统的属性，又研究人机系统的整体结构及其属性。力求达到人尽其力，"机"尽其用，环境尽其美，使整个系统安全、高效，且对人有较高的舒适度和生命保障功能，最终目的是使系统综合使用效能最高。系统设计的目标就是综合考虑和研究可能的产品创新的各种内外因素如图8-18 所示。

系统设计方法强调系统分析人、环境和产品等诸多因素并确定用户需求

图8-18 系统设计综合因素分析

因此，可将系统设计研究目标大致归纳为"人的因素"研究、"机的因素"研究、"环境因素"研究以及"综合因素"研究四个方面。人的因素包括人体尺寸和机械参数研究，主要指动态和静态情况下人的作业姿势及空间活动范围等。它属于人体测量学的研究范畴。人的机械力学参数主要包括人的操作力、操作速度和操作频率，动作的准确性和耐力极限等，它属于生物力学和劳动生理学的研究范畴。人的信息传递能力和可靠性主要包括人对信息的接收、存储、记忆、传递、输出能力，以及各种感觉通道的生理极限能力，它属于认知心理学的研究范畴。人的可靠性及作业适应性主要包括人在劳动过程中的心理调节能力、心理反射机制，以及人在正常情况下失误的可能性和起因，它属于劳动心理学和管理心理学研究的范畴。总之，"人的因素"涉及的学科内容很广，在进行产品的人机系统设计时，应科学合理地选用各种参数。

机的因素包括信息显示和操纵控制系统设计，主要指机器接收人发出指令的各种装置，如操纵杆、方向盘、按键、按钮等。这些装置的设计及布局必须充分考虑人输出信息的能力。信息显示系统主要指机器接收人的指令后，向人做出反馈信息的各种显示装置，如模拟显示器、数字显示器、屏幕显示器，以及音响信息传达装置、触觉信息传达装置、嗅觉信息传达装置等。无论机器如何把信息反馈给人，都必须快捷、准确和清晰，并充分考虑人的各种感觉通道的"容量"。此外还有安全保障系统，主要指机器出现差错或人出现失误时的安全保障设施和装置。它应包括人和机器两个方面，其中以人为主要保护对象，对于特殊的机器，还应考虑配置救援逃生装置。

环境因素包含内容十分广泛，人机工程学通常考虑物理化学环境，包括照明、噪声、温度、湿度、辐射等因素。心理环境主要指作业空间（如厂房大小、机器布局、道路交通等）和美感因素（如产品的形态、色彩、装饰以及功能音乐等）。此外，还有人际关系等社会环境对人心理状态构成的影响。

综合因素主要应考虑以下情况：

（1）人机间的配合与分工（也称人机功能分配）应全面综合考虑人与机的特征及机

能，使之扬长避短，合理配合，充分发挥人机系统的综合使用效能。

（2）人机合理分工，凡是笨重的、快速的、精细的、规律的、单调的、高阶运算的、操作复杂的工作适合于机器承担，而对机器系统的设计、管理、监控、故障处理以及程序和指令的安排等，则适合于人来承担。

系统设计的人机界面至少有三种：操纵系统人机界面、显示系统人机界面和环境系统人机界面，功能是使人与机器的信息传递达到最佳，使人机系统的综合效能达到最高，实现高效、健康、舒适、安全、环保、美观及可持续发展的理念。

8.2.5 体验设计

上面所述到的交互设计方法，在实际运用中还可以归结出另一种概括性的工业设计方法——体验设计。

8.2.5.1 体验经济时代已经来临

随着时代的发展，一种新的经济形态已经悄然出现。B. Joseph Pine Ⅱ 与 James H. Gilmore 于 1999 年在美国《哈佛商业评论》中指出，所谓的体验经济，是以服务为重心，以商品为素材，为消费者创造出值得回忆的感受的经济。

传统经济主要注重产品的功能强大、外形美观、价格优势，体验式经济下则是从生活与情境出发，塑造感官体验及思维认同，以此抓住消费者的注意力，改变消费行为，并为产品找到新的生存价值与空间。体验经济下的生产及消费行为与传统的相比，也发生了根本的改变：

（1）以体验为基础，开发新产品、新活动。

（2）强调与消费者沟通，以体验为导向设计、生产和销售产品，并触动消费者内在情感和情绪。

（3）以创造体验吸引消费者，并增加产品的附加值。

因此，体验经济中产品的价值不是完全体现在产品的功能或者服务中，而是主要体现在"体验"中。所谓的"体验"，是个体对一些刺激做出的反应。体验会涉及顾客的感官、情感等感性因素，也会包括智力、思考等理性因素。体验可分为几大模块，首先是感官体验，它包括视觉、听觉、触觉、味觉与嗅觉的体验；其次是情感诉求，通过体验为导向的设计来刺激和感染消费者的感情与情绪；此外就是思考诉求，通过创意的方式引起消费者的惊奇、兴趣、对问题集中或分散的思考，为消费者创造认知和解决问题的体验；还有就是行为体验，包括消费者与产品互动过程中的使用体验、身体体验，甚至生活方式体验；最后是关联体验，就是通过产品使消费者感觉到自己从属某个社会组织并和他人产生互动。

体验经济"以人为本"，它尊重人性和人的个性，强调满足人精神、社会、个性等需要的重要性。体验经济的个性化特征验证了心理学家马斯洛的需要层次论，即人类最高的需求层次——自我实现。

进入体验经济时代，消费者对产品的要求将不止于功能上的满足，产品或品牌能否超越产品功能而给他们带来种种感官、情结或价值上的满足，将变得越来越重要。简单说，就是商品不单要有"功能"上的效益，还要有或者更要有"体验"或"情感"上的效益。

在心理学领域，主要将体验定义为一种情绪，对于和产品设计相关的领域而言，体验就是：

（1）产品在用户手中如何被感知的方式；

（2）用户对怎样使用产品的理解程度；

（3）用户在使用产品时对产品的感觉如何；

（4）产品提供它们自身用途的好坏程度；

（5）产品在用户使用它的整个过程中适应的好坏程度。

用生命哲学家的话说，体验就是一种存在方式，一种生存方式，人只要生活着，也就意味着他在体验着。因此，在设计中强调体验，一方面是从人类存在的本质出发，使设计向着人性化的方向发展；同时，也是在如今这个极端商业化的社会里，寻求设计的人文精神的回归。

体验设计脱胎于体验经济，是体验经济战略思想的灵魂和核心。体验经济所关注的是用户的心理满足，探讨如何更好地满足用户的精神需求，以实现产品与服务的价值增值。体验设计就是为这个目标服务的，它是一个新的理解消费者的方法，始终从用户本身的角度去认识和理解产品形式，设计的问题已经从理性和实用性，转移到用户本身。

8.2.5.2 体验设计的特征

A　体验设计的游戏化、娱乐化

娱乐是人类最古老的一种体验，而且在当今是一种更高级的、最普遍的体验。体验设计的娱乐化、游戏化特性就是为了满足人们日益追求一种休闲的、愉悦的现代的生活方式，同时这也体现出人类对这种本性的一种回归。

当前电子信息、网络科技飞速发展。值得注意的是，与电脑网络相关的体验产业——游戏业，现已成为一个新的经济增长点。

在体验经济中的市场研究公司 Newzoo 根据统计数据做出的报告显示，2014 年地球的总人口约为 72 亿，其中的 29.7 亿人具备浏览网际网路的能力，而这些人中，约有 18 亿人是游戏玩家，他们在 2014 年为游戏产业总计贡献了 820 亿美元的产业产值。

另据中国软件行业协会游戏软件分会根据统计数据做出的报告显示，不包括纯动漫、卡通的收入在内，2014 年整个中国游戏行业（包括网络游戏、手机游戏、网页游戏、家用游戏、单机游戏、掌机游戏、大型游戏等各个种类游戏）的生产经营总收入约为 1520 亿元人民币。其中：网络游戏 2014 年的经营收入约为 620 亿元人民币，约占整个游戏产业产值的 41%；网页游戏包括社交类游戏在内，经营收入约为 244 亿元人民币以上，约占整个游戏产业产值的 16%；移动游戏经营收入约为 265 亿元人民币以上，约占整个游戏产业产值的 17%；游戏机类游戏包括家用游戏、掌机游戏、大型游戏 3 大类，生产经营总收入约为 391 亿元左右，约占整个游戏产业产值的 26%。

B　体验设计的人性化

体验设计的终极目标之一便是人性化。体验设计注意和突出体验的这一要素，关注人的身体感觉和心灵感悟，注重设计体验的结果，把人性化的设计向前推进了一大步。

设计师的产品设计不仅满足了人们的基本需要，而且满足了现代人追求轻松、幽默、愉悦的心理需求。例如，麦当劳公司就满足了消费者渴望得到的一种"完全的用餐经验"，包括轻松的心情、休闲的气氛、愉快的享受和便利的服务、欢乐的美味，甚至顾及儿童消费群的欢笑、趣味、教育、安全等需求，都能结合科技与常规的优点，来重新定位麦当劳，传递独树一格的用餐经验，以增加整体用餐的价值，进而使顾客认定麦当劳是他们最喜欢的餐厅（图 8-19 左）。

有些设计师已将设计触角伸向人的心灵深处，通过富有隐喻色彩和审美情调的设计，在设计中赋予更多的意义，让使用者心领神会而倍感亲切。例如，2001 年，惠普提出了为客户创造价值的市场定位，及"全面客户体验"的商业模式，意图是通过提供服务体验、购买体验、应用体验及使用体验，让客户感受到一种个性化的完全不同的体验。惠普的很多机构，都是围绕以客户为中心、为客户提供全面体验的思想设计出来的（图 8-19 右）。

图 8-19　麦当劳和惠普的人性化体验

C　体验设计的互动参与性

体验设计的人性化的体验特性，决定了体验设计还应该具有体验经济互动参与性的特性。体验经济本身也是一种开放式、互动性的经济形式。体验经济具有的互动性也为体验设计的互动特性提供了依据。因为任何一种体验都是某个人身心体智状态与那些筹划事件之间的互动作用的结果，即顾客全程参与其中。

商品是有形的，服务是无形的，而所创造出的那种"情感共振"型的体验最令人难忘。服务只是指由市场需求决定的一般性大批量生产。服务被赋予个性化之后就会变得值得回忆，服务在为顾客定制化之后就变成一种体验。体验创造的价值来自个人内心的反应。"其实，体验一直存在于我们的周围，只是直至现在，我们才开始将它看做一种独特的经济形态。"于是我们大可以这样去理解，"当一个公司有意识地以服务做舞台，以商品作为道具来使消费者融入其中时，体验就出现了"。在体验经济中，企业是体验的策划者，不再仅仅提供简单的商品或服务，而是提供最终的体验，给顾客留下难以忘怀的愉悦记忆。

由此，体验设计的"体验"应该是一种来自于设计者与消费者双方的体验的综合的结果，而显然不是单一方面的单一的结果。并且这两方面的"体验"都不是孤立地存在的，是紧密联系、不可分割的，它们互为影响互为补充。体验设计是设计者与消费者双方体验的一种良性的互动。

D 体验设计的非物质化、虚无性特征

体验是一个人达到情绪、体力、精神的某一特定水平时，意识中产生的一种美好感觉。它本身不是一种经济产出，不能完全以清点的方式来量化，因而也不能像其他工作那样创造出可以触摸的物品。

但在体验经济时代，体验却成为一种新的价值源泉，已独立成为一种经济提供物。它从服务中分离出来，就像服务曾经从商品中分离出来那样，体验自始至终地环绕着我们。而顾客、商人和经济学家习惯于把它归并到服务业，与干洗服务、汽车修理、批发分销和电话接入混在一起，被认为是在当今世界快节奏的生活中为了驱使人们购买而产生的服务的变形。

产品的非物质现象呈现出以下几个层面：一是从超薄到微型再到隐形。美国利用光刻技术制造的齿轮、连杆组件的宽度不超过 100 微米。同时微型化技术带来设计观念的变化，"形式追随功能"受到前所未有的质疑。二是从三维到平面。伴随科技的发展，自动控制技术使消费者与产品使用之间凭借的是遥控、网络信息技术。消费者是利用自身与屏幕图像的对话来体验产品。在产品设计中的平面化因素的强化，使它向非物质化状态渐近。

E 体验设计的情感化、纯精神性

在体验经济时代，设计越来越追求"一种无目的性的、不可预料的和无法准确测定的抒情价值"。消费者是根据感性和意向来选择商品，社会已进入文化和精神的消费时代。根据马斯洛的层级需求理论，体验设计将传统设计对人的生理和安全等低层次的需求的关注，扩大到对消费者的自尊及自我价值实现等高层次的精神需求的思考。

体验是认知内化的催化剂，起着将主体的已有经验与新知衔接、贯通，并帮助主体完成认识升华的作用。它引导主体从物境到情境，再到意境，产生感悟人的三个情感体验阶段。

第一是物境状态。重视对顾客的感官刺激，加强产品的感知化。这种体验越是充满感觉就越是值得记忆和回忆，为使产品更具有体验价值，最直接的办法就是增加某些感官要素，增强顾客与产品相互交流的感觉。因此，设计者必须从视觉、触觉、味觉、听觉和嗅觉等方面进行细致的分析，突出产品的感官特征，使其容易被感知，创造良好的情感体验。例如，在听觉方面，对汽车开、关门声音的体验设计，在视觉方面，显示器由超平到纯平再到等离子等等。

第二是情境状态。一方面是人对产品的关爱情境，另一方面是产品对人、社会以及自然的关爱情境。物品具有自身的灵魂，它的价值符号是拥有者身份、地位以及权利的象征。人与产品之间必然会形成互动的关爱情境。

第三是更高层次的意境状态。中国画讲究"意在笔先"，在体验设计中，应追求"意在设计先"，设计具有强烈吸引力的良好主题，寻求和谐的道具、布景，创造感人肺腑的剧场，产出丰富的、独特的体验价值。

8.2.5.3 体验设计的类型

体验设计所强调的"体验"也必须包括这五大体验模块：感官体验、情感体验、思考体验、行为体验、关联体验和混合式体验，以及由这六大模块构成体验设计理念的核心和基础。

　　A　感官体验设计

　　感官体验设计主要诉求于人的 5 种感觉——视觉、触觉、听觉、嗅觉和味觉——来增加或者创造产品的感官体验，是产品体验设计中最基本的一种设计方法。

　　一般地，在产品设计中，感官体验主要来源于视觉和触觉两种感觉。首先，视觉最能影响产品体验的感觉。一个人每天所获得的信息量有 80% 来源于视觉。视觉通过捕捉产品的形状、大小、色彩等客观元素产生包括体积、重量和形态等有关产品的物理特征的印象。比如，当我们第一眼看到一辆奔驰跑车时（如图 8-20 所示），无不被它流畅的线条、优美的形态、鲜明的色彩、奔放的气质所吸引。

图 8-20　奔驰跑车

　　仅次于视觉，触觉也同样帮助形成一部分的印象和主观感受，从而转化为体验的价值。通过触觉，我们可以感受到关于产品价值的细微信息——凹凸不平的沧桑，坚硬冰凉的冷峻，或是顺滑柔软的高雅。产品的造型和形态存在的主要物质基础就是材料，材料的物理特性、化学性能、加工工艺、表面处理等综合因素可以直接影响到产品的造型。材料所具备的光泽美、质地美在产品外观上的表现，通过触觉能传达独特的信息感受。

　　另外，在交互设计中，听觉、嗅觉和味觉等感官体验最具独特性。产品通过人的听觉与顾客沟通，也是一种其他感觉所不能替代的方式。在许多产品的信息系统中，声音也许扮演着最重要的角色。首先，声音能传递一种安全感，比如转动锁芯时令人放心的喀哒声，还有冰箱的嗡嗡声，打印机的沙沙声，都传递着"工作正常"的信息。其次，声音还具有提示功能，比如，工作中的热水壶发出的哨声就提示你水烧开了。声音给产品带来的影响尤其在汽车设计上体现得最为明显。例如宝马发动机发出赛车式的咆哮声，似乎成为一种品牌的代言。同时宝马也将消除声音作为体现品牌的内涵，他们经过几个月的测试调整，消除了摆动的挡风玻璃雨刷发出的声音，体现了宝马公司对完美的孜孜以求。在所有声音中，音乐能带来最深刻的听觉体验，它极大地影响着人的情感。作为一个表达信息的有效载体，它提供了快乐、情感的暗示甚至记忆的帮助。

　　嗅觉带来的感觉也是独特的。据研究，嗅觉给人带来的印象在记忆中保存的时间是最久的。一种气味能唤起人们深藏记忆深处的情感，或许会勾起对苦涩的童年、慈爱的祖母的回忆，亦或是对曾经的一段温馨甜蜜爱情的回味。然而，不是所有的产品都会散发出香味的，但是如果能发现一种方式，可以将香味融入到体验中，那么它一定会为产品增添不小的乐趣。

B　情感体验设计

情感体验设计主要诉求消费者内心的感觉和情感，以赋予产品情感体验。这种体验可能表现为一种温和、柔情的正面心情，或者快乐自豪、激情澎湃的激动情绪。

在设计中，要时刻记住：消费主体的感觉最重要。创造良好感觉，避免坏感觉是人们生活中的一个核心原则。在相同的前提下，消费者倾向于寻求好的感觉，避免坏的感觉。

情感体验往往有强度上的差异——从稍微积极或消极的状态到非常紧张的程度。如果我们希望在设计中有效利用情感体验，那么就应对心情和情绪有更清楚的了解（表8-1）。

表8-1　心情和情绪的对比

情感类型	程度	表　征	属　性	原　因
心情	轻微	积极的、消极的或中性	通常不确定	通常不确定
感情和情绪	强烈	积极的或消极的	具有一定意义	由某种活动、介质和物体引发出来

由表8-1可以看出：心情是一种不确定的情感状态。特定的刺激可能会给人带来不同的心情；而情绪是种强烈的、有着明确刺激源的情感状态，往往表现为负面情感。典型的情绪有生气、羡慕、嫉妒，甚至还有热爱。这些情绪总是因为某些人、某些事或某些物才产生的。由此可知，情绪的好与坏能够直接导致心情的好与坏。情绪主要分为两种基本类型：基本情绪和复合情绪。基本情绪就像化学元素一样，形成了我们情感世界的基础部分。它包括积极的情绪（如快乐）和消极的情绪（如生气、厌恶和悲伤）。比如怀旧之情（渴望而感伤地怀念着已经逝去的时光），利用怀旧情绪进行产品设计的例子中最典型的莫过于甲壳虫汽车。如图8-21上所示的这种车型1979年后就停产了，而在1994年，新甲壳虫概念车（图8-21下左）在底特律车展上首次亮相，引起巨大的轰动和人们的喜爱。如今的2014款甲壳虫汽车（图8-21下右）在其设计中又有多少怀旧、复古的情怀呢？

图8-21　老款甲壳虫与新款甲壳虫

情感是生活的一部分，它影响着人们如何感知、如何行为和如何思维，它内在的个人因素更能影响人们对于物品的感知。生活中的物品对我们来说绝不是单纯的物质性存在。一个人喜欢的物品可以是过了时的、褪了色的、陈旧的。这些物品是一种象征，它建立了一种积极的精神框架，它是快乐往事的提醒，有时是自我展示。

在产品设计中，我们需要将产品看作是一个认知和情感的交织体。认知心理学家唐纳德将设计分为本能的、行为的、反思的三个纬度，他提出这三个纬度在任何设计中都是相互交织的。处于各个水平上的设计提供相应水平的情感，这三个水平相互影响。尽管方式有些复杂，我们可以将三个水平设计上的产品特点进行简化：本能水平由外观决定；行为水平由使用的乐趣和效率决定；反思水平则由自我满足和记忆反映。

（1）本能水平的设计可以得到即刻的情感效果。产品给人们的第一反应有"漂亮的"、"可爱的"或者"有趣的"等，他们可以是非常简单的，不用去追求尽善尽美，但是在人们接触时，对它的本能反应是即刻能得到心理上的认同。

（2）行为水平与产品的效用，以及使用产品的感受有关。但是感受本身包括很多方面：功能、性能和可用性。首先，产品的功能是指它能支持什么样的活动，它能做什么，如果功能不足或者没有益处，那么产品几乎没什么价值。其次，产品的性能是指关于产品能多好地完成那些要实现的功能，如果性能不足，那么产品也是失败的。优秀的行为水平的设计，最关键的一点就是去了解人们如何使用一个产品，善于发现产品的不足之处，并进行完善。

优秀的行为水平的设计应该是以人为中心的，把重点放在理解和满足真实使用产品的人的需要上。比如汽车设计中，其内部操作比较多，在界面安排上就需要做到易理解、易操作。如在座位调节系统中，将按键的形状与操作的部位相对应，暗示相应的操作，如果按椅背部键，椅背就前后倾斜调节；按座位键，座位就上下高低调节。这些行为调节器说明了设计与使用者之间需要建立一个很好的系统形象。

（3）反思水平则直接与消费者使用产品后得到的感觉有关，比如是否对产品的功能满意，可操作性是否好等。这些都是在使用过程中得到的感受，通过回忆描述消费者的个体感受。

C　思维体验设计

思维体验设计要求达成的目标就是：通过让人出乎意料和激发兴趣，促使消费者进行发散性思维和收敛性思维。

思维体验设计主要诉求于智力启发顾客获得认识和解决问题的体验。它运用惊奇、计谋和诱惑等引发顾客产生统一或各异的想法，启发的是人们的智力。收敛性思维和发散性思维通常是人进行思考的两种方式。收敛性思维的最具体形式是涉及定义严谨的理性问题的分析推理。所有对问题进行系统、认真地分析的活动也都属于收敛性思维，即便是仅凭常识或启发式思考得出结论也是如此。与收敛性思维相比，联想式发散性思维更随心所欲。它包括心理学家所说的知觉流畅性（如想出很多主意的能力）、灵活性（如很容易改变看法的能力）、创造性（如创造不寻常主意的能力）。按照这两种思维途径，即使你的产品很有创意，也别期望它一定会在市场上大获成功，因为各个国家的消费者往往具备不同的产品知识。

D 行为体验设计

行为体验主要包括生理体验、使用体验和生活方式体验三种。首先，很多与生理体验相关的产品，因为和私生活相关（比如洗浴、性、疾病、嗜好等），在很多文化中都被视为禁忌。因此，设计师要格外注意产品类别的敏感性。其次，使用体验与产品的效用，以及使用产品的感受有关。而这种感受主要来源于产品的功能性。一个产品能做什么，它能实现什么样的功能，是在使用上成功与否的关键。其次，产品的实现功能的途径也应该简单易懂。第三，多种多样的生活方式在不同消费群体里表现不同，几乎每个个体的活动、兴趣和观点都有所不同。

作为产品设计师，应该对人们的生活方式走向保持高度敏感。好的设计师应成为某种生活方式走向的推动者，从而确保产品与某种生活方式相关联，甚至成为其中的一部分。只有这样才有可能为消费者创造最有效的生活方式体验。成功的行为体验设计，能够促使产品作为标志物来展示用户的生活品质。

E 关联体验设计

关联体验设计主要诉求于自我改进的个人渴望，使消费者在使用或拥有产品过程中，感觉到自己从属某个社会组织并和他人产生互动，从而体现个人在社会中的身份与地位。比如，期望中的"理想自己"，希望别人（例如亲戚、朋友、同事、恋人或是配偶）对自己产生好感或认可，让个人和一个较广泛的社会系统产生关联。

每个个体天生就有寻求社会认同的需要，这个过程一般经历4个步骤：首先是认知某种社会分类 X，其次是了解作为 X 类的一员会有某种美好的体验，第三是相信使用某种产品或品牌会产生这种美好体验，最后是消费者认为"我就是 X 类"。哈雷-戴维森机车的出现就很好地印证了这一点，如图 8-22 所示。

图 8-22 哈雷-戴维森机车

哈雷-戴维森机车的魅力不在于机型如何漂亮，而在于它代表的是一种精神、一种生活方式、一种群体，从机车本身、与哈雷有关的商品到狂热者身上的哈雷纹身，哈雷机车代表着美国自由精神，正是这种精神吸引着成千上万的哈雷机车爱好者。该产品已经超越了产品本身，它的价值体现在带给用户的关联体验上，即它是一种与众不同的身份和个性的象征。

总之，关联体验设计要求达成的目标就是：通过使用产品，能够使消费者感受到自身的社会价值以及与群体的互动。

F 混合式体验设计

在现实生活中，体验的强大感染力很少只来自于上述单一类型，多是两种或两种以上的体验类型结合在一起而产生的，这通常被称为混合体验设计。如果这种混合包含上述五种体验类型，则称为全面体验。

混合体验绝对不是两种或两种以上的体验类型的简单叠加，而是他们之间发生相互作用、相互影响，产生的另一种全新的体验。在构建混合体验时，我们可以按照感官→情感

→思维→行为→关联这样的顺序来进行，这个顺序符合消费者的购买心理。"感官"会吸引消费者的注意力并且激发人的感受；"情感"会创造顾客内心世界与企业或产品的联系，从而使情感变得非常个性化；"思考"会为体验增添一份感知趣味的永久性；"行动"会引发一种行为上的投入，一份对品牌的忠诚，以及对未来的一种希望；"关联"跨越了个人的体验，使体验在一个更为广泛的社会背景下具有更加丰富的内涵。当然，这个顺序不是固定不变的，体验的架构可以从行为开始，把感知加到思维体验中。

　　信息时代是一个充满变革的时代，科学技术在创新，设计观念在创新，设计程序在创新，设计技术在创新，管理在创新，文化在创新。创新活动将促使人类的社会文明迅速演进，信息技术将推动工业社会的物质文明向非物质文明转化，人们将生活在对信息的感知和高效率处理的环境中。未来设计不再依赖于对外在信息的简单加工后而得出结论，而是把设计的重心投射到对人本的研究中，以此展开对人的心理、行为、价值观和环境的系统分析，以技术、哲学、人类社会学的方法为基础、艺术的创造为主干，来解读人的内心世界，确定设计的主旨方向。信息时代的人们利用科学成果搭建的信息平台进行交流，使得全球的信息技术资源能得以共享，缩短了人与人之间交流的距离和时间。大量信息的丰富、快速、多变的形式，推动着这个社会在高速发展中去不断创新。

　　工业设计是与同时代的物质特征与精神文化息息相关的系统工程。在信息时代，人们的物质生活和精神需求发生了根本的变化，交互设计在这种变化中对整个设计领域既是冲击，又是发展变革的机遇。在不断变幻着的"魔方"世界中，人们需要在更快的问题求解中找到答案和心灵的归宿，新的社会组织形式和人的价值观的变化，将推动人们的思维进行新的设计思考。

8.2.6　游戏设计的方法

　　当今世界的数字娱乐业中，已经形成了"动"、"漫"、"游"三大主体，而其中势头最强劲的当属游戏产业。微软研究院把网络游戏作为四大研究方向之一，比尔·盖茨称这是最好的投资。美国游戏产业的产业规模已经连续 10 年超过了电影产业。在韩国，游戏产业更成为该国新经济领域中的支柱产业。2014 年，韩国游戏产业收入 30 亿美元，占了极大的比重。中国玩家在 2014 年游戏产业中虽然贡献了约 1520 亿元人民币，但是本土游戏产业创造的价值却少了很多，中国的游戏产业发展距离世界先进水平还有一定的差距。但是，这一产业的强劲势头却不容小觑，中国的游戏产业经济规模连续八年以每年 40% 以上的速度在继续增加。因此，称游戏产业为 21 世纪娱乐业的"潜力股"并不为过。

　　好的交互设计，尤其是好的用户心理研究和好的交互界面的设计，则是一款游戏能否成功的关键。因此，针对游戏设计，在运用交互设计通用方法的同时，又要了解并且熟练掌控游戏设计中的各项特性和设计因素。

　　游戏设计或游戏策划是设计游戏内容和规则的一个过程，好的游戏设计是这样一个过程：创建能激起玩家通关热情的目标，以及玩家在追求这些目标时做出的有意义的决定需遵循的规则。这个术语同时也可以表示游戏实际设计中的具体实现和描述设计细节的文档。游戏设计涉及多个范畴：游戏规则及玩法、视觉艺术、编程、产品化、声效、编剧、游戏角色、道具、场景、界面以上的元素都是一个游戏设计专案所需要的。

　　游戏设计者常常专攻于某一种特定的游戏类型，例如桌面游戏、卡片游戏或者视频游戏等。尽管这些游戏类型看上去很不一样，可是它们却共同拥有很多潜在的概念上或者逻辑上的相似性。

游戏设计方法的作用从本质上来说是用一系列的约束来指导游戏作品的创作。这些约束因被设计的游戏的类型不同而有所不同。约束的种类有很多，有技术上的约束、产品的约束、特定用户群的约束、民族方面的约束和政治上的约束。

游戏设计中需要注意的基础因素如下。

A　游戏的平衡

一个令人满意的游戏，它的平衡性要求必须很好——它既不能太简单，也不能太难，而且它还应该让人感觉是公平的，不管是相互之间竞争的玩家，还是单独的玩家。

由于影响游戏设计的基础因素非常多，所以平衡没有一个常用的规范概念。可通过以下三个平衡的要素来了解什么是游戏的平衡。

a　避免统治性策略

策略（strategy）就是玩游戏的计划，通常都是依据玩家认为可能会获得成功的某个原则或者方法。统治性策略一词，来自于形式游戏理论，指可以可靠地获得玩家可以达到的最好结果的策略，而不用管对手做得怎么样。统治性策略是不受欢迎的，因为一旦一个玩家发现了这个，他就没有任何理由来使用其他的策略了。它让所有其他的选择都毫无意义，因此就限制了玩家可以从这样的一个游戏中获得乐趣。统治性策略更坏的影响是一个玩家可能使用但是另一个玩家不能使用，这时，统治性策略不仅消除了其他的策略，而且让游戏显然不公平了。因此，设计游戏时避免一个统治性策略，就是游戏平衡的一个必不可少的部分。

避免损失或者阻止对手得利的策略也可以认为是统治性的。早在 1955 年，一个篮球队可以使用无休止的延迟战术来消耗钟表上的时间来保持他们的领先——一个统治性的策略，因为它阻止了另一方控制球并得分。之后，篮球规则上的改进实现了进攻时间的约束，来迫使这种情况下控制球的一方必须进攻，这样也就为他们的对手创造了更多追赶的机会。

b　非传递的关系

如果策略或者其他玩家选项之间的关系是非传递的，那么仅仅根据 A 可以打败 B，B 可以打败 C，但这时不能假设 A 也可以打败 C。游戏专业人士使用非传递关系的意思不仅仅是不存在关系，而是存在一个显式的循环，在这个循环中，A 可以打败 B，B 可以打败 C，而 C 可以打败 A。如图 8-23 左所示的石头剪子布游戏就使用这样的方式：布打败石头，石头打败剪子，剪子打败布。这就产生了一个平衡的、三方传递的关系。

但是非传递的关系不仅仅限制在只有三个实体的系统，如图 8-23 右所示，腾讯游戏《七雄争霸》的兵种相克关系就要复杂很多。

c　偶然性的作用

偶然性的作用根据游戏的不同区别很大。某些游戏，例如象棋，就一点都没有使用偶然性。在其他的游戏中，如飞行棋（图 8-24 左）、大富翁（图 8-24 右）等掷骰类游戏，就是全靠偶然性了。

游戏中决定玩家胜利的主要因素是技能，而不是偶然性，所以游戏设计过程中，还要保守地使用偶然性。如果偶然性在游戏中起到了很重要的作用，就可以尝试用以下方式来

图 8-23 非传递的关系

图 8-24 游戏中偶然性的作用

平衡它：

（1）在风险和回报较小的常见挑战中使用偶然性，而对那些风险和回报较大的不常见的挑战中不使用；

（2）允许玩家选择动作来使用对他有利的偶然性；

（3）允许玩家决定冒多大的风险。

B　游戏的可玩性

游戏的可玩性就是起到娱乐作用的挑战和对挑战做出的动作。只要人们期盼他们拥有完成挑战的能力，就说明他们是喜欢挑战的。人们也希望尝试一下不曾期盼过的低风险高回报的挑战。挑战能产生紧张和戏剧性效果。在最简单的挑战级别下，呈现给玩家的挑战要加上一定数量的"你能完成吗？"这样的问题，那么玩家就会努力证明他能够完成任务。

人们也乐意执行游戏中所提供的动作。驾驶飞机、狩猎、设计服装、建立城堡或唱歌跳舞等，这些都是很有趣的。在现实中非常昂贵的或不可能做到的事情，在视频游戏中却可以得到满足，这一点正是视频游戏吸引力的重要部分。在视频游戏中，不是所有的行为都和具体的挑战联系在一起的；即使有些动作不会对游戏最终的结果产生影响，但它仍然很值得去做。许多儿童视频游戏还包含了很多类似于玩具的元素，像铃铛、点火、改变颜色等。

C　美学

视频游戏是一种艺术形式，所以美学也是其设计的一部分。这并不意味着必须要把游戏设计得比电影或油画还要漂亮。比较合理的做法是，他必须要按照某一种风格来设计，用美学技巧来构建（图 8-25）。以不流畅的动画、浑浊的音效、老套的对白或粗糙的美工设计出的游戏，即使可玩性再好，也会令玩家大失所望的。

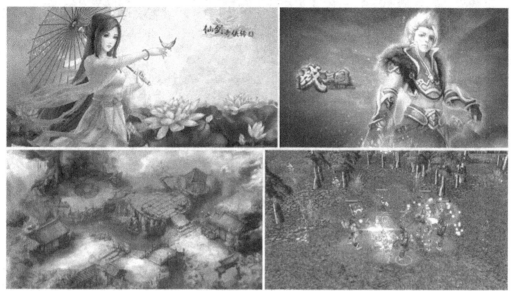

图 8-25　游戏中人物和场景不同风格的美学

尽管美学上的考虑超出了游戏世界，但是像按钮、数字、字体风格等这些图形界面，作为游戏世界的补充物，在创建时必须要保持一致。甚至游戏对玩家按下按钮时的反应方式，也要从美学上做出判定：动画的移动要平滑而自然，慢、颠簸或不可预知的反应都会让人觉得很难看；移动中物体的物理特性要看起来自然，至少应该可信；速度、精确性和优雅性，都是游戏要求的美学元素。

D　讲故事

许多游戏都引入了各种各样的故事作为游戏娱乐性的一部分。在传统游戏中，玩家很难沉浸在游戏的故事中，因为他们在玩游戏时还要来实现游戏规则。停下来实现规则，就会打断玩家当前处于某个位置或扮演某种角色的感觉。视频游戏能将故事的娱乐性和游戏的娱乐性紧密地融合在一起。更宽泛地讲，它能够使玩家感到自己就在故事中，并且影响着故事的发展。这在游戏设计中具有很大的意义，这还是能不能简单地把视频游戏当成一种新游戏的一个原因，即使是那些包含有激烈动作的许多视频游戏，现在也加入了故事元素（图 8-26）。

事实上，叙述故事作为一种娱乐设计是很有影响力的，以至于视频游戏的一个流派——冒险游戏——开始从正式的游戏概念中被彻底移除。尽管我们仍称它为游戏，但是冒险游戏事实上已经是一种新的和交互式娱乐混合而成的娱乐形式——交互式故事（interactive story）。随着时代的发展，我们期望看到更多可以否定传统描述的新游戏、故事、玩法体验的出现。视频游戏已不再仅仅是一种游戏了。

E　风险与回报

我们最熟悉在赌博中作为娱乐来源的风险和回报。你以钱做赌注，如果赢了就可以得到更多的钱。即使抛开金钱，风险与回报依旧是所有竞争游戏的关键部分。当玩家玩竞争游戏时，你的奉献就是失败，而回报就是胜利。游戏中，风险和回报也会在局部发生。在

图 8-26 游戏中的故事

战争游戏中，当选定一个地点开始袭击时，你冒的风险就是袭击被发觉，并被反攻。但是，如果袭击成功，你得到的回报就是能够控制一块新的地域，或消耗掉敌人的资源。在《大富翁》（图 8-24 右）中，你所承受的风险就是花钱买下了一块地产，而之后的租赁收入则是对你的回报。

风险的产生是不确定的。如果玩家清楚地知道他的行动所产生的后果，那么这就不存在什么风险了。

风险与回报机制使游戏更加令人兴奋。游戏通过自身来达到娱乐效果，因为它能让玩家尝试挑战并采取行动，而加入风险与回报可以提高紧张度，并且使成功与失败对玩家更具意义。

玩家对冒险也有不同的态度。游戏中，有些人喜欢带有侵略性的冒险方式；而另一些人更喜好防御性的方式，他们试图将风险降到最小。游戏可以被设计得适合一种风格或另一种风格，也可以达到两者均衡。

F 新奇

人们总是喜好新奇：看到、听到或是去做一些新的事情。早期的视频游戏有很大的重复性，因为它的单调与乏味，使其名声不佳。然而现在，不管多么复杂，视频游戏都能够提供比传统游戏更加多样、更加丰富的内容。视频游戏不仅给玩家全新的世界，它还可以在游戏过程中改变玩游戏的方式。

然而市场上不停改变新奇玩法的游戏并不多见，单单是新奇并不足以维持玩家对游戏的兴趣。大部分游戏更多地依赖于变化主题的方式，在引入下一个元素之前引入一个新的元素，暂时给玩家探索这一元素的机会。如图 8-26 所示游戏，在进入下一主题之前，引入剧情元素，给玩家一个探索的空隙。

G 学习

这里所说的学习并不是"寓教于乐"或学习软件。学习是玩游戏的一个方面——即使是为了娱乐——人们乐于这种学习过程。在传统游戏中，玩家不得不学习游戏规则，并且还要学习如何使他们获胜的机会最大化。在视频游戏中，玩家不再有规则来指导，所以，他们不得不通过摸索着玩游戏来学习游戏的潜在规则。如果你正在玩经典街机游戏，随着时间的发展，你就会学到敌人的移动和攻击布局，当敌人在反攻中出现弱点时，你就能将他击败。这样你又会碰到一个新的敌人，再学习新的布局。只要游戏一直为你提供新的要学习的东西，你就能一直享受着这种乐趣。在你学习到游戏中的所有东西之后，你变成了这款游戏的高手，继而，你就会觉得这款游戏令人厌烦，这就是为什么人们最终会放弃一款游戏而选择另一款的原因。所以现在多数游戏的开发者们都在游戏不停的改版中，努力开发游戏中新的需要玩家学习的东西。

学习并不总是轻松的，也并不总能保证是有趣的。以下两个条件至少满足其一时，人们才乐于学习：

（1）在令人愉快的氛围下学习；

（2）能够学到有用的技能或方法。

游戏应该总能提供愉快的学习环境，如果不能，那么就是游戏在设计时就存在问题。游戏也应该能提供实用的技能，就是说玩家通过学习后，要有助于他们更成功地玩游戏。

H 创造型和表现型玩法

人们总是喜欢设计和创造事物，不管是服装、人物、建筑、城市，还是星球。他们还喜欢定义出能够反映自己某种类型选择的基本模板。这一行为可以直接影响游戏的可玩性（例如，当一个玩家在一个赛车游戏中选择他要驾驶的汽车的模型时，图 8-27 上左），或者只影响外观（例如，一个玩家选择赛车的颜色或车手时，图 8-27 下左）。如果个人选择能影响到游戏，那么即使玩家们被告知哪一项是最佳选择，他们也不会再选择设计者所认为的最佳选项。他们会不计后果地选择自己喜欢的选项。这就是自我表现所体现的强大吸引力。

随着视频游戏变得更加强大和更多的人开始接触游戏，创造型和自我表现型玩法变得非常重要（图 8-27 上右）。有研究表明，女性通过游戏表现自我的愿望要比在竞争中击败对手的愿望更加强烈（图 8-27 下右）。

I 沉浸

在游戏行业中有一个术语"怀疑暂停"（suspension of disbelief，是由诗人塞缪尔·泰勒·柯勒律治创造的。它描述的是去欣赏具想象力的文学或戏剧作品所需的心态，这种心态是我们在某一时刻接受外界经验所要求的），其意思已经变成了沉浸（immersion）：忘却了游戏之外的世界，还可以表述为不知道正处于虚假的世界。当你沉浸于书籍、电影或游戏中时，你会把注意力集中于此，就像是在真实的世界一样。你已经不知道魔法圈的边界在何处。你所沉浸的这种虚假的真实感就像与真实世界一样，或者至少在意义上是真实的。

这种沉浸的感觉令一些玩家相当愉快；而另一些玩家则不会对此着迷，他们知道这只是他们玩的游戏而已。沉浸于游戏的人们，总是会因为打断他们这种沉浸的感觉而生气和懊恼。这就是我们强调游戏协调性的部分原因。

玩家沉浸于游戏，一般会有战术沉浸（tactical immersion）、策略沉浸（strategic immersion）、叙述性沉浸（narrative immersion）这三种方式。

你不能纯粹从设计上创造出令人着迷的游戏。游戏必须具有吸引力和良好的构架，否则它的缺陷会打破玩家的沉浸。同样，你也不能设计出令所有人满意的游戏，玩家是不会沉浸于他们不喜欢的游戏的。如果你想创造出一款令人沉浸的游戏，首先你必须清楚的懂得玩家喜好娱乐的程度，而后为他们带来你所能给予的最好的娱乐体验。

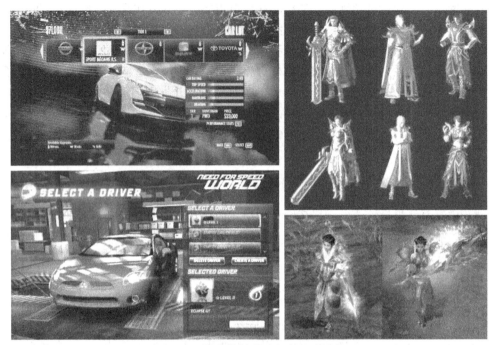

图 8-27　游戏的创造型和表现型玩法

J　社会化

　　大部分传统游戏是多人的游戏，因为从很早以来，游戏就是一种社会性活动。人们喜欢在一起玩视频游戏，现代技术提供了很多方式可供人们在一起玩游戏，如本地多玩家游戏（图 8-28 左上）、网络游戏（也称为分布式多玩家游戏，图 8-28 上右）、局域网游戏

图 8-28　游戏的社会性

（图 8-28 下右）、集体游戏（一组人轮流出战单人游戏，一般由该部分游戏技术较高的人来挑战，其他玩家观看并提供建议，通常在儿童之间比较流行）等。

当设计多人游戏时，考虑到给人们娱乐的社交是很重要的。通过为玩家提供聊天机制、公告栏和其他交流工具（图 8-28 左下），能够扩大游戏的娱乐性，这远远超出单靠游戏可玩性所带来的娱乐。

8.3 交互设计未来的发展

8.3.1 非物质设计——交互设计发展的动力

20 世纪 90 年代以来，随着计算机的普及、互联网的发展与扩张，"信息社会"的"数字化"生存方式已经影响到了当代人生活的各个层面。"数字化"的信息产品设计不仅自身得到迅速发展，还对传统的物质产品产生了巨大的影响。

信息是非物质的，信息社会也就是非物质社会。对于设计而言，信息化社会的形成和发展，使传统设计本身成为改造的对象，同时，电脑作为一种方便而且理想的设计工具，导致设计手段、方法、过程等一系列的变化，数字化的设计时代已经到来。

数字化技术成为后工业社会最底层的关键技术，而其传达信息的重要性和影响力有时甚至超过了物质本身，信息产品的内容均已呈数字化趋势。现代设计的一个显著发展趋势是，它不再局限于着重对对象的物理设计，而是越来越强调对"非物质"诸如系统组织结构、智能化、界面、氛围、交互活动、信息娱乐服务以及信息艺术的设计，着重对消费者创造潜能的触动和对丰富多彩的生活和工作的体验。

在信息社会里，生产、经济和文化的各个层面都发生重大变化，社会从基于制造和生产物质产品的社会转变为基于服务的经济型社会。设计的本质也随着这种转变发生变革。

8.3.1.1 非物质设计的内涵

非物质主义是一种哲学意义上的理论，其基本观点是，物质性是由人决定的，离开了人，物质就没有意义了。设计的本质就是：发现不合理的生活方式（问题）——改进不合理的生活方式，使人与产品、人与环境更和谐——进而创造新的、更合理、更美好的生活方式。也就是说，设计的结果并不一定意味着某个固定的产品，它也可以是一种方法、一种程序、一种制度或一种服务，因为设计的最终目标是解决人们生活中的"问题"。这正是"非物质主义"设计观得以产生的重要前提条件。

非物质设计是社会非物质化的产物，是以信息设计为主的设计，是基于服务的设计。在信息社会，社会生产、经济、文化的各个层面都发生了重大变化，这些变化反映了从一个基于制造和生产物质产品的社会向一个基于服务的经济型社会。这种转变，不仅扩大了设计的范围，使设计的功能和社会作用极大增强，而且导致设计本质的变化。设计从一个讲究良好的形式和功能的文化转向一个非物质的和多元再现的文化，即进入一个以非物质的虚拟设计、数字化设计为主要特征的设计新领域。

从物质设计到非物质设计，是社会非物质化过程的反映，也是设计本身发展的一个进步的上升形态：

手工业时代→物质设计→手工造物方式→手工产品形态；

机器时代→物质设计→机器生产方式→机器产品形态；

信息时代→物质设计与非物质设计共存→工业产品与软件产品共存→机器生产方式与数字化生产方式共存。

如汽车设计，过去仅仅设计物质的汽车本身，现在则要求更多的考虑非物质的交通和环境等问题；洗衣机设计师不仅考虑洗衣机本身的设计，还要更多的考虑一种洗衣服务的方式和可能。日本 GR 地铁公司设计了一种快速地铁+出租+自行车的交通服务方式，为乘客提供了人性化的、灵活快捷的交通条件。从物质设计到非物质设计，反映了设计价值和社会存在的一种变迁：即从功能主义的满足需求到商业主义的刺激需求，进而到非物质主义的生态需求（合理需求、人性化需求）。在人与物、设计与制造、人与环境以及人们对设计的认识上也发生了一系列变化。

从理论上而言，非物质设计又是对物质设计的一种超越，当代科学技术的发展，为这种超越提供了条件和路径。非物质理论的确立和设计理论的提出，引发了当代设计的一场重要变革，突出表现在：

（1）从有形（tangible）的设计向无形（intangible）的设计转变；

（2）从实物产品（product）设计向虚拟产品（less product）的设计转变；

（3）从物（material）的设计向非物（immaterial）的设计转变；

（4）从产品（product）的设计向服务（service）的设计转变。

在非物质社会中，设计的价值转向为非物质的人性化需求，功能和商业的需求不再排在价值评价的首位。这既体现了社会非物质化的进程，也是设计自身发展的必然趋势。

"非物质主义"设计理念倡导的是资源共享，其消费的是服务而不是单个产品本身。目前我们的生活方式是以产品消费为主流，其做法是：生产者生产和销售产品，用户购买后占有产品并使用产品得到服务，产品寿命终结将其废弃。"非物质主义"的做法是：生产者承担生产、维护、更新换代和回收产品的全过程。用户选择产品、使用产品，按服务量付费。整个过程是以产品为基础、服务为中心的消费模式。

8.3.1.2 产品的非物质化

产品的非物质化主要体现在"硬件"的简化，"软件"的重要性凸显以及"信息和服务"作为核心价值的理念。

A "硬件"简化

传统产品的许多功能部件现在都由一个小小的芯片代替，因此产品的体积减小，结构也简化了。如图 8-29 所示，从传统相机到数码相机的演变，其外观结构发生了巨大的变化，而近年来的新款数码相机甚至连操作按钮也被触摸屏取代。

图 8-29 照相机的演变

B "软件"地位凸显

产品"软件"的重要作用毋庸置疑，而随着"非物质化"程度的递进，对于很多产品而言，脱离了软件，就没有任何价值可言了。如图 8-30 所示的 GPS 导航仪，人和信息之间的交互基础是该机器内置的程序对地图服务信息的呈现，假如内置程序出错或外设地图信息反馈不及时，将直接导致该产品的失效。

图 8-30 GPS 导航仪

C "信息和服务"是核心

服务型经济时代的到来使得出售服务成为未来企业的必然趋势，用户得益的是绩效，而非产品本身。使用 CDMA 的用户，购买的是联通公司的服务产品，手机只是"赠送"；Sony 的 PSP 提供不断更新的游戏下载；Dell 出售的不仅仅是电脑，而是一系列售后服务。这都充分说明了用户对产品的诉求点在于其提供的信息和服务。从很多曾经以硬件为主营业务的大型企业（如 IBM，EPSON 等）的产品目录里看到"产品 & 解决方案"，公司的产品围绕"解决方案"而成，产品会随时根据客户的需要而改变或重新设计，产品成为服务的一部分出售。

IPhone 是一个很优秀的设计，它不是第一个使用触摸屏技术的产品，也不是第一款集通信、娱乐、网络和 GPS 等功能为一体的手机，但是其完整的增值服务系统为它创造了巨大的后期价值，这正是其核心价值所在。iPhone 的几大功能（GPS 定位系统，无线上网，音乐下载和通信功能）都需要网络供应商提供的服务，如图 8-31 所示。

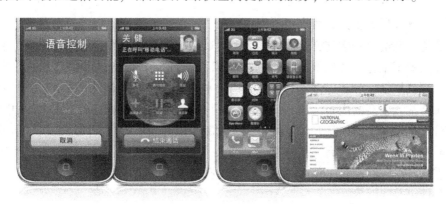

图 8-31 Apple iPhone

8.3.1.3　产品设计在非物质社会中的重新定位

A　设计观念的重新思考

设计对物质性的表达是社会工业化的结果，工业化建立起来的社会是一个"基于物质产品生产与制造的社会"，物质性和物质的"数"、"量"是社会进步的标志。

而设计对非物质性的表达是社会后工业化或信息化的结果。信息社会是一个"基于提供服务和非物质产品的社会"，非物质产品的"质"和"速"是评判其先进与否的标志。

非物质设计理念不仅是一种与新技术相匹配的设计方式，同时它也是一种以服务为核心的消费方式，更是一种全新的生活方式！设计观念变化的显著特点是随着科学技术特别是计算机和网络技术的发展而不断探询未知，为信息社会寻找新的造型语言和设计理念。也就是说，设计不仅仅用自己的方法研究世界，更重要的是设计研究科学技术对环境与人的生存方式的影响。

B　产品设计的重新定位

物质产品是非物质产品的载体和辅助物，人们通过物质产品来获取信息和服务。非物质的文化和生活必须有一个坚实而宏大的物质基础，因此设计师必须重新考虑物质产品在当今社会的意义。非物质设计观的兴起不是要降低产品设计的地位，而是要将它置于更加全局的位置。

这个全局即信息和服务系统。信息和服务是人们需要的核心价值。一个产品系统中既有物质产品，也有非物质的服务和信息。整个信息和服务系统可以看作是有形产品外部环境的主要部分。按照系统设计的观点：服务系统就是物质产品的外部环境，软件则是物质产品的内部环境。产品与服务系统以及软件的关系如图 8-32 所示。

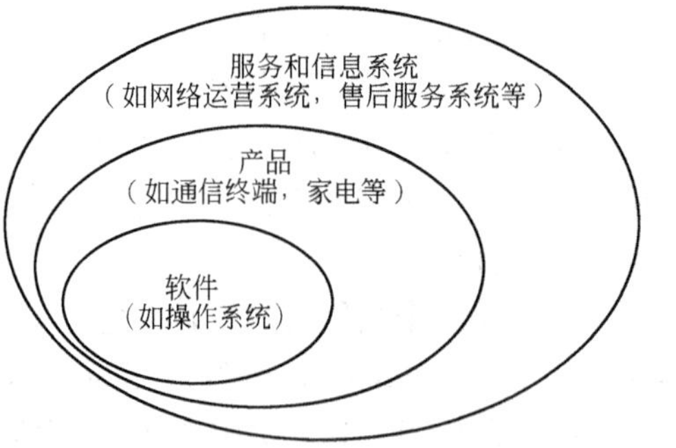

图 8-32　产品设计的重新定位

（图中文字：服务和信息系统（如网络运营系统，售后服务系统等）；产品（如通信终端，家电等）；软件（如操作系统））

8.3.2　图形用户界面的发展

用图形这种形象信息模型传达信息的方法古已有之。在语言和文字产生之前，人类就试图用图形符号传达信息、记录生活，于是产生了原始的记事方法"结绳记事"和"契刻记事"。图形符号这种信息传达方式更为直观快捷，更具概括性和普遍性。它依靠人们对事物具体的表象展开思维活动，产生相关的思维联想并注入主观的内容，这只需要人们利用日常的自然技能，依据在生活中直接经验和一部分间接经验就得以认知。这种方式大大减少了不同年龄、不同地区以及不同人种的认知障碍和记忆负担，提高了工作效率。以目前彩屏手机的图形用户界面设计为例（如图 8-33 所示），人们在使用时可以看到，即使不懂得英文注释的人也可以通过图式理解它所指的功能。

人的视觉逻辑是通过图形和文字之间的结构关系，搜索到自己最需要的信息。人与产品的对话实际上是用户与设计师之间的交流和磨合，人们很难对自己难以操控的用具保持长久的耐心。再先进的技术，其技术本身很难直接愉悦人们的生活，而必需借助于一种媒介，图形界面就扮演着使人与产品之间的交流变得简捷、愉悦的角色。

信息的传播必须依附于一定的介质。随着技术的进步，介质形态不断更新，信息逐渐变得可大量复制、便于传播、成本低廉。在远古时代，人们通过结绳记事、在岩壁上绘图的方式传播着信息；造纸术和印刷术的发明，使纸张成为长期以来人类最为重要的传播信息的介质；进入信息社会后，人们更多的是通过数字式电子传播设备的显示屏幕来浏览信息。与纸介质相比，显示器少了亲切、自然的质感，可是在技术的支持下，人们却可以在固定的显示屏幕中通过超文本的信息组织方式提取出无穷无尽的信息资源。由于信息的表现扩展到听觉、视觉媒体，因此，人们对"文本"概念的认知已经扩大到包括文字、图片、音频、视频、动画这几种要素的互动组合，它使信息的表现方式变得更加多样化和复合化。超文本的结构方式使人们不再必须通过某个顺序阅读，而是可以以直觉、联想的方法跳跃式地阅读。

图 8-33　NOKIA N86 8MP

从人类传播的历史来看，人类传播信息方式的演变呈现这样一个脉络：视觉文化——听觉文化——概念性文化——新的视与听的文化。有研究表明，人们在读文字和读图时，大脑进行加工的过程是不同的：文字是高度凝练的，处理起来比较复杂，处理过程中要调动大脑的潜能；而对图像的处理，只是简单的信息加工过程。图像的直观性、形象性使人们阅读起来省力、省时、易懂（图 8-34）。由此看来，图形界面的产生和普及绝非偶然，图形化信息是人类信息传递的本源，是一种文化发展的趋势。随着信息时代的到来，图形的视觉传达要素的比重更是大大增加。图形的直观化、形象化在很大程度上为我们减少了认知负担。

图 8-34　界面设计案例

目前我们所使用的人机界面主要为图形用户界面，最早是针对计算机的操作系统而研究开发的，后来随着网络等其他新技术新产品的不断涌现，以及图形用户界面设计本身的流变发展，网站的页面设计、网络交互服务界面，网络应用程序界面和一些移动设备的用户界面都采用了计算机图形用户界面的设计特征和方法。现在，图形用户界面已经成为软件开发的必备支撑环境，它提供了一种用户与应用程序之间的交互机制。通过它，用户可以使用鼠标、键盘等输入设备对屏幕上显示的构成用户使用接口的窗口、菜单、按钮、图符等界面构件进行直截了当的操作，从而使系统的使用变得非常直观、方便。

对于界面的可操控性，一方面依赖于成熟的技术做后台支持，另一方面需要设计师了解用户的心理诉求、思维方式和视觉习惯。其中视觉信息的获取更为直观和重要，因为当人们打开机器时，首先的期望为"看到什么"，然后才是"该做什么"和"怎么做"。人的认知动机角度可以把信息分成两类：主题信息和情景信息。主题信息即表达核心目的的信息，它是动机关系的重点。而情景信息是描述环境状态和条件，有助于理解事件发生的时间、空间和顺序。文字比较容易表达抽象的主题信息，而图形比较容易表达事物的主题信息和整个与主题相关的场景。看到页面中出现向左的一个箭头（如图8-35上图所示），经验告诉我们也许它是一个退后和返回的指示，而向右的箭头意味着往前、下一页。又如图8-35下图所示，当我们把鼠标置于一个标题上方时，鼠标变为手的形状，而标题的颜色也发生了改变，那么就能通过这种形状和颜色的改变，激发我们联想在此进行点击操作，也许会有一些效果产生。效果出现了，是对标题内容的详细阐述，这完全与用户的期望相吻合。这种体验无疑具有积极的意义，使用户得到鼓励，进行下一步的操作。

图 8-35　界面的可操控性

8.3.3 自然用户界面之路

20世纪80~90年代，美国施乐（Xerox）公司帕罗·阿尔托研究中心（PARC）的首席科学家马克·魏瑟（Mark Weiser，1952~1999）首先提出了"无所不在的计算（Ubiquitous Computing）"思想，并在此领域做了大量开拓性的工作。而界面的目的是实现自然的人机交互功能，消除各种干扰信息，其中包括消除界面本身对人的干扰，从而将人们的注意力集中在任务本身。这是一种理想化的设计构思及和谐状态，也是走向自然的人机交互体验环境所必须要解决的目标。马克·魏瑟认为：从长远看计算机会消失，这种消失并不是技术发展的直接后果，而是人类心理的作用，因为计算变得无所不在，不可见的人机交互也无处不在。就像我们时刻呼吸着的氧气一样，我们看不见却可以体验到。当然，无论界面的消除还是无所不在的计算，其核心价值都在于走向日益自然化的人机交互设计。只有这样才能从根本上减轻人们的认知负荷，增强人类的感觉通道与动作通道的能力。马克·魏瑟指出：和谐自然的人机交互方式是指能利用人的日常技能进行交互，具有意图感知能力。同传统的人机交互方式相比，它更强调交互方式的自然性，人机关系的和谐性、交互途径的隐含性以及感知通道的多样性。在普适计算环境中，交互场所将从计算机面前扩展到人们生活的整个三维物理空间（图8-36），交互方式应适合于人们的习惯并且尽可能不分散用户对工作本身的注意力。

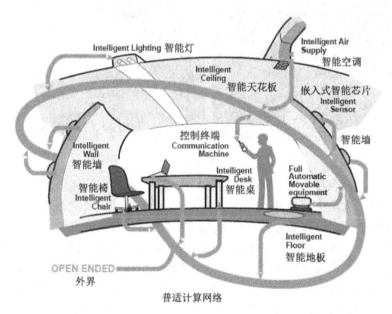

图 8-36 一个模拟的普适计算环境，交互场所将从计算机扩展到人们的生活空间

和谐自然的人机交互是实现普适计算环境，并使其脱离桌面计算模式的关键所在。从技术上看，键盘、鼠标、显示器等输入输出设备要实现多样智能化，能够实现与环境的良好交互。此外，需要进一步研究语音识别、手写输入、电子纸、肢体语言识别（如人的手势、脸部表情）和多模式人机交互方式。因此，普适计算和自然用户界面（Natural User Interface，NUI）有着天然的联系。"自然用户界面"是微软、谷歌等大公司目前主攻的重要课题。与以往的图形用户界面（Graphical User Interface，GUI）相比，NUI则彻底

改变了用户必须按软件开发者预先设置好的操作来控制计算机的被动模式，转而以人们最自然的交流方式（如自然语言、文字等），来和各种形式的用户终端进行逻辑语意层面的智能沟通。这显然是我们目前能想到的操作计算机系统的最好方式。美国微软公司的创始人比尔·盖茨在2008年初接受英国广播公司（BBC）采访时表示，新的"数字感觉"时代即将到来，在不久的将来，电脑的触摸式界面将会被更广泛地使用。比尔·盖茨预言：电脑的键盘和鼠标将会在未来逐步被更为自然、更具直觉性的科技手段所代替，像触摸式、视觉型以及声控界面都将会被广泛应用。比尔·盖茨表示，他将这种技术称为自然用户界面，这将给人们带来全新的体验（图8-37）。

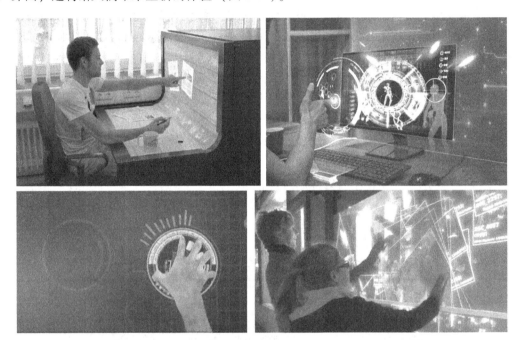

图8-37　触摸式、手势型、视觉型以及声控界面都将会被广泛应用

　　计算机从诞生到现在虽然只有半个世纪的时间，但已经深深地渗透到了我们生活的各个角落，影响到了人类生活的基本模式。自从有了计算机，人类就在不断探索如何跟计算机进行更有效的沟通，使沟通过程有更愉悦的体验感受，于是就有了人机交互界面设计这一学科。从最早单一的字符用户界面（Character User Interface，CUI）到图形用户界面和多媒体用户界面，艺术家与设计师们有了一个广阔的创作空间。在人机交互界面设计的发展过程中，鼠标和键盘一直是我们与计算机沟通的主要输入设备，而屏幕就一直是计算机信息的最主要输出设备，所以在人机交互作品的创作过程中，经常会使用"鼠标经过"、"鼠标点击"、"键盘按下"等事件来判断用户的行为与指令，而鼠标和键盘就成为了传达指令的"传令官"。但这种方式并不是人类沟通的原有方式，而是计算机技术环境强加给我们的要求，我们就像来到一个陌生的世界，必须改变自己，学习新的方法来适应新的环境。在这个世界里，计算机总是给人一种非生物性的冷漠感。为了减少这种冷漠感，用户界面设计师们不断探索新的、更自然、更直观、更接近人类行为方式的人机交互界面，这就是自然用户界面。"自然用户界面"是电脑用户界面未来的归宿，这一点业界似乎已经没有什么疑问了。但"自然用户界面"的种类包括触摸式、视觉型以及声控界面。而

"自然用户界面"的研究看来已经是一个多学科交叉的边缘研究领域，超出了计算机的固有领域。触摸和语音到底谁会占据主流地位，严格来说，这其实更应该是一个与医学相关的问题。早在二十年前，IBM就已经投入巨资研究语音输入问题并且也取得了不俗的成就，但最终仍然困难重重，原因在于人类更适合长时间地动手，而不适合长时间地用嘴。语音识别，包括口语、方言等，可以说是一个相当复杂的问题，如果看不到这样一个事实，结局恐怕难以如愿。因此，自然用户界面的主流选择就目前来说还是以触摸技术、图形界面技术或者这两者的综合。当然，最佳的选择就是触摸和图形界面的综合。如果我们把"文本界面"称为第一代的人机界面，把传统的静态图形界面称为第二代的人机界面的话，那么"动态图形界面"就是可以看做是第三代的新型人机界面（图8-37及图8-38）。通过"动态图形界面"这一最佳的"自然人机界面"，不仅解决了中文的输入便捷性问题，更重要的是，它在广泛的范围内为用户带来了人机信息交流的便捷方式。正是这种给消费者和用户带来的前所未有的便捷性，将触发电脑在软硬件两方面发生一次革命。

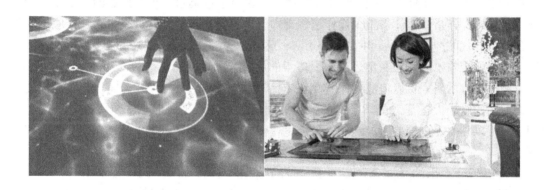

图 8-38　多点触摸和图形界面综合的"动态图形界面"是未来界面的发展趋势

自然用户界面的应用大大减少了人与计算机的隔阂，其应用的主要意义包括：

（1）它使人机交互的过程更接近于人原来的自然交流形式，用户只需要应用日常的自然技能，无须经过专门的适应与学习便可对计算机进行操作，减少了重新学习的认知负荷，提高了交互效率。

（2）自然用户界面无论从感官感受、行为方式以及使用空间上都提供了很强的真实感，使人在使用界面的过程中有更强的投入感和参与感。

（3）丰富的输入和输出的软硬件技术，为应用设计学科和数码交互艺术学科提供了极其丰富的表现方法。艺术家和设计师们能够使用更多的感官通道进行设计和创作，极大地丰富了艺术设计与创作的形式和面貌。

（4）新的技术、新的交互方式、新的感官刺激不断出现，为人们提供了前所未有的感官体验，激起人们对信息的求知欲，为生活增添更多的乐趣。从某个角度上讲，这也推动了人类文明发展的进程。

近年来对自然用户界面的研究取得了突破性的进展。微软、谷歌、苹果等公司已经投入了大量的资源研发更加直观自然的人机交互界面技术，并已经把多点触摸、图像识别等新技术逐步应用到其电子产品及软件界面当中，自然用户界面的设计潮流成为了用户界面设计发展的必然趋势。

8.3.4 多重触控界面

以手势体现人的意图是一种非常自然的交互方式，在几千年的进化发展过程中，人类已经形成了大量通用的手势，一个简单的手势就可以蕴涵丰富的信息。人与人可以通过手势传达大量的信息，从而实现高效的信息传递，因此将手势通道用于计算机，能够极大程度地提高人机交互的效率，给用户自然的使用体验。在触摸屏上可以用原有的书写方式输入文字，用自己的手指直接点击，拖动屏幕上的元素，使操作变得更加直观。有的触摸屏还可以感应到手指按压的力度做出相应的反应，如画出一条粗细浓淡变化丰富的线条。与传统的触摸屏只能单个指头操作不同，新的多重触控技术（Multi-Touch）允许用户多个手指同时操作，甚至可以让多个用户同时操作。这种操作模式完全颠覆了传统的单指点击概念，多个手指同时操作意味着允许处理更加复杂的任务。以前的触摸屏只能辨认一个触摸点，多点触摸技术能够准确辨认多个触摸点，并且能够通过多个触摸点的运动变化特征来判定人的操作指令，使得整个操作过程更加有趣、更加自然。这一技术已经被应用到苹果公司新一代的产品 iPhone 和 MacBook Air 当中，这也许就是未来人机交互方式的新标准。多重触控技术其实已经走过了二十多年的历程，微软的首席研究员 Bill Buxton 证实，多重触控技术的研究可以追溯到1984年，同年苹果电脑开始发行。Buxton 介绍说："现在人们使用的触摸设备都是单指操作的，就如同鼠标一样点击，但是多重触控技术完全不同，你可以随意控制屏幕上显示的任务，尽在你掌握，双手每个指头都可以任意驰骋在屏幕上。"

从1986年苹果的桌面型总线电脑 Macintosh Ⅱ 和 Macintosh SE（图 8-39 上左），到1992年日本影拓（Wacom）公司的 UD 系列数位板产品（图 8-39 上右），再到其1998年和2001年的 Intuos1 和 Intuos2（图 8-39 中左），直至2005年纽约大学媒体研究室的研究员 Jeff Han 利用 FTIR（frustrated total internal reflection）技术实现的双手触摸交互（图 8-39 中右），在2008年，微软开发出了 Surface Computing 智能多触点显示屏界面的交互平台"桌子"（图 8-39 下）。这种平台桌内部的电脑可以从底部发射出 850nm 波长的近红外光，并使用多个红外摄像头检测物体和手指触摸到显示屏表面时的反射光。近红外光的使用允许用户在环境光线下使用该台式设备。显示屏上的纹理扩散器将近红外光反射回台下的摄像机，从而使软件可以有意义地识别手指、手、动作和其他真实的物体。该平台支持滑动屏幕和挤压屏幕等其他多触点相同类型的直接互动手势符号，此外，该智能桌还增加了一种新功能：除了多个用户的手和手指外，它可与数十种真实物体（鼠标、电子笔等）进行互动。该平台还具有消除真实物体与虚拟物体间差距的能力。这对于手势符号界面动作的意义非常重大。用户只需要将无线设备放在智能桌显示屏上，平台即可识别并与之建立通信联系。用户还可将文字、照片等内容从无线移动设备拖到桌面的智能界面的软件中。数据传输不再需要设备间的连线，真实设备间的虚拟物体的传送能与自然拖放的手势相一致。微软 Surface Computing 多触点显示屏界面工作台的意义还在于：这个"智能桌"的技术终于从数十年的研究、发展转变为今天的商业化应用，这充分体现了微软下一代智能家庭电脑环境建设的方向。

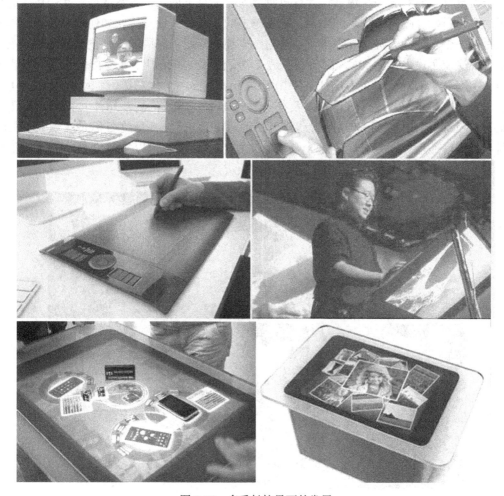

图 8-39　多重触控界面的发展

8.3.5　语音交互界面

语言一直被公认为是最自然流畅、方便快捷的信息交流方式。在日常生活中，人类的沟通大约有 75% 是通过语音来完成的。研究表明，听觉通道存在许多优越性，如听觉信号检测速度快于视觉信号检测速度，人对声音随时间的变化极其敏感，听觉信息与视觉信息同时提供可使人获得更为强烈的存在感和真实感等。因此，听觉通道是人与计算机等信息设备进行交互的最重要的信息通道。语音交互就是研究人们如何通过自然的语音或机器合成的语音同计算机进行交互的技术。它涉及多学科的交叉，如语言学、心理学、人机工学和计算机技术等；同时对未来语音交互产品的开发和设计也有前瞻式的引导作用。语音交互不仅要对语音识别和语音合成技术进行研究，还要对人在语音通道下的交互机理、行为方式等进行深入研究。语音识别和语音合成的相结合，构成了一个"人机通信系统"。

语音交互系统一般采取两种途径：一种是用基于语音识别和理解技术的，主要依靠音频进行交互的系统；另一种是利用语音技术与系统的其他交互方式结合在一起来进行交互的系统。在这种方式中，语音不再占主导地位，它只是交互系统的一部分。语音的识别长久以来一直是人们的美好梦想，让计算机听懂人说话是发展人机语音通信和新一代智能计算机的主要目标。随着计算机的普及，越来越多的人在使用计算机，如何给不熟悉计算机的人提供一个友好的人机交互手段，是人们感兴趣的问题，而语音识别技术就是其中最自然的一种交流手段（图 8-40）。由于语音是人类交流和交换信息中最便捷的工具和最重要的媒体，因此，语音识别在多媒体技术中有着极其重要的位置。语音识别技术涉及生理学、心理学、语言学、计算机科学以及信号处理等诸多领域，甚至还涉及人的体态语言（如人在说话时的表情、手势等行为动作可帮助对方理解），其最终目标是实现人与机器进行自然语言通信。它的应用需求十分广阔，在近半个多世纪以来一直是人们研究的热点，其研究成果已广泛应用于人类社会的各个领域。

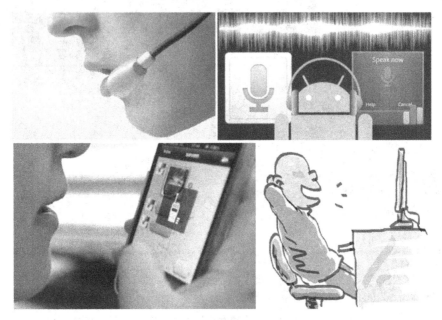

图 8-40　基于自然语言的语音识别技术是最自然的一种人类交流手段和未来人机交互的重点

当前，语音识别领域的研究方兴未艾，在这方面的新算法、新思想和新的应用系统不断涌现。同时，语音识别领域也正处在一个非常关键的时期，世界各国的研究人员正在向语音识别的最高层次应用——非特定人、大词汇量、连续语音的听写机系统的研究和实用化系统进行冲刺，可以乐观地说，人们所期望的语音识别技术实用化的梦想很快就会变成现实。在 20 世纪末，自然语音界面开始出现。人们开始使用语音识别技术进行文字录入，电话的总机也可以通过直接说出部门或人员的名称来进行转接的操作。电话可以通过语音进行拨号，QQ、微信等通讯软件的语音识别功能能够将语音留言转换成文字留言，一些玩具机器人也能听懂一些简单的、预设的语句。但如果要使用日常的语言交流方式与计算机沟通，我们还有很长的路要走。

8.3.6　语言理解与自动翻译

机器翻译（Machine Translation），又称为自动翻译，是利用计算机把一种自然源语言转变为另一种自然目标语言的过程，它是自然语言处理（Natural Language Processing）的一个分支，与计算语言学（Computational Linguistics）、自然语言理解（Natural Language Understanding）之间存在着密不可分的关系。步入 21 世纪以来，随着因特网（Internet）的迅猛发展和世界经济一体化的加速，网络信息急剧膨胀，国际交流日益频繁，如何克服语言障碍已经成为国际社会共同面对的问题。由于人工翻译的方式远远不能满足需求，利用机器翻译技术协助人们快速获取信息，已经成为必然的趋势。

作为不同语言之间的翻译交流，机器翻译既是一门科学，也是一门艺术。随着计算机应用技术的不断发展，为了解决计算机语言交流的复杂、烦琐、枯燥等问题，机器翻译的研究者开始了新的里程。几十年来，国内外许多专家、学者为机器翻译的研究付出了大量的心血和汗水，但是至今还没有一个完善、实用、全面、高质量的自动翻译系统出现。这也说明了语言翻译的难度之大。应该说，机器翻译经过几十年的发展，还是取得了很大的进展，特别是作为人们的辅助翻译工具，机器翻译已经得到大多数人的认可，近年来国内外翻译软件的蓬勃发展，就证明了这一点。目前，国内的机器翻译软件就不下百种，根据翻译特点，这些软件大致可以分为三大类：词典翻译类、汉化翻译类和专业翻译类。词典类翻译软件占主导地位的应该就是金山软件公司的《金山词霸》（图 8-41 左）了。《金山词霸》堪称是多快好省的电子词典，它可以迅速查询英文单词或词组的词义，并提供单词的发音，为用户了解单词或词组含义提供了极大的便利。以有道翻译、百度翻译（图 8-41 右）为代表的专业翻译系统，是面对专业或行业用户的翻译软件。这类软件具有传统语法规则的翻译内核，其自动翻译的可读性效果，一直是翻译软件企业的努力方向。在自动翻译方面，有道翻译具有一定的优势，但其专业翻译的质量与人们的期望值还有很大差距。

图 8-41　自动翻译工具一直是很多人努力的方向

在今后的机器翻译研究中，多种方法互相借鉴，互相融合的趋势会越来越明显。基于规则的方法与基于语料库的方法相结合，机器翻译与翻译记忆相结合，很可能是今后研究发展的主流方向。

8.3.7　图像、文字与表情识别

8.3.7.1　图像识别和人脸识别

科学研究表明，人类信息传递主要通过语言、文字和图像三个渠道，而且人类从外界

获得的信息有 70% 以上来自视觉系统，也就是从图像中获得。所以，对图像交互的研究和探讨意义重大，对产品设计的创新也有引导作用。交互的应用领域空前广泛，如人脸图像的识别，手写交互界面和数字墨水等。图像交互就是计算机根据人的行为去理解图像然后做出反映。其中让计算机具备视觉感知能力是首先要解决的问题。目前人们研究的机器视觉系统可以分为三个层次：图像处理（最低级层次）、图像识别（较高级层次）和图像感知（最高层次）。所谓图像处理，主要是对图像进行各种加工以改善视觉效果，就是把输入图像转换成具有所希望特性的另一幅图像的过程，是一个从图像（输入）到图像（输出）的过程。所谓图像识别，主要是对图像中感兴趣的目标进行检测和测量，以获得它们的客观信息，从而建立对图像的描述，本质上是一个从图像到数据的过程。所谓图像感知，重点是在图像识别的基础上，进一步研究图像中个别目标的性质和它们的相互关系，并得出对图像内容含义的理解以及对原来客观场景的解释，从而指导和规划行动。图像感知，输入的是一幅图像，输出的则是对该图像的解释。

　　人脸识别系统一般来说包括图像摄取、人脸定位、图像预处理以及人脸识别（身份确认或者身份查找）。系统输入一般是一张或者一系列含有未确定身份的人脸图像，以及人脸数据库中的若干已知身份的人脸图像或者相应的编码，而其输出则是一系列相似度得分，表明待识别的人脸的身份（图 8-42）。人脸识别的算法种类包括：基于人脸部件的多特征识别算法（MMP-PCA Recognition Algorithms）、基于人脸特征点的识别算法（Feature-based Recognition Algorithms）、基于整幅人脸图像的识别算法（Appearance-based Recognition Algorithms）、基于模板的识别算法（Template-based Recognition Algorithms）、利用神经网络进行识别的算法（Recognition Algorithms Using Neural Network）。

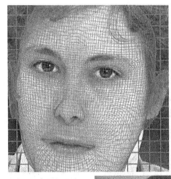
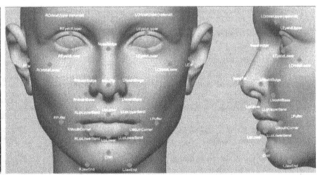

图 8-42　人脸识别是通过获取并比较对象与人脸数据库中的人脸
图像的特征点（如五官比例分布）的编码相似程度来识别人物

8.3.7.2 文字识别和手写识别

目前图像文字识别和手写输入是图像识别应用较为广泛的领域。

图像文字识别主要是根据计算机模式识别原理进行的，它利用计算机和光学系统来识别计算机看到的图像信息并模拟人的视觉。这一过程输入的是特征信息，输出的是类别名称。

例如，OCR（Optical Character Reader，光学字符阅读，图 8-43）文字识别的过程就是将图像比对数据库，当输入文字算完特征后，不管是用统计的还是结构的特征，都须有一比对数据库或特征数据库来进行比对，数据库的内容应包含所有欲识别的字集文字，根据与输入文字一样的特征抽取方法所得的特征群组。OCR 就是将图像做一个转换，使图像内的图形继续保存并将文字识别出来，这样使人们从繁重的键盘录入的劳动中解脱出来。

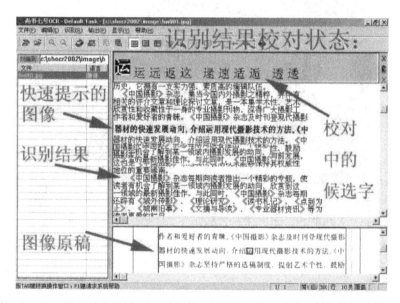

图 8-43 OCR 技术就是通过 OCR 软件将扫描图像中的文字信息被识别出来的过程

早在 2006 年，我国短信年发送量就已达到 5000 亿条，至 2013 年以前短信市场始终有增无减。而在 2014 年，全球短信发送量仍达到了 20 万亿条，短信以外的其他通信软件中的信息发送量就更是大得惊人了。随着收发各类信息成为人们的通信习惯，手写输入也成为越来越多手机用户的需求，其中最大原因便是手写输入便于键盘输入。手写输入不仅可以推动手机产业的发展，还能带动产业链上相关环节的发展，如触摸屏、手写笔、输入法软件等。2004 年底，三星电子推出了一款采用手写技术的手机 D488，这是其定位商务的 D 系列手机中的第一款手写手机。时至今日，市场上所有领先的手机厂商都已推出了带手写功能的手机产品。

在我国，手写输入法的技术核心是手写体汉字识别技术。近年来，联机手写体识别的主要应用是笔式计算机（Pen-Based Computer，图 8-44 上）、手机和 PDA（Personal Digital Assistant）。笔式计算机是一种利用笔进行文字、图形等信息输入的计算机。笔式计算机有其特殊的优点：它比键盘或鼠标器更小、更易携带，因而特别适合掌上机和手持计算机；它比语音输入更易保密、较少干扰。笔式计算机可以看作纸张，但比纸张更好、更方便、更易处理。手写识别的低质量是笔式计算机成功的主要障碍。人们在联机手写体识别方面的研究成果，极大地促进了笔式计算机的发展。对于我国的广大用户，键盘输入远比西方国家难于普及，因而发展汉字的笔输入（及语音输入）就格外重要。随着计算机处理能力、存储容量的飞速提高，联机笔输入有了极大的进展，极大地减少了对书写的限制，对非特定人正常书写基本上达到了可接受的正确识别率。连笔自由书写的正确识别率也有了很大的提高（图8-44下），不限笔顺和连笔识别技术开始融合，用户界面技术和识别结果后处理技术也有所发展。

图 8-44 带有手写识别功能的 PDA 及模糊识别

8.3.7.3 表情识别

人们研究表情识别的主要目的在于建立和谐而友好的人机交互环境，使得计算机能够看人的脸色行事，从而营造真正和谐的人机环境。面部表情是人体语言的一部分，人的面部表情不是孤立的，它与情绪之间存在着千丝万缕的联系。人的各种情绪变化以及对冷热的感觉都是非常复杂的高级神经活动，如何感知、记录、识别这些变化过程，是表情识别的关键。从心理学角度来讲，情绪心理至少由情绪体验、情绪表现和情绪生理这三种因素组成。情绪表现是由面部表情、声调表情或身体姿态三方面来体现的。面部表情识别具有普遍的意义。在计算机自动图像处理的问题中，面部表情理解方面的问题主要有五个：人脸的表征（模型化）、人脸检测、人脸跟踪与识别、面部表情的分析与识别和基于物理特征的人脸分类。人的表情是异常丰富的，用计算机来分析识别面部表情不是一件容易的事，关键在于建立表情模型和情绪分类，并把它们同人脸面部特征与表情的变化联系起来。而人脸是个柔性体，不是刚体，因此很难用模型来精确描绘。

2009年3月，美国加利福尼亚大学举行的科技、娱乐与设计会议上展出了一款"感情机器人"。它以科学家爱因斯坦长相为模型，由美国机器人设计大师大卫·汉森一手打造。"爱因斯坦"机器人的头部与肩膀的皮肤看上去与真人的皮肤没有什么两样。这种皮肤由一种特殊的海绵状橡胶材料制成，它融合了纳米以及软件工程学技术，连褶皱都非常逼真。另外，该机器人目光炯炯有神，可以做出各种表情，这让现场的与会者目瞪口呆（图8-45）。据介绍，汉森制作的"爱因斯坦"机器人面部装有31处人造运动肌，因此可以做出相当丰富的面部表情。而且，这款机器人"脑中"装有一个专门识别人脸表情的软件，这样机器人就能随时根据人类的情绪变化来改变自己的表情，与人互动。"爱因斯坦"机器人目前可以识别悲伤、生气、害怕、高兴以及疑惑等情绪。机器人拥有表情可以说是科技界一大重要突破，未来发展前景无可限量。

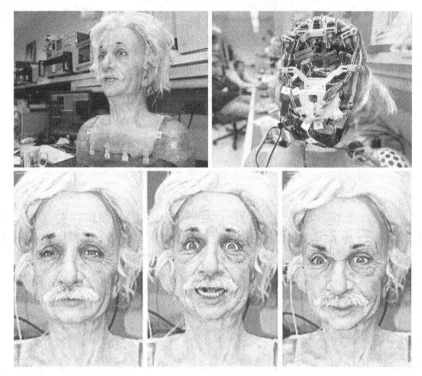

图8-45 "感情机器人"——"爱因斯坦"能够在对话时产生出相当丰富的面部表情

8.3.8 智能空间交互界面

界面作为人机交互的媒介，它不仅是计算机屏幕所显示的图标、菜单和对话框，广义的理解界面，任何与人互动的媒介，从产品到空间，都有界面的存在。例如，智能化建筑具有建立于无所不在的计算与通信基础上的智能用户界面，尽管智能建筑概念的历史很短，但它反映了当前环境智能界面应用的焦点。智能用户界面使智能建筑环境的居住者能够以自然的（语音、手势）或人性化的（喜好、关系）方式来控制或与环境交互。智能空间（smart space）是研究和谐人机交互原理与技术的典型环境，智能空间的应用价值还可以直接体现在其具体用途上，如智能会议室、作战指挥室、智能教室、能照料人的智能家居等。智能空间是嵌入了计算、信息设备和多模态的传感装置的工作或生活空间，具有自然便捷的交互接口，以支持人们方便地获得计算机系统的服务（图8-46）。

人们在智能空间的工作和生活过程就是使用计算机系统的过程，也是人与计算机系统

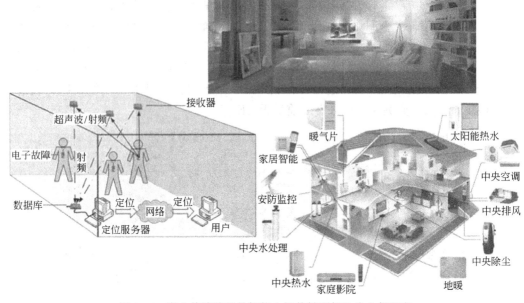

图 8-46 嵌入传感装置的智能空间能够更好地为人们服务

不间断的交互过程。在这个过程中，计算机不再只是一个被动地执行人的显式的操作命令的信息处理工具，而是协作人完成任务的帮手，是人的伙伴，交互的双方具有和谐一致的协作关系。这种交互中的和谐性主要体现在人们使用计算机系统的学习和操作负担将有效减少，交互完全是人们的一种自发的行为。自发（spontaneous）意味着无约束、非强制和无须学习，自发交互就是人们能够以第一类的自然数据（如语言、姿态和书写等）与计算机系统进行交互。

最典型的智能空间界面就是比尔·盖茨的住宅——"大屋"（The Big House，图 8-47）。它位于西雅图华盛顿湖东岸，每间房都使用触摸感应器控制照明、音乐和室温。智能化建筑界面最重要的就是"连接"与"对话"。盖茨住宅内以大约 80 公里的光纤来连接各种信息家电，把人的需求与计算机、家电完整连接。卫浴、空调、音响、灯光系统都能接受中央计算机的指令，同时计算机也能够接收手机、传感器的信息。此外，进入这幢别墅的访客必须佩戴登录了相关资料的电子胸针，才能确保在屋内各处畅通无阻；而计算机系统也因此可以随时知道访客所处的位置。通过胸针内嵌的微型通信器，走到宅内任何地方，中央计算机都会根据访客的喜好，对温度、湿度、灯光、音乐等进行相应调整，墙上的液晶屏幕，会自动显示访客喜欢的名画或影片。

8.3.9 交互界面的最终归宿：人本界面

2006 年 12 月的《三联生活周刊》第 411 期以封面故事"人本界面"为题探索了信息时代界面设计的新变化（图 8-48 左）。在"人本界面：交互、权利和材料"一文中，作者指出：这个世界的"民主"已经从单纯的政治领域扩展到我们的生活之中，融入到设计之中。也只有现在这个时代，由于网络的不断进步，让我们能够更加平等地站在一起。

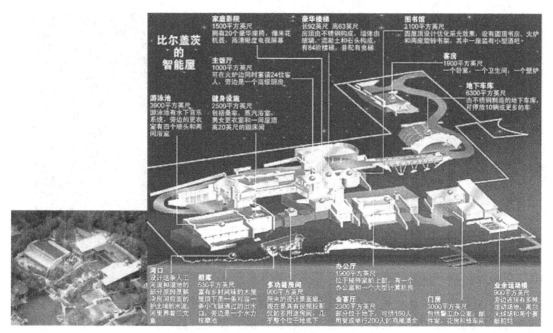

图 8-47　比尔·盖茨的智能住宅——"大屋"

搜索引擎让我们用最快的速度找到需要的信息，Blog 让每个人都有机会畅所欲言，淘宝等 C2C 电子商务让每个人都可以是老板，P2P 让每个人都能容易地找到和分享好的资源，还有一大堆的分享式、标签式网站。从表面上看，我们比任何时代都拥有更多的民主，但事实上，网上交流、共享和更丰富的用户体验仍然受制于传统的界面、带宽和人为的限制。而"人本界面"则基于"以人为本"的理想从更深层次上探索了交互设计的民主和自由的本质。"人本界面"并不是一个新的概念，事实上，2005 年去世的苹果电脑 Macintosh 设计先驱杰夫·拉斯基（Jef Raskin，图 8-48 中）就曾出版了著名的《人本界面：交互式系统设计》（The Humane Interface：New Directions for Designing Interactive Systems）一书，全面阐述了人本界面的设计思想（图 8-48 右）。而伴随近年来"以用户为中心"设计理念的流行，交互式沟通和设计中的"民主"界面再一次成为人们对于产品与设计的趋利追求。从苹果 iPhone 设计团队到变形金刚新款玩具设计主管亚伦·阿切，从《光环3》核心设计师弗朗姬·康纳（Frankie Connor）到日产汽车首席创意官中村史郎，使用者的体验是什么，成为这些设计者嘴边随时挂着的疑问。越来越多的设计师不再沉迷于某一个设计风格，或者自诩某一个设计流派，将设计的原始权利交给最终设计产品的使用者，这种开放原则正在成为最前卫的设计哲学。

新的技术带来新的创造精神，新的创造精神也带来新的社会理想。现在越来越多的网络用户进入互联网，虽然这不等于说加入网络世界就得到了虚拟的解放，但这一进程却意味着一种全球化的"人人参与"的社会环境的确立。这将鼓励我们中间那些最优秀的人为人类知识做出贡献，鼓励那些能够惠及大多数人、改变大多数人的产品的界面设计做得更好。

人机交互领域是一个科学技术转化为生产力的重要领域，人机交互的发展，技术与设备的成熟，必然意味着巨大的市场。当先进的人机交互技术应用于电子产品、通信设施、

图 8-48　《三联生活周刊》封面故事"人本界面"和拉斯基及其《人本界面》的封面

机械设备、交通工具、人工智能、智能仪器、多媒体、情报采集、身份认证、安全防范以及武器现代化时，将会对科学技术、生产领域、国家安全、社会的工作方式和生活方式等方面产生深远影响。企业决策人员在考虑自己的产品战略时，要更加重视人机界面这一渗透各个产品的因素。产品设计人员也应该在新产品开发的过程中，进一步从人机交互方式的角度来深入探究新产品的可能性。

参 考 文 献

[1] 李妮, 牟峰. 工业设计概论 [M]. 济南: 山东教育出版社, 2012.

[2] 李艳, 张蓓蓓, 姜洪奎. 工业设计概论 [M]. 北京: 电子工业出版社, 2013.

[3] 吴志军, 那成爱, 刘宗明. 工业设计概论 [M]. 北京: 中国轻工业出版社, 2012.

[4] [美] 奥托 (Kevin N. Otto), [美] 伍德 (Kristin L. Wood). 产品设计 [M]. 北京: 电子工业出版社, 2011.

[5] 孙颖莹, 等. 设计的展开——产品设计方法与程序 [M]. 2版. 北京: 中国建筑工业出版社, 2009.

[6] 柳冠中. 设计文化论 [M]. 哈尔滨: 黑龙江科学技术出版社, 1997.

[7] 何人可. 工业设计史 [M]. 北京: 北京理工大学出版社, 2004.

[8] 易晓. 北欧设计的风格与历程 [M]. 武汉, 武汉大学出版社, 2005.

[9] 胡飞, 杨瑞. 设计符号与产品语意 [M]. 北京: 中国建筑工业出版社, 2003.

[10] 程能林. 工业设计概论 [M]. 2版. 北京: 机械工业出版社, 2006.

[11] 王受之. 世界现代设计史 [M]. 北京: 中国青年出版社, 2003.

[12] 杨家栋, 郭锐社. 企业文化 [M]. 北京: 中国商业出版社, 2006.

[13] 刘国余, 等. 产品基础形态设计 [M]. 北京: 中国轻工业出版社, 2001.

[14] 罗仕鉴, 朱上上, 孙守迁. 人机界面设计 [M]. 北京: 机械工业出版社, 2004.

[15] 董建明, 傅利民, (美) Gavriel Salvendy. 人机交互: 以用户为中心的设计和评估 [M]. 2版. 北京: 清华大学出版社, 2007.

[16] 陆家桂, 傅建伟. 设计文化十讲 [M]. 北京: 中国建筑工业出版社, 2010.

[17] 彭妮·斯帕克. 设计与文化导论 [M]. 钱凤根, 等译. 北京: 译林出版社, 2012.

[18] (美) 科尔科 (Kolko, J). 交互设计沉思录: 顶尖设计专家 Jon Kolko 的经验与心得 (原书第2版) [M]. 方舟, 译. 北京: 机械工业出版社, 2012.

[19] 黄琦, 毕志卫. 《交互设计》 [M]. 杭州: 浙江大学出版社, 2012.

[20] (英) 迈克尔·萨蒙德, (英) 加文·安布罗斯. 国际交互设计基础教程 [M]. 北京: 中国青年出版社, 2013.

[21] 简召全. 工业设计方法学 [M]. 北京: 北京理工大学出版社, 2000

[22] 杨名声, 刘奎林. 创新与思维 [M]. 北京: 教育科学出版社, 2002.

[23] 梁桂明. 创造学与新产品开发思路及实例 [M]. 北京: 机械工业出版社, 2005.

[24] 郑建启, 李翔. 设计方法学 [M]. 北京: 清华大学出版社, 2006.

[25] 陈士俊. 产品造型设计原理与方法 [M]. 天津: 天津大学出版社, 1994.

[26] 创新方法研究会. 创新方法教程 [M]. 北京: 高等教育出版社, 2012.

[27] 王婧菁. 基于工业设计的品牌忠诚研究 [D]. 长沙: 湖南大学, 2006.

[28] 苏恒. 产品语义学研究——隐喻运用于产品设计中的研究 [D]. 南京: 南京理工大学, 2004.

[29] 李启光. 产品设计中感性因素与理性因素的研究 [D]. 长沙: 湖南大学, 2003.

[30] 牟峰. 基于用户目标体验的产品设计研究 [D]. 长沙: 湖南大学, 2006.

[31] 何彬. 网络化产品设计信息过滤器的设计与可靠性 [D]. 武汉: 武汉理工大学, 2005.

[32] 张悦霞. 产品趣味化设计及其美学研究 [D]. 济南: 山东轻工业学院, 2008.

[33] 陈希. 面向环境的产品人性化需求目标体系研究 [D]. 合肥: 合肥工业大学, 2008.

[34] http://baike.baidu.com

[35] http://www.dolcn.com

冶金工业出版社部分图书推荐

书　名	作　者	定价(元)
产品创新与造型设计（本科教材）	李　丽	25.00
包装设计与制作（本科教材）	刘　涛	22.00
计算机辅助建筑设计——建筑效果图设计	刘声远	25.00
艺术形态构成设计	赵　芳	38.00
广告设计（本科教材）	霍　楷	25.00
中国老广告设计（本科教材）	王亚非	20.00
机电一体化技术基础与产品设计（第2版）（本科国规教材）	刘　杰	46.00
机械优化设计方法（第3版）（本科教材）	陈立周	29.00
机械可靠性设计（本科教材）	孟宪铎	25.00
现代机械设计方法（第2版）（本科教材）	臧　勇	22.00
机械制造工艺及专用夹具设计指导（第2版）（本科教材）	孙丽媛	14.00
环保机械设备设计（本科教材）	江　晶	45.00
选矿厂设计（本科教材）	周小四	39.00
冶金工艺工程设计（第2版）（本科教材）	袁熙志	50.00
冶金三维设计（SolidWorks）应用基础	池延斌	38.00
冶金工厂设计基础（本科教材）	姜　澜	45.00
炼铁厂设计原理（本科教材）	万　新	38.00
炼钢厂设计原理（本科教材）	王令福	29.00
轧钢厂设计原理（本科教材）	阳　辉	46.00
热处理车间设计（本科教材）	王　冬	22.00
高层建筑结构设计（第2版）（本科教材）	谭文辉	39.00
现代振动筛分技术及设备设计	闻邦椿	59.00
真空系统设计	张以忱	48.00